数字环保系列丛书

环境应急信息化理论与实践

刘 锐 姚 新 主编

科 学 出 版 社
北 京

内 容 简 介

本书集成了中科宇图天下科技有限公司、中科宇图资源环境科学研究院、中国环境科学研究院、北京师范大学多年来在数字环保领域的研究和实践成果，是数字环保系列丛书第二本专著。本书对我国"环境应急"的发展历程及理论基础进行了深入阐述，从环境应急的基础平台、环境应急的基础信息管理、环境应急响应系统、环境应急事后处理系统等方面对环境应急的构成体系进行总体论述，提出一套完整的环境应急体系，并概要性地介绍了环境应急的关键技术及标准规范体系。另外，本书从实践角度介绍了环境应急的五个典型案例。

本书可作为环保机构环境应急信息化业务人员以及高等院校相关专业师生的参考书。

图书在版编目(CIP)数据

环境应急信息化理论与实践 / 刘锐，姚新主编. —北京：科学出版社，2012

（数字环保系列丛书）

ISBN 978-7-03-035641-3

Ⅰ. 环…　Ⅱ. ①刘…②姚…　Ⅲ. 环境污染事故-应急对策-信息化-研究　Ⅳ. X507-39

中国版本图书馆 CIP 数据核字（2012）第 228460 号

责任编辑：张　震 / 责任校对：钟　洋
责任印制：徐晓晨 / 封面设计：耕者设计工作室

科 学 出 版 社 出版
北京东黄城根北街 16 号
邮政编码：100717
http://www.sciencep.com

北京虎彩文化传播有限公司 印刷
科学出版社发行　各地新华书店经销

*

2012 年 10 月第　一　版　开本：B5（720×1000）
2017 年 2 月第四次印刷　印张：24 1/4
字数：480 000

定价：150.00 元
（如有印装质量问题，我社负责调换）

《环境应急信息化理论与实践》编委会

丛书序

全球气候变化、生物多样性减少、土地荒漠化、水资源短缺、环境污染与生态退化等环境与资源问题并没有因为 2008 年的金融危机而淡出人们的视野。反而随着对环境问题严峻性的感受日益加深，人类在逐渐摒弃"牺牲环境，换取发展"的传统发展模式，以低能耗、低污染为基础的"低碳经济"成为全球热点，继农业文明、工业文明之后的"生态文明"成为社会所推崇的文明形态。如何改善环境、保护生态、节约资源已成为生态文明建设道路上亟须解决的问题。

"数字环保"概念来自于"数字地球"。"数字地球"是美国前副总统戈尔于 1998 年 1 月在加利福尼亚科学中心开幕典礼上发表的题为"数字地球——新世纪人类星球之认识"演说时，提出的一个与 GIS、网络、虚拟现实等高新技术密切相关的概念。"数字环保"是"数字地球"在资源和环境管理、社会可持续发展中的应用，其出现使分散、局域性的环境问题的解决更趋于系统性、整体性、有效性和协调性，为资源和环境管理提供了一种强有力的技术支撑手段。

《数字环保系列丛书》作为国内首套系统阐述数字环保的丛书，正契合我国当前环境管理的需要，对指导我国环境信息化建设有着十分重要的现实意义。该丛书集合了中国科学院遥感应用研究所、北京师范大学、中科宇图天下科技有限公司多年来在数字环保领域的研究和实践成果，涵盖数字环保理论与应用实践的各方面内容。该丛书的主要作者都是数字环保相关领域的专家，他们不论是在研究成果还是在实践经验方面都有丰富的积累。我相信该丛书会对环境管理者和数字环保建设者有很强的吸引力，对数字环保建设具有重要的参考价值。

我国的数字环保之路刚刚起步，之后的建设还任重道远！今后还需要不断提高数字环保的理论研究和数据挖掘能力、加强行业应用深度。只有在理论研究与实践中不断创新，数字环保才能在我国环境保护中发挥更大的作用。

金鉴明

2009 年 12 月

序

随着我国经济持续快速发展，环境压力和环境风险持续增大，环境污染问题突出，环境形势依然严峻。经济社会健康发展的环境安全保障需求与环境污染现状之间的矛盾，成为我国经济社会可持续发展进程中亟需解决的问题。突发性环境污染事件具有难以预测、爆发突然、作用强烈、污染严重、应对困难等特点，直接威胁环境安全、公众健康和财产安全，甚至影响社会稳定。国家已经将环境风险防范作为"十二五"环境保护的战略措施之一。防范突发性环境污染事件风险，构建完善的环境应急管理机制体制及其支撑技术体系，是当前乃至今后一段时期环境保护工作的重要任务，亟需加强。

突发性环境污染事件发生、发展的特点和事故处理的实践表明，我国尚缺乏适应经济社会发展和环境管理特点的事故风险管理理论、方法和技术体系，表现在突发性环境事故风险源管理基本信息不足，事故中应急决策指挥支撑能力弱、适用的应急技术储备不足，事故后环境评价和修复技术缺乏。以上诸多问题的核心之一是缺乏数据信息及其获取手段。采用综合的现代信息技术手段，强化突发性环境污染事故应急的信息化平台建设和管理，是有效开展环境应急管理、保障环境安全的关键。

现代信息技术在环境保护中的应用逐步深入，综合利用自动化监控、物联网、云计算、数据采集、多媒体、地理信息系统、遥感和网络等技术，建设快速、高效、准确、智慧化的环境应急业务信息系统，实现面向突发环境污染事件的综合性的信息管理、事态预测、应急决策、事后评估，提高环境应急管理水平和效率，是环境应急信息化的技术发展趋势。

该书系统阐述环境应急信息化体系理论与实践，契合我国当前环境应急信息化管理的需求，对指导我国环境应急信息化体系建设有着重要的现实意义。书中集合了北京师范大学、中国环境科学研究院、中科宇图天下科技有限公司和中科宇图资源环境科学研究院多年来在环境应急领域的研究和实践成果，对环境应急的基础平台、环境应急的基础信息管理、环境应急指挥调度系统、环境应急模拟及演练平台、环境应急事后处理系统等进行系统论述，提出一套完整的环境应急信息化建设体系，体现了环境应急全过程管理的思路和实施管理信息化的主线；概要性介绍了环境应急关键技术、标准规范体系以及典型案例，具有较高的实用性。该书内容丰富，技术科学、实用、可行，案例详实，相信会对环境应急管理和数字环保建设者有很大的吸引力和参考价值。

中国工程院　院士

中国环境科学研究院　院长

2012 年 10 月

前　言

　　近年来，随着全球经济的飞速发展及人口的快速增长，资源过度消耗，环境污染日益严重，环境突发事件频发，并呈现高度复合化、叠加化的趋势，同时污染物的积累和迁移转化引起多种衍生环境效应，给生态系统和人类社会造成极大的危害。例如，2012 年广西龙江河镉污染事件、2010 年美国墨西哥湾原油泄漏事故、2010 年我国福建紫金矿业有毒废水泄漏事故、2008 年山西襄汾尾矿库溃坝事故等。事故发生的时间、地点、污染类型、影响范围等的不确定性，使环境突发事件对人民的生命财产安全产生极大的影响，造成不可估量的严重后果。做好环境突发事件的预测、预警和应急处置，是维护社会稳定、保障公众生命财产安全的重要前提。环境应急管理作为环境安全的一道防线，能够有效控制、减少和消除环境突发事件的风险和危害，能够最大限度保护环境安全和人民群众的生命健康。

　　将现代高新技术成果，特别是 3S 技术与计算机技术、通信技术、传感技术等有机结合，运用于环境应急管理工作，可以做到环境保护与经济高速发展的"双赢"，进而有效地对环境应急管理工作进行全过程控制。从环境预防及监督着手，进行总体规划、实时监测、预案管理及快速应急处置和响应，使各种环境应急管理有的放矢，为控制污染源、改善环境打下坚实的基础。近年来物联网、云计算等新技术、新模式的不断涌现，以及我国"十二五"规划将物联网等新技术作为战略信息产业目标的宏伟计划，开创了我国从数字环保到智慧环保的新局面，使环境应急工作向数字化、智慧化、产业化发展。

　　本书作为《数字环保系列丛书》之一，是对我国环境应急管理概况、环境应急信息化基础理论及环境应急信息化平台建设的全面介绍。第一章概述了我国环境应急管理；第二章全面介绍了环境应急信息化理论基础、需求分析以及关键技术；第三章到第八章是对环境应急信息化建设的描述，包括环境应急基础平台的搭建、环境应急基础信息系统的构建、环境应急指挥调度系统实施、环境应急决策支持实现、环境应急模拟与演练平台建设以及环境应急事故后评估的方法，并详细介绍了环境应急各个环节的具体工作内容和实施方法；第九章特选取了几个具有代表性的环境应急系统成功建设案例，总结各级环保部门和相关单位在环境应急信息化实施方面的成功经验。

本书由中科宇图资源环境科学研究院、中科宇图天下科技有限公司、中国环境科学研究院、北京师范大学等多家单位的专家共同编著，在编著过程中得到了北京高新技术创业服务中心的大力支持。本书得到国家国际科技合作专项项目（2011DFA90910）资助。在此，对为编著和出版本书做出贡献以及关心本书内容的所有人员致以衷心的感谢！

由于环境应急管理还是一个新的领域，涉及的专业知识较广，本书编著工作时间匆促，难免有不足之处，敬请广大读者批评指正。

作者

2012 年 8 月

目　　录

第一章 我国环境应急管理概况

第一节 近年来全国突发环境事件概况

一、近年典型突发环境事件

近年来，随着经济和人口增长，工业化、城镇化和现代化进程加快，资源消耗和环境污染日益严重，环境突发事件频繁发生，并呈现高度复合化、高度叠加化和高度非常规化的趋势。1987 年 9 月 10 日，国家环境保护局颁布《报告环境污染与破坏事故的暂行办法》，该办法提出"环境污染与破坏事故"概念，并将其定义为"由于违反环境保护法规的经济、社会活动与行为，以及意外因素的影响或不可抗拒的自然灾害等原因，致使环境受到污染，国家重点保护的野生动植物、自然保护区受到破坏，人体健康受到危害，社会经济和人民财产受到损失，造成不良社会影响的突发性事件"。2006 年 1 月 24 日，国家环境保护总局颁布了《国家突发环境事件应急预案》，提出"突发性环境事件"的概念，并将其定义为"突然发生，造成或者可能造成重大人员伤亡、重大财产损失和对全国或者某一地区的经济社会稳定、政治安定构成重大威胁和损害，有重大社会影响的涉及公共安全的环境事件"。环境突发事件不同于一般的环境污染，它没有固定的排放方式和排放途径，发生突然，可以瞬间排放大量的污染物。

目前，我国已进入突发环境事件高发期。2001 年，全国共发生 1842 次损失 1000 元以上的环境污染与破坏事故，其中水污染与破坏事故 1096 起，废气污染与破坏事故 576 起，死亡 2 人，伤 185 人，农作物受害面积 2.2 万 hm^2，污染鱼塘 7338hm^2，直接经济损失 12 272.4 万元。2002 年，全国共发生 11 起特大和重大污染事故，共造成 12 人死亡，近 3000 人中毒和就医，直接经济损失达几百万元，造成了一定的环境和社会危害。2003 年，全国共发生 17 起特大和重大污染事故，造成人员死亡和集体中毒 10 起，水污染影响社会稳定和造成较大经济损失 7 起，这 17 起污染事故共造成 249 人死亡（其中重庆开县"12·23"井喷事故死亡 234 人），600 多人中毒，波及群众近 3 万人。2004 年，国家环境保护总局共接到 67 起突发环境事件报告，其中特别重大环境事件 6 起、重大环境事件 13 起，造成 21 人死亡、705 人中毒（受伤），直接经济损失约 5.5 亿元。2005

年，国家环保总局共接到 76 起突发环境事件报告，其中特别重大环境事件 4 起、重大环境事件 13 起、较大事故 18 起、一般事故 41 起，536 人中毒（受伤）。2006 年，国家环保总局共接报处置 161 起突发环境事件，其中特别重大事件 3 起、重大事件 15 起、较大事件 35 起、一般事件 108 起。2007 年，原国家环保总局接报处置突发环境事件 110 起，其中特大事件 1 起、重大事件 8 起、较大事件 35 起。2008 年，全国突发环境事件总体呈上升趋势，环境保护部直接调度处理的突发环境事件 135 起，其中重大环境事件 12 起、较大环境事件 31 起、一般环境事件 92 起，未发生特别重大环境事件。2009 年，环保部处置突发环境事件 171 起，其中特别重大突发环境事件 2 起、重大突发环境事件 2 起、较大突发环境事件 41 起、一般突发环境事件 126 起。2010 年，全国共接报并妥善处置突发环境事件 156 起，其中重大环境事件 5 起、较大环境事件 41 起、一般环境事件 109 起、等级待定事件 1 起[①]。

从 2003 年重庆开县井喷事件、2004 年"川化二厂"污染沱江事件、2005 年松花江事件、2006 年湖南湘江事件、2007 年无锡太湖事件、2008 年宗阳海事件、2009 年江苏盐城停水事件到 2010 年新年伊始的陕西渭南漏油事件，环境突发事件所造成的不良后果不仅严重污染破坏生态环境，给人民的生命财产带来巨大损失，还有可能影响整个社会的稳定与发展。所有这些环境污染事故造成的损失与恐慌给我国的环境安全带来了重大威胁。

二、突发环境事件特点

从突发环境事件产生的时间因素、空间因素、结果因素分析，突发环境事件具有如下特征。

（一）形式的多样性

突发环境事件包括核污染事故、溢油事故、有毒化学品污染事故等多种类型，涉及众多行业与领域。不同类型的突发环境事件的发生与发展具有不同的情景，在表现形式上多种多样，包含的影响因素很多，相互关系错综复杂。同一类型的污染危害表现形式、事故的发生内因及所含的污染因素也可能较复杂或差别巨大，不同类型的突发环境事件在一定条件下还可以相互转化。

（二）发生的突发性

一般的环境污染是一种常量的排放，有固定的排污方式和途径，并在一定时

---

① 数据摘自 2001～2010 年中国环境状况公报。参见 http：//jcs. mep. gov. cn/hjzl/zkgb/。

间内有规律地排放污染物质，而突发环境事件在何时、何地发生以及产生的后果却是不确定的，因其发生迅速，人们缺乏事前的预测、预防、应对措施而可能造成更大的社会恐慌、社会危害。

（三）发生的连锁性

一个事件的发生也可能导致另一个事件的发生。突发环境事件往往是由同一系列微小环境问题相互联系、逐渐发展而来的，有一个量变的过程，但事件爆发的时间、规模、具体态势和影响深度却经常出乎人们的意料，即突发环境事件突如其来，一旦爆发，其破坏性的能量就会被迅速释放，其影响呈快速扩大之势，难以及时有效地予以预防和控制。同时，突发环境事件大多演变迅速，具有连带效应，以至于人们对事件的进一步发展，如发展方向、持续时间、影响范围、造成后果很难给出准确的预测和判断。

（四）侵害对象的公共性

突发环境事件涉及和影响个体、组织及社会等各种主体，因为事件的迅速传播引起社会公众的普遍关注，成为社会热点问题，并可能造成巨大的公共损失、公共心理恐慌和社会秩序混乱等。在一个开放的社会系统中，突发环境事件会使公众对事态的关注程度越来越高，甚至会身心变得紧张，从而使政府有必要通过调动相当的公共资源，进行有序的组织协调来妥善解决。

（五）危害的严重性

环境事件发生后，污染物质伴随自然因素的物理运动，如空气流动、水的流动，扩散的范围更广、速度更快。突发环境事件在短时间内会大量泄漏、排放有毒有害物质，如果事先没有采取防范措施，在短时间内很难加以控制。有些毒害物质对人体或环境的损害是短期的，有些则是积累到一定程度之后才反映出来的，而且持续时间较长，难以恢复。因此其破坏性强，不仅会打乱一定区域内的正常生活、生产秩序，还会造成人员死亡、国家财产的巨大损失和生态环境的严重破坏。

（六）处理处置的艰巨性及可控性

突发环境事件涉及的污染因素较多，一次排放量也较大，发生又比较突然，危害强度大，处理这类事故必须快速及时，措施得当有效。因此，突发污染事件的监测、处理比一般的环境污染事故的处理更为复杂，难度更大。但突发事件的处置又是可控的。首先，从突发环境事件的产生来看，它是可控的，突发环境事件的产生往往是人们长期的环境污染行为和滥用资源行为所致，针对这种状况，我们可以防患于未然，提前约束人们的自身行为，使之符合可持续发展的要求；其次，从突发环境事件发生后人们的应对来看，它是可控的，人们可以通过增强预警能力，增强应急处理能力，来缩短突发环境事件的进程，减轻突发事件的危害，降低或消除突发事件带来的负面影响。

三、突发环境事件的原因分析

（一）重发展、轻环保

部分地方政府没有进行调查评估，盲目上项目，甚至为违法排污企业开绿灯。尤其是部分地方政府领导对环境应急管理工作不了解、不重视，发生重大突发环境事件后不深刻汲取教训，导致短期内再次发生。

（二）责任没有落实到位

部分地方政府对环境应急管理工作领导不力，没有有效履行职责；部分相关职能部门没有各司其职，相互间缺乏沟通、协调与配合；部分企业工艺设备落后，存在大量安全生产隐患，受经济利益驱动长期违法排污，造成重金属等污染物累积或集中排污，酿成重特大事件；大量污染企业建设在水源地和居民聚居区，一旦发生安全事故就会造成巨大环境风险；危险化学品运输、存储和使用不当造成环境污染事故。

（三）环境应急管理严重滞后

大部分地区应对机制不完善，在发生环境污染时处置不当造成污染事故。没有专门的环境应急管理机构，应急准备严重不足，应急响应迟缓，抵御环境风险的能力低下。当前我国经济发展正处于发展的关键时期，也是结构调整的重要时期。做好新时期的环境应急管理工作，就是要全面提高国家和全社会的抗环境风险能力，最大程度地减少突发环境事件的发生，最大限度地降低突发环境事件的危害，把环境应急管理提高到战略高度。

第二节　环境应急管理概述

一、应急管理及信息化简述

应急管理是指政府及其他公共机构在突发事件的事前预防、事发应对、事中处置和善后管理过程中，通过建立必要的应对机制，采取一系列必要措施，保障公众生命财产安全，促进社会和谐健康发展的有关活动。

事故应急管理的内涵，包括预防、预备、响应和恢复四个阶段。尽管在实际情况下，这些阶段往往是重叠的，但它们中的每个部分都有自己单独的目标，并且成为下个阶段内容的一部分。

我国的应急机制及其信息系统的建设有十几年的历史，在电子政务环境下，我国的应急管理已经拥有一大批实用的成果。许多系统具备了一些基本功能，如视频会议功能、视频监控功能、语音指挥调度功能、辅助决策功能等。

相比之下，美国应急管理信息化较成熟，美国联邦紧急事务管理署（FEMA）成立于1979年。在指挥体系的硬件设施建设方面，美国凭借成熟的计算机网络，建立了一套反应及时、运转高效、统一调度的指挥体系，能够在较短时间内针对灾害事故采取有效措施。FEMA通过两个要素来保障这一战略的顺利实施：一是有一套以信息主管（CIO）为核心的应急管理体系；二是有一个清晰的信息化基础架构。FEMA的IT管理制度的核心是CIO制度。根据1996年的"信息技术管理改革法案"，各个联邦机构必须配合信息系统的开发和应用改进业务过程，包括实现跨部门协调、技术转换、优化效能，以及配合进行业务分析。该法案不仅以法律形式规定了今天仍在困扰我国的"技术"与"业务"的关系，而且正式确立了在联邦机构中CIO的地位和职责。CIO的职责之一就是在信息资源整合的基础上开发和管理联邦机构的IT基础架构。FEMA这种信息化的保障体系很值得我们借鉴。

二、突发环境污染事件概述

（一）相关概念

根据《国家突发环境事件应急预案》的定义，环境事件是指由于违反环境保护法律法规的经济、社会活动与行为，以及意外因素的影响或不可抗拒的自然灾害等原因致使环境受到污染，人体健康受到危害，社会经济与人民群众财产受到损失，造成不良社会影响的突发性事件。

突发环境事件（abrupt environmental accidents）指突然发生，造成或者可能造成重大人员伤亡、重大财产损失和对全国或者某一地区的经济社会稳定、政治安定构成重大威胁和损害，有重大社会影响的涉及公共安全的环境事件。

根据突发环境事件的发生过程、性质和机理，突发环境事件主要分为三类：突发环境污染事件、生物物种安全环境事件和辐射环境污染事件。突发环境污染事件包括重点流域、敏感水域水环境污染事件，重点城市光化学烟雾污染事件，危险化学品、废弃化学品污染事件，海上石油勘探开发溢油事件，突发船舶污染事件等。生物物种安全环境事件主要是指生物物种受到不当采集、猎杀、走私、非法携带出入境或合作交换、工程建设危害以及外来入侵物种对生物多样性造成损失和对生态环境造成威胁和危害事件。辐射环境污染事件包括放射性同位素、放射源、辐射装置、放射性废物辐射污染事件。

突发环境污染事件（abrupt environmental pollution accidents）是指在社会生产和人民生活中所使用的化学品、易燃易爆危险品、放射性物品，在生产、运输、储存、使用和处置等环节中，由于操作不当、交通肇事或人为破坏而造成爆炸、泄漏，从而造成的环境污染和人民群众健康危害的恶性事故。

环境应急是指针对可能或已发生的突发环境事件需要立即采取某些超出正常工作程序的行动，以避免事件发生或减轻事件后果的状态，也称为紧急状态；同时也泛指立即采取超出正常工作程序的行动。

根据我国《建设项目环境风险评价技术导则》（HJ/T 169—2004）的定义，环境风险是指突发性事故对环境（或健康）的危害程度，用风险值 R 表征，其定义为事故发生概率 P 与事故造成的环境（或健康）后果 C 的乘积，用 R 表示，即

$$R[危害／单位时间] = P[事故／单位时间] \times C[危害／事故]$$

（二）突发环境污染事件的基本特征

突发环境污染事件具有时间上的突发性、污染范围的不确定性、负面影响的多重性和健康危害的复杂性等特点。

1. 时间上的突发性

一般的环境污染是一种常量的排放，有固定的排污方式和途径，并在一定时间内有规律地排放污染物质。但突发环境事件则没有固定的排放方式，往往突然发生、始料未及、来势凶猛，有着很大的偶然性和瞬时性。

2. 污染范围的不确定性

由于造成突发环境污染事件的原因、规模及污染物种类具有很大未知性，所以其对众多领域如大气、水域、土壤、森林、绿地、农田等环境介质的污染范围带有很大的不确定性。

3. 负面影响的多重性

突发环境污染事件一旦发生，不仅会打乱一定区域内的正常生活、生产秩序，还会造成人员死亡、国家财产的巨大损失和生态环境的严重破坏。事件级别越高，危害越严重，恢复重建越困难。

4. 健康危害的复杂性

由于各类突发性环境污染事故的性质、规模、发展趋势各异，自然因素和人为因素互为交叉，所以具有复杂性。事故发生瞬间可引起急性中毒、刺激作用，

造成群死群伤；而那些具有慢性毒作用、在环境中降解很慢的持久性污染物，则可以对人群产生慢性危害和远期效应。

在我国，目前突发环境事件还体现出事件种类覆盖了所有环境要素，时间和季节特点较为突出，地域、流域分布不均，具有起因复杂、难以判断的典型特征，环境污染具有损害多样性等特点。

（三）突发环境污染事件的分类

按造成突发环境污染事件的物质分类，突发环境污染事件可分为气态污染物引发的事件、液态污染物引发的事件、危险固体废物引发的事件，以及其他事件。

按造成突发环境污染事件的原因分类，突发环境污染事件可分为不安全生产引发突发环境事件、违法排污造成突发环境事件、交通事故引发突发环境事件、水利工程调节引发突发环境事件、开发与施工引发突发环境事件、自然灾害引发突发环境事件、其他原因引发突发环境事件。

按突发环境污染事件所涉及的地域空间（或介质）分类，突发环境污染事件可分为突发水污染事件、突发大气污染事件、突发土壤污染事件和其他突发环境事件。

三、环境应急管理的概念、特点与分类

（一）环境应急管理的概念

环境应急管理是指政府及相关部门在突发环境事件的事前预防、事发应对、事中处置和善后管理过程中，通过建立必要的应对机制，采取一系列必要措施，保障公众生命财产安全和促进社会和谐健康发展的有关活动。环境应急管理是政府应急管理的组成部分，是政府的一项基本职能。

（二）环境应急管理的特点

环境应急管理的特点主要体现在以下方面。

环境应急管理是常态管理与非常态管理的有机结合，区别于一般的常态管理，也区别于非常态管理。

环境应急管理是动态管理，包括预防、预警、响应和恢复四个阶段，均体现在管理突发环境事件的各个阶段。

环境应急管理是综合性管理。环境应急管理涉及广泛的利益主体和参与部门，有些环境应急管理还要解决跨界、跨地区、跨部门的环境问题。

环境应急管理是完整的系统工程，可以概括为"一案三制"。"一案"指突

发环境事件应急预案；"三制"指环境应急机制、环境应急体制和环境应急法制。

（三）环境应急管理的分类

根据突发环境事件的预防、预警、发生和善后四个发展阶段，环境应急管理可分为预防和应急准备、监测与预警、应急处置与援救、事后恢复与重建四个过程。

四、环境风险评价

（一）环境风险评价的目的

环境风险评价的目的是分析和预测建设项目存在的潜在危险、有害因素，建设项目建设和运行期间可能发生的突发性事件或事故（一般不包括人为破坏及自然灾害），有毒有害和易燃易爆等物质泄漏所造成的人身安全与环境影响和损害程度，提出合理可行的防范、应急与减缓措施，以使建设项目事故率、损失和环境影响达到可接受水平。

环境风险评价应把事故引起厂（场）界外人群的伤害、环境质量的恶化及对生态系统影响的预测和防护作为评价工作重点。

环境风险评价在条件允许的情况下，可利用安全评价数据开展环境风险评价。环境风险评价与安全评价的主要区别是：环境风险评价关注点是事故对厂（场）界外环境的影响。

（二）评价工作等级

我国《建设项目环境风险评价技术导则》（HJ/T 169—2004）规定，根据评价项目的物质危险性和功能单元重大危险源判定结果，以及环境敏感程度等因素，将环境风险评价工作划分为一级和二级。

经过对建设项目的初步工程分析，选择生产、加工、运输、使用或贮存中涉及的 1~3 个主要化学品，进行物质危险性判定。

（1）凡符合附录 A.1 有毒物质判定标准序号为 1、2 的物质，属于剧毒物质；符合有毒物质判定标准序号 3 的属于一般毒物。

（2）凡符合附录 A.1 易燃物质和爆炸性物质标准的物质，均视为火灾、爆炸危险物质。

（3）敏感区指《建设项目管理名录》中规定的需特殊保护地区、生态敏感与脆弱区及社会关注区。具体敏感区应根据建设项目和危险物质涉及的环境确定。

根据建设项目初步工程分析，划分功能单元。凡生产、加工、运输、使用或储存危险性物质，且危险性物质的数量等于或超过临界量的功能单元，定为重大危险源。

评价工作级别，按表 1-1 划分。

表 1-1　评价工作级别（一级和二级）

项目	剧毒危险性物质	一般毒性危险物质	可燃、易燃危险性物质	爆炸危险性物质
重大危险源	一	二	一	一
非重大危险源	二	二	二	二
环境敏感地区	一	一	一	一

一级评价应按本标准对事故影响进行定量预测，说明影响范围和程度，提出防范、减缓和应急措施。

二级评价可参照本标准进行风险识别、源项分析和对事故影响进行简要分析，提出防范、减缓和应急措施。

（三）评价工作程序

评价工作程序如图 1-1 所示。

（四）评价的基本内容

风险识别；

源项分析；

后果计算；

风险计算和评价；

风险管理。

二级评价可选择风险识别、最大可信事故及源项、风险管理及减缓风险措施等项，进行评价。

（五）评价范围

对危险化学品按其伤害阈和 GBZ2 工业场所有害因素职业接触限值及敏感区位置，确定影响评价范围。

大气环境影响一级评价范围，距离源点不低于 5km；二级评价范围，距离源点不低于 3km。地面水和海洋评价范围按《环境影响评价技术导则 地面水环境》规定执行。

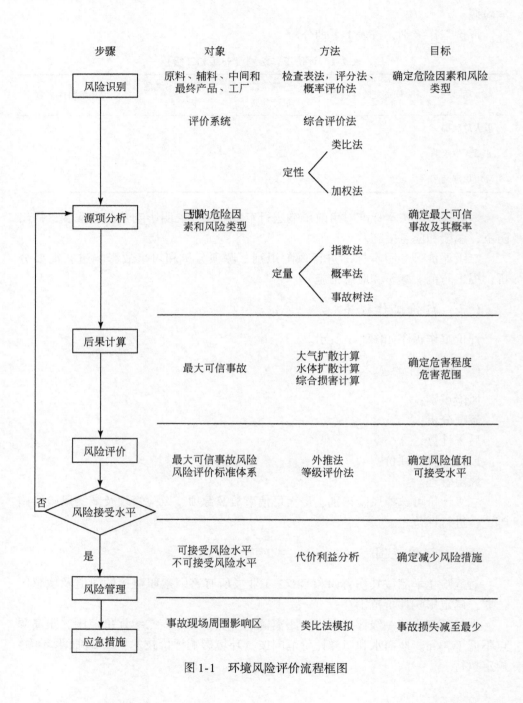

图 1-1　环境风险评价流程框图

五、国外环境应急管理的先进经验

从环境应急管理的发展阶段上看，发达国家都经历了由单项防灾向综合防灾，再转向预警应急管理的渐进型发展历程。例如，1979 年美国就组建了联邦紧急事务管理署，统一协调全国所有自然灾害信息的收集、分析、处理和传送，以保证联邦政府为受灾地区提供及时而周到的援助。1992 年美国制订了联邦应急计划，1994 年对这一计划进行了新的修订，规定联邦政府 27 个部门的灾害救助职责，并规范了相当具体的工作程序，以应对任何重大的自然灾害、技术性灾害和紧急事件，如地震、风暴、洪水、火山爆发、辐射与有害物质泄漏等。美国应急管理包括准备（应急规划、培训）、应对（协调）、恢复（执行州和联邦援助计划）和减缓四个方面。因此美国应急管理不断健全发展，逐步走向了综合和预警应急管理阶段。

在环境应急管理法律法规体系方面，发达国家应急管理法规体系相当健全，并根据应急形势的发展不断修改完善。例如，1961 年日本国会制定了《灾害对策基本法》，并于 1995 年进行了修改，其主要内容包括各个行政部门的救灾责任、救灾体制、救灾计划、灾害预防、灾害应急对策、灾后恢复重建、财政金融措施、灾害应急状态等。这种严密的法律，再加上对各个条款都制订有具体的行动计划，同时还有其他一些领域的专门性的法律相配套，因而形成了比较全面的应急管理法规体系。

在环境应急管理组织机构建设方面，发达国家一般都建立了国家级和地方级的常规应急管理组织机构，注重部门之间、国家与地方之间的协调应对。发达国家的经验是：建立紧急事务处理机构。紧急事务处理机构包括两部分：一部分是中央指挥中枢机构，其可以有效动员、指挥、协调、调度地区资源应对紧急事务；另一部分是常设性危机管理的综合协调部门，以协同各方专家，从国家安全高度制定长期应急战略和计划，在地方各级层面上也相应地设立相关部门。例如，俄罗斯于 1994 年设立联邦紧急事务部，负责整个联邦自然和人为灾害应急救援统一指挥和协调工作。联邦紧急事务部主要设有人口与领土保护司、灾难预防司、部队司、国际合作司、放射物及其他灾害救助司、科学与技术管理司等部门，同时下设俄罗斯联邦森林灭火机构委员会、俄罗斯联邦抗洪救灾委员会、海洋及河流盆地水下救灾协调委员会、俄罗斯联邦营救执照管理委员会等机构。在俄联邦范围内，以中心城市为依托，联邦紧急事务部下设 9 个区域性中心，负责 89 个州的救灾活动。每个区域和州都设有指挥控制中心。

在环境应急管理规划和计划方面，发达国家已进入了后工业化发展阶段，兼顾经济发展和环境应急管理，把环境应急管理规划与经济发展规划相结合。例如，1992 年美国制订了联邦应急计划，1994 年、2002 年、2006 年多次对这一计划进行了新的修订，规定联邦政府 27 个部门的灾害救助职责，并规范了相当具体的工作程序，以应对任何重大的自然灾害、技术性灾害和紧急事件。

在环境应急管理的参与主体方面，发达国家提倡参与主体多元化、危机应对网络化、合作协调区域化。例如，日本提倡"自救、共救、公救"的理念，由包括居民、企业、NGO（非政府组织）、NPO（非营利组织）在内的社区和政府共同组成，建立了市民自主应急组织和企业自身应急体系。美国建立了联邦、州整体联动机制，并通过公民团的组织形式，提高公民的志愿者服务水平和危机防范意识。

在环境应急管理的信息沟通与披露方面，发达国家是以政府为主导，建立发言人制度，友好和有效地与媒体合作，对市民进行公开透明、及时、多渠道、多层次、多方面的危机信息沟通与披露。在美国的应急计划和社区知情法中，要求那些非常危险物质的储存量超过一定限度的企业向相关机构通报，而且要求相关企业对 600 多种有毒化学品释放数量每年进行报告，并将这些报告向公众公开。

在环境应急管理的技术支撑系统建设上，发达国家积极研究开发和建设信息系统，加强信息的统一性和共享性能。同时，注意加强应急处置技术的研究与储备。日本应急信息系统是由信息联络系统、受灾信息收集系统和宣传、信息披露、媒介应对系统等子系统组成，为及时了解和掌控危机应急进程提供了技术保障。

在环境应急管理政府财力和社会保障方面，发达国家除了由强大的财力支撑和保障外，还通过政府、民间机构、市民三者分担的形式，构建起了一个安全的多层次社会保障体系，如美国综合环境应急、补偿和责任法中规定建立超级基金（superfund）为政府处理环境突发事件提供资助。超级基金最初规定每 5 年基金额为 16 亿美元，并通过对化工产业征收新税提供资助。1986 年，超级基金的预算提高到 90 亿美元。2001 年，超级基金规划又被进一步修订。

六、环境应急管理信息化

环境应急信息管理平台是以信息化技术手段为支撑、面向突发环境事件的综合性的信息管理、事态预测、应急决策系统。它的目标：一是要建立内容丰富的信息资源网络，利用自动化监控和数据采集系统、多媒体技术、地理信息系统、遥感技术和网络技术，及时、准确、全面地显示和记录信息。在紧急情况发生时，可以快速地通过视频、声音、电子地图了解事态的发展状况。二是建立面向应急处理的信息管理系统：建立危险物品信息库；利用先进的软件和数据库技术，建立危险预警、接警、出警机制；建立现场信息采集机制、污染物扩散模型、辅助决策模型，辅助领导快速做出科学决策以及实施应急行动。

　　环境应急信息管理平台能够为环境管理部门进行突发环境事件的监控与预警、应急决策、指挥调度、现场应急处置和事件后评估提供有力的技术支持。当突发环境事件发生时，系统能及时、准确地根据现场得到的信息及时提供空间地图服务并生成事件现场模型，同时通过对环境背景数据库、空间信息数据库、环境应急专项数据库中的数据进行综合分析，为决策者快速提供直观、科学、合理、优化的应急处置方案，提高处置效率，减少事故损失。

第三节　我国环境应急管理的主要环节

一、预防与准备

（一）环境突发事件预防的制度与内容

1. 环境突发事件预防相关制度

　　《中华人民共和国环境影响评价法》（2002年颁布，以下简称环评法）规定，凡对环境有影响的建设项目，都必须进行环境影响评价；未经审批的项目，一律不准上马。在采取建设行动之前，首先进行环境影响评价，这不仅对控制常规污染和环境破坏是一项重要制度，对于坚持预防为主，解决环境污染事故问题也是一个重要的措施。除环评法以外，《中华人民共和国建设项目环境保护管理条例》（1998年颁布）及其他各种污染防治的单行法规，如《海洋环境保护法》、《大气污染防治法》等，也都针对环境影响评价的要求做了相应规定。

　　2004年12月11日，国家环境保护总局发布了《建设项目环境风险评价技术导则》（HJ/T 169—2004），进一步将建设项目环境风险评价纳入环境影响评价管理范畴。环境风险评价针对建设项目存在的潜在危害和有害因素、建设项目建设和运行期间可能发生的突发性事件或事故、有毒、有害和易燃、易爆等物质泄漏，预测可能造成的人身安全与环境损害，提出合理可行的防范、应急与减缓措施，编制应急预案，这对排除有重大风险的项目，或降低建设项目的事故率、减少损失和环境影响具有重要意义。

　　"三同时"制度也是我国环境保护中特有的一项基本制度，其规定可能对环境有影响的一切新建、改建和扩建的建设项目、技术改造项目、区域开发建设项目等，其所需要的防治污染和其他公害的设施和其他环境保护设施，必须与主体工程同时设计、同时施工、同时投产使用。这一制度与环境影响评价制度相辅相成，也是贯彻"预防为主"原则的体现。环境影响评价制度是项目决策阶段的环境管理；"三同时"制度是项目实施阶段的环境管理，是防止项目建成后对环境造成新的污染和破坏。前者为后者提出防治环境污染和生态破坏的对策措施，后者是前者的继续和实现。环境影响评价制度和"三同时"制度对环境污染事故的预防都有重要作用。

2. 环境突发事件预防的内容

《经济合作与发展组织化学事故预防、准备和应急导则》（*OECD Guiding Principles for Chemical Accident Prevention，Preparedness，and Response*）用了最长的篇幅来强调事故预防的重要性，并明确了各个不同的利益相关方（企业、政府管理者、公众、社会团体等）的作用和责任，同时强调相互之间合作的必要性。工业企业在事故的预防中起主要作用，应将事故预防贯彻到设计、建设、运行、维护，以及服役期满/关闭/搬迁等多方面，提出了事故预防的一系列规定。同时，规定各级政府（地方、区域、国家）应建立事故预防的安全目标和控制体系，并加强监督和执法。

参照以上导则中的化学事故预防的内容，结合我国环境保护的法律、法规及相关规定，针对我国实际情况，提出我国环境污染事故预防的主要内容有以下几点。

（1）将环境污染事故预防、环境风险评价和环境污染事故应急预案作为我国环境影响评价法工作的重要内容，建立起环境污染事故应急预案的审批、备案、检查等基本制度。

（2）严格执行"三同时"制度，针对选址、设计、布局、建设、运行、建设项目竣工环保验收，以及服役期满/关闭/搬迁的全过程，明确各阶段环境污染事故预防的措施及应急资源和能力评估。

（3）开展环境危险源普查工作，掌握全国环境危险源的数量、种类及地区分布情况。实现不同类别环境危险源调查、登记及管理，并建立环境危险源数据信息库，内容应包括相关行业、重点企业的地理位置、规模、生产状况、储运情况、"三废"排放数据，主要的事故易发环节，以及污染源本身的理化性质、毒性毒理、环境行为、环境标准、监测方法、周边环境、影响对象及危害性质、基本应急处置方法等，为环境污染事故日常防范、应急处理和决策提供基础信息。

（4）加强排污许可证管理。在证后监管上下工夫，以排污许可证为核心，与总量控制、排污申报、环境监测、环境监察等有机结合，加强对重点污染企业的监管和事故防范。

（5）建立重点污染源的自动监控系统，及时发现和消除污染事故隐患。

（6）建立环境污染事故安全预警体系。

（7）进一步加强环境监察的作用，严格执法，及时排查各类污染事故隐患，防止污染事故的发生。

（8）加强公众应急知识的普及和教育，提高公众对环境污染事故的预防、应急能力。

（二）环境风险源的识别与监管

1. 环境风险源识别

环境风险源识别工作一般分为以下几个阶段，即风险源信息获取、风险源初步排查、风险源分类、风险源突发危害评估。

1）环境风险源信息获取

要开展环境风险源的分类分级工作，必须了解风险源的周边环境信息及企业风险物质信息，这就需要通过多种方式获取风险源信息。获取信息的途径有多种，可以通过收集已有资料，掌握调查范围内的潜在环境风险源、环境质量、周边环境敏感点分布状况、安全管理、事故风险水平等方面的背景情况，为下一步工作提供基础资料。信息获取过程中要充分搜集和利用现有的有效资料，当现有资料不能满足要求时，需进行现场调查和监测，并分析现状监测数据的可靠性和代表性。现有资料可以从当地环境保护部门、环境监测部门、企业以及开展示范区研究的相关合作单位获得；根据待评估风险源及所在地区的环境特点，确定各环境要素的现状调查和监测范围，并筛选出应调查和监测的有关参数。

企业信息、风险物质基本信息也可通过企业申报或消除调查的方式获得。其中企业环境风险源的获取内容包括企业主要功能区（如生产场所、储罐区、库区、废弃物处理区及运输区）涉及的有毒有害危险化学品及其使用方式、存储量，以及相关的安全管理措施等。

企业风险源基础信息最好由企业负责定期申报。企业内所有有毒有害风险物质、易燃易爆物质、活性化学物质均须申报。为方便风险源定位，化学品须按照企业内部的功能分区分别申报，如生产场所、库区、罐区、运输区和废弃物处理区等。

对环境风险源的调查，可采取点面结合的方法，分详查和普查。对重点风险源进行详查，对区域内所有风险源进行普查。同类环境风险源中，应选择污染物排放量大、影响范围广、危害程度大的风险源作为重点风险源进行详查。对于详查，单位应派调查小组蹲点进行调查，详查的内容从深度和广度上都应超过普查。重点风险源对一地区的污染影响较大，要认真做好调查。

2）环境风险源初步排查

待评估企业内可能存在大量的潜在环境污染风险单元，分别评估每一单元将导致待评估风险源过多。风险源的初步筛选主要用于降低待排查风险源数量，突出重点。环境风险源筛选主要依据待查单元内环境风险物质及其数量，通过考察其含量与风险物质所界定临界值的关系来进行筛选。若评估单元内的风险物质数量等于或超过该临界值，则定义该单元为待评估环境风险源。

单元内风险物质的确定需考虑以下三个方面：单元内每次存放某种风险物质的时间超过 2 天；单元内每年存放某种风险物质的次数超过 10 次；单元内的风险物质在正常作业条件下产生。如果单元内储存着多种风险物质，那么在辨识过程中生产经营单位应首先考虑风险性最大的那种物质是否超出上述的定义范围，这样生产经营单位就可以明确界定待评估单元内的危险物质。

3）环境风险源分类方法

环境风险源的分类是进行识别的前提，针对不同类别的环境风险源，建立相应的分级标准体系与方法，评估环境风险源对环境的潜在危害程度，进一步确定环境风险源的级别，识别出存在重大污染事故危害隐患的环境风险源。在此基础上，根据环境风险源的级别，提出针对性的监控和管理措施，从源头上对污染事故进行防控，以有效降低环境风险源引发污染事故的可能性。

按环境受体分类。从环境受体角度出发，环境风险源可分为水环境风险源、大气环境风险源和土壤环境风险源。依据分类，在风险源的识别和监管过程中，可针对各类环境风险源可能导致的事故类型，分析环境风险源的本身特征、环境受体情况及环境触发机制，明确可能引发的主要事故类型，建立不同的风险源识别方法，评价环境风险源的级别，进而采取相应的监管措施对环境风险源进行有效控制。

按物质状态分类。目前从物质角度对危险源进行分类已有较多研究，如《常用危险化学品的分类及标志》（GB 13690—92）将危险源分为爆炸品、压缩气体和液化气体、易燃液体、易燃固体和自燃物品及遇湿易燃物品、氧化剂和过氧化物、毒害品和感染性物品、放射性物品、腐蚀品 8 类。从环境风险源的物质状态出发，环境风险源可分为气态环境风险源、液态环境风险源和固态环境风险源。依据风险源的物质状态对环境风险源进行分类，可以很直观地认识风险源的基本情况。

按传播途径分类。环境污染事故一旦发生，事故风险的传播途径主要有两种：一是在大气环境中进行扩散；二是在非大气环境（水、土壤）中进行迁移。这两种传播途径的差别较大，所造成的影响以及危害后果的评估手段也存在较大的差别。

分类方法对比。以上从环境受体、物质状态和传播途径三方面提出了环境事故风险源的分类方法，由于出发角度不同，各分类方法存在一定差别。尽管各种分类方法对环境事故风险源的归类方式不同，在此基础上所建立的分类体系也有所区别，但几种分类方法所涉及的危险物质是基本一致的，因为评估风险源的环境事故风险，其本质是对环境风险源所涉及物质的潜在环境危害进行评估。

4）风险源突发危害评估

风险源突发危害评估是风险源控制的关键措施，为保证风险源评估的正确合理，在系统分析历史重大火灾、爆炸、毒物泄漏中毒事故资料的基础上，从物质危险性、工艺危险性入手，分析风险源发生事故的原因、条件，评价事故的影响范围、伤亡人数、经济损失和应采取的预防、控制措施。因此风险源危害评估包括以下方面：

（1）辨识分类危险因素及其原因；

（2）依次评价已辨识的危险事件发生的概率；

（3）评估危险事件的后果；

（4）进行风险评估，评价危险事件发生概率和发生后果的联合作用；

（5）风险控制，将上述评价结果与安全目标值进行比较，检查风险值是否达到了可接受水平，否则需要进一步采取措施，降低危险水平。

2. 环境风险源监管

由于布局性的环境隐患和结构性的环境风险并存，我国在今后一段时期内，突发性环境事件的高发态势仍将继续存在，体现为突发性环境污染事故与累积性环境污染事故并存。近年来，我国对突发性环境风险管理日益重视，自从2005年松花江特大水环境污染事故之后，环境保护部开展了排查化工石化等新建项目环境风险的工作，2005年12月，国务院发布了《关于落实科学发展观加强环境保护的决定》，其中把水污染事件预防和应对作为需要优先解决的问题；2006年1月，国务院发布实施《国家突发环境事件应急预案》；2009年11月，环境保护部印发了《关于加强环境应急管理工作的意见》，明确提出推进环境应急全过程管理，加强监测预警，建立健全环境风险防范体系，全面掌握环境风险源信息，加强隐患整改等重点工作。这体现了我国环境风险管理的重点逐步由事后应急向源头预防转变。

但是，我国目前在环境风险源识别与管理方面尚未形成有效的技术体系，相关的技术规范和标准、评价指标体系尚不健全，缺乏环境风险源识别、管理方法与依据。需要进一步开展的工作包括：充分学习与借鉴国外环境风险管理经验，健全与完善我国环境风险管理相关法律法规框架；健全组织机构，进一步明确各个组织机构的作用、职责、权力和任务，加强机构间的协调；深入开展环境风险源分类、分级评估技术方法研究，制订相关技术标准与指南，加强风险评估和管理，制订环境风险管理计划；遵循环境风险分区，环境风险源分类、分级管理原则，选择示范区，开展风险源分级管理试点示范工作。

（三）环境应急预案与环境应急演习

1. 环境应急预案的结构及基本框架

各类预案由于所处的行政层次和适用范围不同，其内容在详略程度和侧重点上会有所差别，但总体结构都可以采用基于应急任务或功能的"1+4"预案模式，即一个基本预案加上应急功能设置、特殊风险管理、标准操作程序和支持附件。

1）环境应急预案的结构

A. 基本预案

基本预案是对应急管理的总体描述。主要阐述被高度抽象出来的共性问题，包括应急的方针、组织体系、应急资源、各应急组织在应急准备和应急行动中的职责、基本应急响应程序以及应急预案的演习和管理等规定。

B. 应急功能设置

应急功能是在各类重大事故应急救援中通常都要采取的一系列基本的应急行动和任务，如指挥和控制、警报、通信、人群疏散、人群安置和医疗等。针对每一项应急功能应确定其负责机构和支持机构，明确在每一项功能中的目标、任务、要求、应急准备和操作程序等。应急预案中功能设置数量和类型要因地制宜。

C. 特殊风险管理

特殊风险管理是基于重大突发事件风险辨识、评估和分析的基础上，针对每一种类型的特殊风险，明确其相应的主要负责部门、有关支持部门及其相应承担的职责和功能，并为该类风险的专项预案的制定提出特殊要求和指导。

D. 标准操作程序

按照在基本预案中的应急功能设置，各类应急功能的主要负责部门和支持机构须制定相应的标准操作程序，为组织或个人履行应急预案中规定的职责和任务提供详细指导。标准操作程序应保证与应急预案的协调和一致，其中重要的标准操作程序可作为应急预案的附件或以适当的方式引用。标准操作程序的描述应简单明了，一般包括目的与适用范围、职责、具体任务说明或操作步骤及负责人员等。标准操作程序本身应尽量采用活动检查表形式，对每一活动留有记录区，供逐项检查核对时使用。标准操作程序是可以保证在事件突然发生后，在没有接到上级指挥命令的情况下可及时在第一时间启动，提高应急响应速度和质量。

E. 支持附件

应急活动的各个过程中的任务实施都要依靠支持附件的配合和支持。这部分内容最全面，是应急的支持体系。支持附件的内容很广泛，一般应包括：

（1）组织机构附件；

（2）法律法规附件；

（3）通信联络附件；

（4）信息资料数据库；

（5）技术支持附件；

（6）协议附件；

（7）通报方式附件；

（8）重大环境污染事故处置措施附件。

2）环境应急预案的基本框架

应急预案基本框架包括预防、预备、响应和恢复四个阶段。预防主要是减少和降低环境危险。突发环境事件的预防是由政府、企业和个人共同承担。国家有关法律规定了污染者的责任，企业应采取足够的预防措施来保证它的高效应急计划。政府主要负责保护公共财产的安全工作。在该阶段中，必须明确企业和政府部门需要做的工作，确定潜在的环境风险、敏感的环境资源。预备是对事故的准备，即事故发生之前采取的行动，关键是如何提高对环境污染事故的快速、高效的反应能力，以减少对人的健康和环境的影响。环境保护部门与政府其他部门、工业企业和社区等一起，针对预防阶段的隐患制订如何处理事故的应急计划，通过对计划进行检查和演习，不断改进完善。响应是指事故发生前及发生期间和发生后立即采取的行动，目的是保护生命，使财产损失、环境破坏减小到最小限度，并有利于恢复。当环境污染事故发生时，任何单个组织不可能完成全部的应急工作。高效的应急响应需要政府、企业、社会团体和当地组织队伍的共同参与。恢复是在事故发生后，对环境损害的清除和恢复。对环境损害的评估和恢复，是恢复的两个重要方面。环境污染事故通常对环境有中长期的影响，当环境污染事故和初步的处理结束后，通过对损害的评估，来预测事故可能造成的中长期影响，设计恢复行动。

按照以上四个阶段，环境应急预案内容主要分为总则、应急预防和预警、应急响应、应急终止和善后、预案评审发布。这五大块形成一个有机联系并持续改进的循环的有机管理体系，构成了环境应急预案的主要要素，是环境污染事故应急预案编制所应涉及的基本方面。这五大基本要素中又可分为若干个二级要素。

2. 环境应急预案编制的基本要求

突发环境事件应急预案主要包括政府、部门及企业三个层次。政府及部门突发环境事件应急预案有一定的共同点，但也有所区别。企业突发环境事件应急预案则与政府、部门有较大的差别。所有预案的核心要素除了事故或事件发生过程中的应急响应和救援措施之外，还要包括事故发生前的各种应急准备和事故发生后的紧急恢复，以及预案的管理与更新等。为此，环境应急预案的编制应当符合以下要求：

（1）符合国家相关法律、法规、规章、标准和编制指南等规定；

（2）符合本地区、本部门、本单位突发环境事件应急工作实际；

（3）建立在环境敏感点分析基础上，与环境风险分析和突发环境事件应急能力相适应；

（4）应急人员职责分工明确、责任落实到位；

（5）预防措施和应急程序明确具体、操作性强；

（6）应急保障措施明确，并能满足本地区、本单位应急工作要求；

（7）预案基本要素完整，附件信息正确；

（8）与相关应急预案相衔接。

1）政府突发环境事件应急预案

完整的政府突发环境事件应急预案编制应包括以下一些基本要素，分为6个一级关键要素，包括：

（1）方针与政策；

（2）应急策划；

（3）应急准备；

（4）应急响应；

（5）现场恢复；

（6）预案管理与评审改进。

2）部门突发环境事件应急预案

部门突发环境事件应急预案，主要包括以下几个方面的要素：总则、基本情况、环境风险评估、组织机构和职责、预防和预警、应急响应与措施、应急监测、现场保护与洗消、应急终止、应急终止后的行动、应急培训与演习、奖惩、保障措施及附件等内容。

3）企业突发环境事件应急预案

企业突发环境事件应急预案遵循上述同样的编制程序。成立编制小组，明确各编制人员职责，开展本单位的基本情况调查，包括原料、生产工艺、危险废物运输和处置方式等内容，除此以外，还需要开展对单位周边环境状况及环境保护目标情况的调查，并且按照《建设项目环境风险评估技术导则》（HJ/T 169—2004）的要求进行环境风险评估，评估自身的环境应急能力，如救援队伍、应急救援物资、器材等。编制完成后，要进行评审，然后发布并抄送有关部门备案，主要包括总则、基本情况、环境风险识别与环境风险评估、组织机构及职责、预防与预警、信息报告与通报、应急响应与措施、后期处置、应急培训与演习、奖惩、保障、评审发布与更新、实施与生效时间、附件等内容。

3. 环境应急演习准备、实施与评估

1）演习准备

应急演习准备是整个演习活动的第一步工作，也是最重要的阶段。在这一阶段，各参演单位根据各自职责，组建演习工作班子，重点进行演习计划和脚本制定、演习方案设计、演习动员与培训、应急演习保障等系列演习筹备工作，并根据演习的总体要求，通过检查应急装备、物资的储备和维护、保养状况方式评估目前参演队伍应急能力是否能满足演习的需求，结合参演单位实际情况和选择演习的内容，做好应急演习人员、车辆、物资、指挥调度、监测仪器、通信设备等各项演习环节的落实工作。

2）演习实施

A. 演习动员

在演习正式开始前应进行演习动员，确保所有演习参与人员了解演习现场规则、演习情景和各自在演习中的任务。必要时可分别召集导调人员、评估人员、参演人员参加预备会。

B. 演习启动

演习正式启动前一般要举行简短仪式，由演习总指挥宣布演习开始，然后由总导演启动演习活动。

C. 演习执行

演习指挥与行动：演习总指挥负责演习全过程的监督控制；现场总指挥按照应急预案规定和演习方案要求，指挥参演队伍和人员开展对模拟演习事件的应急处置行动，完成各项演习活动。

演习过程控制：总导演负责演习过程的控制，原则上应严格按照演习方案执行演习的各项活动。

演习解说：在综合性示范演习的实施过程中，演习组织单位可以安排专人对演习过程进行解说。

演习记录：演习组织单位要安排专门人员，采用文字、照片和声像等手段对演习实施过程进行记录。

演习宣传报道：演习组织单位要重视演习的宣传报道工作。演习宣传组要事先做好演习宣传报道方案，及时准备新闻统稿，必要时可邀请相关媒体到现场观摩。

D. 演习终止

演习正常实施完毕，由总导演发出演习结束信号，由演习总指挥宣布演习结束。

3）演习评估

演习评估是在全面分析演习记录及相关资料的基础上，对比参演人员表现与演习目标要求，对演习活动及其组织过程做出客观评估，并编写演习评估报告的过程。

演习评估报告的主要内容一般包括：演习执行情况，预案的合理性与可操作性，应急指挥人员的指挥协调能力、参演人员的处置能力，演习的设备、装备的适用性，演习目标的实现情况，演习的成本效益等。

（四）环境应急装备与物质保障

目前我国的环境应急救援资源数量有限，且主要分散在大型环境风险企业中，政府层面储备应急装备的主动性不够，且未形成体系，未充分考虑各地的现实及存在需求，针对性、实用性不强。各地对辖区内环境应急物资储备底数不清，情况不明，紧急需要时不能及时、有序、有效地获取并应用所需资源，延误了时机，制约了救援，扩大了危害。为此，采取了一些措施：

一是积极建立环境应急物资储备信息库。为解决突发环境事件频发与环境应急处置部门应急物资、设备严重缺乏的矛盾，适应新形势下环境应急工作科学、快速、妥善处置的需要，部分环境保护部门开展了对相关物资储备情况的调查工作，积极建立了环境应急物资储备信息库。

二是积极做好应急物资保障工作。与生产物资单位签订合同，以便发生突发环境事件时能及时保障环境应急物资供应。同时对重点工业企业及相关部门物资储备情况进行了统计调查，明确了联系人和调集方式。

三是紧急调度调配应急物资。

二、环境应急响应

（一）环境应急响应内容与程序

1. 环境应急响应主要内容

环境应急响应的主体分为：肇事单位、人民政府、环保部门。

1）肇事单位

发生事故或违法排污造成突发环境事件的单位，应立即启动本单位突发环境事件应急预案，迅速开展先期处置工作，并按规定及时报告。

2）人民政府

突发环境事件发生后，履行统一领导职责并组织处置事件的人民政府，启动本级突发事件应急预案，成立现场应急指挥部，立即组织有关部门，调动应急救援队伍和社会力量，依照有关规定采取应急处置措施。超出本级应急处置能力时，及时请求上一级应急指挥机构启动上一级应急预案。

3）环保部门

突发环境事件发生后，在当地政府统一领导下，环境保护部门要及时做好信息报告及通报、环境应急监测、污染源排查、污染事态评估、事故调查、提出信息发布建议等工作，严格执行"第一时间报告、第一时间赶赴现场、第一时间开展监测、第一时间向社会发布信息、第一时间组织开展调查"的要求。

2. 环境应急响应程序

一般而言，政府及其部门应急响应工作程序包括接报、甄别和确认、报告、预警、启动应急预案、成立应急指挥部、现场指挥、开展应急处置、应急终止等环节。

1）一般程序

（1）接报；

（2）甄别和确认；

（3）报告；

（4）启动应急预案；

（5）指挥、协调与指导；

（6）现场处置；

（7）信息发布；

（8）应急终止。

2）一级响应的程序

发生特别重大突发环境事件时，由国务院负责启动特别重大响应。国务院或者国务院授权国务院环境保护主管部门成立应急指挥机构，负责启动突发环境事件的应急处置工作，根据预警信息，采取相应处置措施。

3）二级响应的程序

发生重大突发环境事件时，由省级人民政府负责启动重大响应，会同环境保护主管部门成立应急指挥机构，负责启动突发环境事件的应急处置工作，并及时向国务院环境保护主管部门报告事件处置工作进展情况。国务院环境保护行政主管部门为事件处置工作提供协调和技术支持，并及时向国务院报告情况。有关部门、单位应当在事故应急指挥机构统一组织和指挥下，按照应急预案的分工，开展相应的应急处置工作。

4）其他级别响应的程序

发生较大或一般突发环境事件时，由地市级或县级人民政府负责启动应急处置工作。地方各级人民政府根据事件性质启动相应的应急预案，同时将情况上报上级人民政府和环境保护部门。超出其应急处置能力的，及时报请上一级应急指挥机构给予支持。

（二）环境应急监测

环境监测人员在事故影响和可能影响的区域，按照监测规范，在第一时间制订应急监测方案，对污染物质的种类、数量、浓度、影响范围进行监测，分析变化趋势及可能的危害，为应急处置工作提供决策依据。

应急监测是各级环境保护部门在应急工作中的重要法定职责，各级环境保护部门在现场应急指挥部的统一领导下组织开展应急监测工作。应急监测主要包含以下工作内容。

1. 制订环境应急监测方案

根据突发环境事件污染物的扩散速度和事件发生地的气象及地域特点，制订应急监测方案。应急监测方案包括确定监测项目、监测范围、布设监测点位、监测频次、现场采样、现场与实验室分析、监测过程质量控制、监测数据整理分析、监测过程总结等，并根据处置情况适时调整应急监测方案。

2. 确定监测项目

确定监测项目是应急监测中的技术关键，对突发环境事件控制和处理处置有举足轻重的作用，对已知固定污染源，可以从厂级的应急预案中获得各种污染物信息，如原料、中间体、产品中可能产生污染的物质以确定监测项目；对已知流动污染源，可以从移动载体泄漏物中获得可能产生污染的污染物信息以确定监测项目；对未知污染源，监测项目的确定须从事故的现场特征入手，结合事故周边的社会、人文、地理及可能产生污染的企事业单位情况，进行综合分析。必要时须咨询专家意见。

3. 确定监测范围和布点

监测范围确定的原则是根据事发时污染物的特征、泄漏量、泄漏方式、迁移和转化规律、传播载体、气象、地形等条件确定突发环境事件的污染范围。在监测能力有限的情况下，按照人群密度大、影响人口多优先，环境敏感点或生态脆弱点优先，社会关注点优先，损失额度大优先的原则，确定监测范围。如果突发环境事件有衍生影响，则距离突发环境事件发生时间越长，监测范围越大。

应急监测阶段采样点的设置一般以突发环境事件发生地点为中心或源头，结合气象和水文等自然条件，在其扩散方向上合理布点，其中环境敏感点、生态脆弱点、饮用水源地和社会关注点应有采样点，应急监测不但应对突发环境事故污染的区域进行采样，同时也应在不会被污染的区域布设背景点作为参照，并在尚未受到污染的区域布设控制点位以对污染带移动过程形成动态监测。

4. 现场采样与监测

现场采样人员须严格按照采样规范和应急监测方案的要求进行采样和现场监测。采样量应同时满足快速监测和实验室监测需要。采样频次主要根据污染状况、不同的环境区域功能和事故发生地的污染实际情况制定，争取在最短时间内采集有代表性的样品。距离突发环境事件发生时间越短，采样频次应越高。如果突发环境事件有衍生影响，则采样频次应根据水文和气象条件变化与迁移状况形成规律，以增加样品随时空变化的代表性。现场采样方法及采样量、现场监测仪器及分析方法可参照相应的监测技术规范和有关标准，并做好质量控制及记录工作。监测数据的整理分析应本着及时、快速、准确的报送原则，以电话、传真、监测快报、手机短信等形式立即上报给现场指挥部，重大和特大突发性污染事故还应上报环境保护部。

5. 分析和预测

根据监测结果，分析突发环境事件变化趋势，并通过专家咨询和讨论，预测并报告事件发展和污染物变化情况，以此作为突发环境事件决策的科学依据。

（三）突发环境事件现场应急处置

在应急处置过程中，环境保护部门应积极参与现场应急处置，向地方人民政府提出控制和消除污染源、防止污染扩散、人员救护与防护、信息通报与发布等建议。积极参与对各类应急救援队伍的指导，为科学处置提供环保技术支持。上级环境保护部门根据现场应急需要，通过电话、文件或派出人员等方式对现场应急工作进行指导。

1. 提出应急处置建议

环境保护部门根据现场调查和应急监测情况，向应急指挥部提出调查分析结论，包括事故的污染源、污染物、污染途径、波及范围、污染暴露人群、危害特点，以及事故的原因、经过、性质、教训等。

根据现场调查、监测数据，提出控制和消除污染源、防止污染扩散的建议；提出请专家制订科学处置方案的建议；通过组织专家讨论，根据不同化学物质的理化特性和毒性，结合地质、气象等条件，提出疏散距离建议；提出向受害群众提供自我防护建议；提出通过加大供水深度处理、启用备用水源、水利工程调节、终止社会活动、生产自救等措施减少污染危害等建议。

2. 提供专家咨询和指导

各级环境保护部门根据突发环境事件应急工作需要可建立由不同行业、不同部门组成的专家库。专家库一般应包括检测、危险化学品、生态保护、环境评估、卫生、化工、水利、水文、船舶污染控制、气象、农业、水利等方面的专家。

突发环境事件发生后，环境保护部门可组织应急专家迅速对事件信息进行分析、评估，提出应急处置方案和建议；根据事件进展情况和形势动态，提出相应的对策和意见；对突发环境事件的危害范围、发展趋势做出科学预测；参与污染程度、危害范围、事件等级的判定，为污染区域的隔离与解禁、人员撤离与返回等重大防护措施的决策提供技术依据；指导各应急分队进行应急处理与处置；指导环境应急工作的评价，进行事件的中长期环境影响评估。

3. 参与现场处置指导

根据现场情况，监督企事业通过停产、禁排、封堵、关闭等措施切断污染源，通过限产限排、加大治污效果等措施控制污染源。指导有关应急救援机构和队伍，根据不同的污染物性质和污染类型，采取科学的处置方法和措施：通过采用拦截、覆盖、稀释、冷却降温、吸附、吸收等措施防止污染物扩散；通过采用中和、固化、沉淀、降解、清理等措施减轻或消除污染。

三、后评估与恢复重建

（一）突发环境事件后评估

1. 突发环境事件后评估目的

突发环境事件后评估是突发环境事件应急处置工作结束后恢复重建的决策依据。其主要目的：①明确事件的生态环境影响的物理程度以及空间、时间范围，为采取有效措施，防范次生环境事件的发生，消除突发环境事件的后续不利影响，尽快恢复当地生态环境服务。②通过对环境污染损害进行货币量化评估，明确损害大小，并促使污染者在承担行政罚款和民事赔偿的同时，对现在主要由政府开展的污染场地清理、现场修复及污染事故应急等行动支付相应费用，切实贯彻"污染者负担"原则。③依法追究责任，吸收经验教训，警示后人，提高应急管理水平。它应满足"巩固成果、消除影响，汲取教训、总结经验，惩罚分明、警示教育"的要求。通过后评估，作用于应急管理全过程，真正实现微观和宏观层面上环境应急工作水平和能力的提高。

2. 突发环境事件后评估内容

事件环境影响评价，对短期环境影响进行评价，预测评价事件污染造成的中长期环境影响，并提出相应的环境保护措施。

事件损失价值评估，评价突发环境事件对环境所造成的污染及危害程度，计算财务损失、生态环境损失，为善后赔偿和处罚提供依据。

环境应急管理全过程回顾评价，评价事件发生前的预警、事件发生后的响应、救援行动以及污染控制的措施是否得当，并调查事件发生的原因，为突发环境事件责任的认定及其处理提供依据。

3. 突发环境事件后评估工作程序

突发环境事件后评估工作，应以事件的成因调查、环境影响评价和损失调查为核心展开，通过调查、评价和明确环境影响的前因后果、时空范围和强度，在调查和评价的基础上进行损失价值评估，并以调查、评价、评估结果为依据，进行相关方的责任追究。

（二）恢复重建

1. 恢复重建的含义

恢复重建是消除突发事件短期、中期和长期影响的过程。从字面上看，它主要包括两类活动：一是恢复，即使社会生产、生活运行恢复常态；二是重建，即对因灾害或灾难影响而不能恢复的设施、设备等进行重新建设。

恢复和重建工作对突发环境事件的应急处理意义重大，主要表现在：①可以有效地恢复正常的生产生活秩序，防止发生突发环境污染事件的次生、衍生事件或者其他危害公共安全的事件。②可以有效地保障公民的合法权益，提高政府的信誉。

因此，恢复重建不仅意味着补救，也意味着发展，因为恢复重建要在消除突发事件影响的过程中除旧布新。从这个意义上看，恢复重建既面临挑战，又蕴藏着机遇，是突发事件处置过程中实现转"危"为"机"的关键环节。可以将恢复重建作为增强社会防灾、减灾能力的契机，整体提升全社会抵御风险的能力。

2. 恢复重建的目标和内容

突发环境事件的恢复重建既包含了对在突发环境事件中受到影响的环境体系本身的恢复和重建，也包含了对在突发环境事件中受到损害的人与自然的关系、人与人的关系的恢复和重建。根据突发环境事件后评估的内容，恢复重建的目标和内容可分为以下三个方面。

（1）损失赔偿，指依据突发环境事件损失评估的结果，对事件损失采取赔偿、补偿等经济手段，妥善解决突发环境事件对各利益相关方造成的损失问题，恢复社会正常秩序，避免引发社会矛盾和纠纷，尤其是要避免产生社会群体性事件，危害社会稳定。此外，对相关责任人或责任主体进行合理处罚。

（2）环境恢复，指依据污染事件环境影响评价的结果，消除突发环境事件对事发地的环境影响，恢复重建生态环境。环境恢复是突发环境事件恢复与重建的重点，是防止发生次生、衍生污染事件或者其他危害公共安全的事件的关键。环境恢复必须全面恢复、科学指导，必要时需预先编制突发事件环境恢复方案或规划，有章有序地开展环境恢复与重建工作。

（3）应急管理能力提升，指根据环境应急管理全过程回顾评价的结果，总结经验教训，对地方政府、环境保护部门及其他各相关职能部门在日常管理、监督检查、应急处置等各环节存在的问题，采取措施进行改进，真正实现微观和宏观层面上环境应急工作水平和能力螺旋式上升的质的飞跃，避免再次发生类似事件。对肇事方进行整顿，提升其防范突发环境事件的意识和水平，提高其处理突发环境事件、避免影响扩散的能力，并对本地区类似风险源进行排查和处理。

第二章　环境应急信息化基础理论

第一节　环境应急信息化理论基础

环境应急信息化是当今信息全球化的必然产物，是电子政务的一个重要组成部分。强化信息化发展战略在经济可持续发展战略的重要地位，建立跨部门、跨区域的综合性环境管理系统，建设以智慧技术高度集成、智慧产业高端发展、智慧服务高效便民为主要特征的智慧环保体系，有机融合环境应急管理与日常公共服务，从而更加积极主动、快速有效地应对各种突发事件，实现可持续和谐稳定发展，是当前应急管理的重要做法和基本经验。

一、地理信息系统

地理信息系统（geographic information system，GIS）是一门综合性学科，结合地理学与地图学，已经广泛应用在不同的领域，是用于输入、存储、查询、分析和显示地理数据的计算机系统。地理信息系统既是管理和分析空间数据的应用工程技术，又是跨越地球科学、信息科学和空间科学的应用基础学科。其技术系统由计算机硬件、软件和相关的方法过程所组成，用于支持空间数据的采集、管理、处理、分析、建模和显示，以便解决复杂的规划和管理问题。地理信息系统处理、管理的对象是多种地理空间实体数据及其关系，包括空间定位数据、图形数据、遥感图像数据、属性数据等，用于分析和处理在一定地理区域内分布的各种现象和过程，解决复杂的规划、决策和管理问题。通过上述的分析和定义可提出 GIS 的如下基本概念。

GIS 的物理外壳是计算机化的技术系统，它又由若干个相互关联的子系统构成，如数据采集子系统、数据管理子系统、数据处理和分析子系统、图像处理子系统、数据产品输出子系统等，这些子系统的优劣、结构直接影响着 GIS 的硬件平台、功能、效率、数据处理的方式和产品输出的类型。

GIS 的操作对象是空间数据和属性数据，即点、线、面、体这类有三维要素的地理实体。空间数据的最根本特点是每一个数据都按统一的地理坐标进行编码，实现对其定位、定性和定量的描述，这是 GIS 区别于其他类型信息系统的根本标志，也是其技术难点之所在。

GIS 的技术优势在于它的数据综合、模拟与分析评价能力，它可以得到常规方法或普通信息系统难以得到的重要信息，实现地理空间过程演化的模拟和预测。

GIS 与测绘学和地理学有着密切的关系。大地测量、工程测量、矿山测量、地籍测量、航空摄影测量和遥感技术为 GIS 中的空间实体提供各种不同比例尺和精度的定位数；电子速测仪、GPS 全球定位技术、解析或数字摄影测量工作站、遥感图像处理系统等现代测绘技术的使用，可直接、快速和自动地获取空间目标的数字信息产品，为 GIS 提供丰富和更为实时的信息源，并促使 GIS 向更高层次发展。一个地理信息系统是一种具有信息系统空间专业形式的数据管理系统。在严格的意义上，这是一个具有集中、存储、操作和显示地理参考信息功能的计算机系统。例如，根据在数据库中的位置对数据进行识别。

二、环境应急管理系统

环境应急管理系统是在环境应急管理上建设的应急管理信息系统，可以监测重大危险源信息变化情况，加强宏观调控，充分发挥其代表政府综合管理安全工作的职能。同时，系统使应急指挥决策化、科学化、智能化。应急辅助决策支持系统的建设以信息资源整合与共享为目标，是电子政务的一个重要组成部分。系统运用地理信息系统，建成信息化、数字化的"应急管理"平台，使应急管理和救援指挥工作准确、快捷和高效。作为处理环境突发事件的一个系统，环境应急管理系统需要运用相关学科的一些理论方法，对预计可能发生的事故设计完善的应急预案，在事故发生的时候快速制定最佳的策略，用最合理的管理把事故带来的损失控制到最小。

随着科技的发展，借助先进的计算机科学和信息技术，应急管理系统可以提供对越来越复杂的突发事件的辅助管理。这为应急系统的实现提供了先决条件。总之，应急管理信息系统具有以下几方面的作用。

（1）可以有效集成各个方面的应急资源信息，在应急时可以迅速找到相关的各种应急资源，并进行定位。

（2）可以实现对各种重大危险源的管理，在应急时可以根据这些数据采取有效的措施。

（3）可以提高快速反应和应急指挥能力。

（4）可以提高规划能力。

计算相应的事故所造成的事故后果，在事故应急时，可以提高应急响应的准确性。

在事故后果模拟的基础上，系统可以提供相应的应急指挥调度辅助决策供应急指挥者参考，提供及时的决策支持。

为应急恢复提供规划和管理工具，即运用科学的方法和手段对城市环境风险进行识别、预测，分析不正常状态的时空范围和危害程度，并提出防范和应急措施。

通过应急管理信息系统建设可以在事故之前提供某些警告信息，有助于决策者选择适宜的应急对策，在事故发生时以最佳的应急方案和最快的速度对风险进行控制。

三、环境应急决策支持系统

决策支持系统（decision support system，DSS）的概念由美国麻省理工学院的Scott Morton 教授于 20 世纪 70 年代提出，这一概念一经提出立即引起了各国学者的广泛兴趣，无论在理论研究还是开发应用方面都取得了一定的成就。目前的决策支持系统已发展为多学科交叉的系统，涉及计算机科学、人工智能、信息管理科学、数学、心理学等多学科、多技术，在市场营销、产品生产、公司管理、金融经济等多领域均有应用。我国在 20 世纪 80 年代中期开始了决策支持系统的研究，其中最广泛的领域是区域发展规划。

环境决策支持系统（environmental decision support system，EDSS）是将决策支持系统应用于环境规划与管理方面，辅助决策者解决突发环境污染、环境影响评价、环境规划建设等半结构化和非结构化问题。计算机科学、人工智能、数据采集及数据库管理、网络技术、工程技术等学科的快速发展，更好地促进了环境决策支持系统的研究。

第二节　环境应急通信指挥网络

一、环境应急通信指挥网络架构

环境应急通信指挥网络平台能提高现场指挥调度及综合通信调度的能力，提高应急快速反应机制，快速有效的分配应急设备，提供有效的应急通信和及时应急监测手段，在最短的时间内提出处理方案，实现对环境应急事件的快速响应，对决策提供信息数据支持。它能划定突发环境事件应急处理的目的，及时合理处置可能发生的各类重大、特大环境污染事故，维护社会稳定，保障公众生命健康和财产安全，保护环境，促进社会全面、协调、可持续发展。它能及时有效的处理国内突发环境事件应急工作，是符合各类通信手段有机衔接的通信系统，是为各类现场提供图像、语音、传真、数据等多种通信服务而设计。

平台包括应急卫星通信系统、应急通信系统、移动通信系统（含无人空传）三大部分，环境应急指挥网络图如图 2-1 所示。

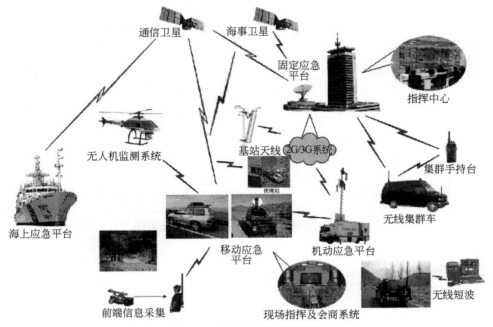

图 2-1　环境应急指挥网络图

二、环境应急卫星网平台架构

1. 应急卫星通信可用卫星资源

鑫诺一号（Ku/C）、亚洲 3S、亚洲 4S、亚洲 6 号。

2. 应急卫星通信传输主要业务

1）图像业务

实现地面与远端站基于 IP 的双向图像传输。图像传输时卫星信道速率可支持一路 2M ~ 8Mbps，无图像业务时速率降至 64kbps 或 16kbps。其业务流程如图 2-2 所示。

2）语音业务

基于卫星链路实现与海上陆地的指挥中心 VoIP 话音通信，实现与 PSTN 网互联。每个远端站支持 8 路话音（4 路专线、4 路市话），语音网关支持 GIII 类传真，编码速率可调，其业务流程如图 2-3 所示。

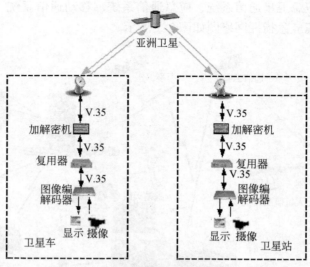

图2-2　应急卫星通信传输图像业务流程图

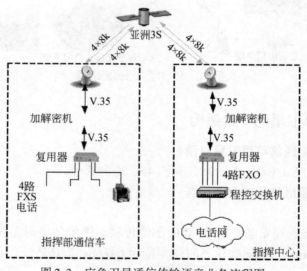

图2-3　应急卫星通信传输语音业务流程图

3）数据业务

实现基于卫星链路的IP网络互联，8路数据（4路公网、4路专网）IP传输速率可调，满足各类IP数据传输，提供良好的业务传输能力，其业务流程如图2-4所示。

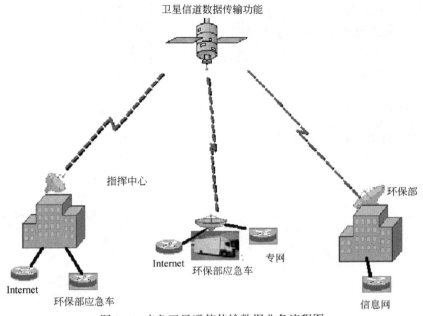

图 2-4 应急卫星通信传输数据业务流程图

3. 应急卫星通信载波设计

由于车载站和船载站卫星网络采用卫星信道根据通信要求，临时建立、固定分配方式的 FDMA/SCPC 体制，所以载波采用在移动站和主站之间建立点对点通信链路的方式如图 2-5 所示。具体载波大小可以根据具体业务传输要求进行设

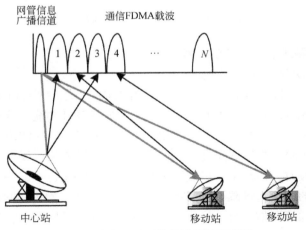

图 2-5 应急卫星通信载波设计原理图

置。设计中按船载卫星系统支持2M～8Mbps业务容量进行设计。

4. 应急卫星技术体制可靠性设计

图2-6说明了通过卫星转发信号，在固定主站和远端站或车载站终端之间建立的星状卫星通信网拓扑结构和相应的空间载波配置。

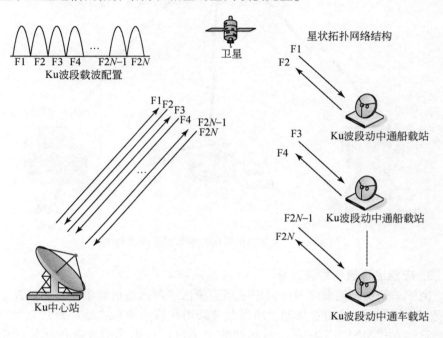

图2-6 星状网络拓扑结构和空间载波示意图

5. 环保监测应急卫星通信组网设计

1）采用 TDM/TDMA 卫星通信体制

采用 TDM/TDMA 体制：外向信道采用 TDM 方式，内向信道采用 TDMA 方式。这是一种先进的系统。主站设备少，主要发挥软件功能。这种系统信道利用率最高，容量大，灵活性好，扩容方便，可工作在 C 或 Ku 波段。换频由主站通过控制主站和 VSAT 的频率合成器来实现，因此比较方便，受干扰影响小。当内向采用多个载波时，便产生了多载波 TDMA（MC-TDMA），即一个转发器的频带容纳多个不同的载波，各载波以窄带 TDMA 方式工作。网中各站发射或接收所用的频率和时隙均可调整。由于采用了 TDMA，系统灵活性增加，显著提高了系统容量，TDMA 方式也是一种适合话音业务乃至综合业务的多址方式。

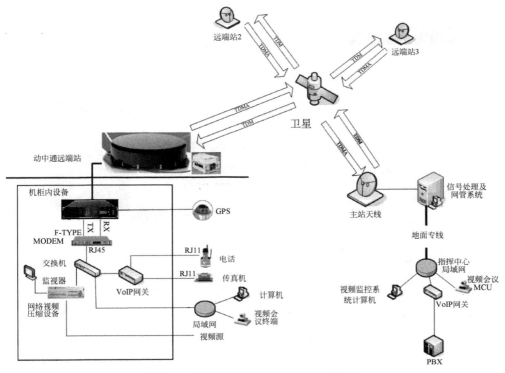

图 2-7 采用 TDM/TDMA 卫星通信体制

2) 采用 Vipersat 系统卫星通信体制

Vipersat 卫星通信系统是一个基于动态 SCPC（dSCPC）技术的智能型的多媒体卫星通信网络，主站向小站方向的业务数据采用 TDM 方式广播发送，不同目的地、不同业务种类的数据通过统计时分复用的方式共享 TDM 出境载波；小站向主站方向的入境业务数据可以通过两种方式回传到主站：STDMA 方式或 FDMA/SCPC 方式。每一个小站的回传方式由 VMS（管理系统）根据应用需要来确定，系统具有多种灵活的切换功能来实现用户的应用需求，系统实现多媒体通信和卫星信道共享的基础也就是这些灵活的 SCPC/TDMA 切换功能。同时系统支持带外切换方式，即可作为控制 MODEM 来使用，可控制其他业务 MODEM 进行切换。

作为独特卫星带宽和通信容量调度管理产品，Vipersat 系统包括管理系统（VMS）和链路调度系统（VCS），与先进的卫星调制解调器一起，构成可与用户应用系统无缝集成的智能卫星网络。

该系统是以动态 SCPC 带宽管理（dSCPC）和面向应用的自动切换技术为基础，卫星网络的各个部分均可以通过 VMS（管理系统）进行状态调整、设备控制和监控。

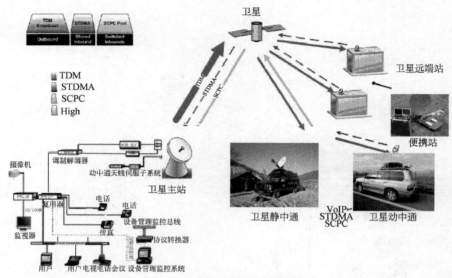

图 2-8　采用 Vipersat 系统卫星通信体制

6. "动中通"卫星通信天馈系统设计

"动中通"卫星通信车在移动或静止状态下，通过卫星通信透明通道传输方式，实现现场数据、话音、图像等多媒体回传业务接入地面指挥中心。为了保证车辆在移动状态中的通信畅通，卫星通信车采用车载低高度动中通卫星天线和相应陀的伺服系统，从而可以实现运动过程中对卫星的不间断通信，保障现场和指挥中心保持实时的通信联系。系统的组成如图 2-9 所示。

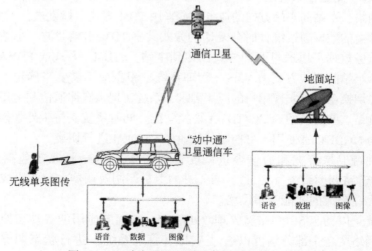

图 2-9　"动中通"卫星通信天馈系统组成图

1）动中通天线外观设计

（1）E7000 低高度动中通天馈系统（图2-10）。

图2-10　E7000 低高度动中通天馈系统

（2）E7000 动中通低高度天线外观（图2-11）。

图2-11　E7000 动中通低高度天线外观

2）室外单元尺寸

具体尺寸为 130cm 长、130cm 宽、30cm 高。

（1）E7000 动中通低高度天线内部视图（图2-12）。

图2-12　E7000 动中通低高度天线内部视图

（2）E7000 动中通天线车顶平台安装示意图（图2-13）。

3）E7000 动中通天线工作原理

E7000 动中通天线是采用相控阵技术的双向卫星高增益的通信产品，是专为运动车辆的动中通通信而设计。

图 2-13　E7000 动中通天线车顶平台安装示意图

E7000 天线采用陀螺稳定平台，跟踪方式采用信号跟踪和信标跟踪两种方式，适用于 Ku 波段的任何卫星和任何卫星网络平台；无需手动对星，可单独采用国内 GPS，也可采用国产北斗自动捕获创新的天线系统来自动搜索捕获指定的卫星信号。并且在车辆运动过程中通过自动控制方位仰角和极化角自动跟踪保持指向。

E7000 天线是相控阵天线。它是由相控阵天线面、跟踪伺服系统、RX 接收平台和 TX 发送平台、相控阵子单元组组成。跟踪伺服系统采用稳定的陀螺平台自动对准（指向卫星），跟踪系统的方位跟踪完全采用机械和电子相结合结构，俯仰跟踪大范围调整采用机械方式，小范围微调采用电子扫描方式进行跟踪。

跟踪系统基本工作原理是用高稳定、高精度的陀螺、罗盘、感应车辆在航向、横滚、俯仰三个方向上运动；经过计算机计算，控制天线向相反方向运动，使天线始终对准目标（卫星）。此种方式的优点是只要已知确定的卫星位置，车辆自动跟踪系统便可迅速对准它，如果陀螺的精度和稳定度足够高，车辆本身的驱动系统足够灵敏，可使卫星通信系统正常工作。

4）E7000 动中通天线技术指标

（1）物理性指标。

室外单元尺寸：130cm 长（含功放 170cm）、130cm 宽、30cm 高

室内单元重量：50kg 只含天线，不含功放（天线罩为德国制造）

室内单元尺寸：49cm 长、44.5cm 宽、4.5cm 高

室内单元重量：6kg

（2）电指标。

频段：接收 12.25G ~ 12.75GHz，发射 14.0G ~ 14.5GHz

极化：线性（自动极化控制）

增益：接收 35dBi，发射 36dBi

接收速率：最高到 16Mbps

发射速率：2M ~ 8Mbps

天线 G/T：13dB/°K@30℃

旁瓣电平：<-14dB

极化隔离：>33.5dB

上行 EIRP：52dBW

正交线极化：>25dB

中频输入（发送）：950M ~ 1450MHz

中频输出（接收）：950M ~ 1450MHz

电源：DC 12 ~ 24，AC 110 ~ 220（天线）

连续的用电消耗：250W 天线+10W IDU

（3）天线性能指标。

俯仰角范围：自动调整，0° ~ 90°

方位角范围：自动调整，360°连续

方位跟踪速率：150°/s

极化角范围：自动调整，-180° ~ +180°

初次卫星捕获和锁定时间：<12s，使用内置的 GPS 系统

再次卫星捕获时间：<1s

方位跟踪精度：0.1°@60°/s，360°/s^2

俯仰跟踪精度：0.9°@45°/s，180°/s^2

（4）电接口。

电源：220V（天线控制器供电）

发射接口：WR75，接收接口：TNC

（5）环境。

温度范围：-40° ~ 70℃

相对湿度：高达 95%

地面速度：高达 0 ~ 350km/h

（6）质保。

质保期：3 年

陀螺维护周期：7 年校正一次，使用期 15 年

（7）技术特点

独立组件，方便安装。

全球任何地方天线俯仰范围：0~90°。

E7000 天线采用陀螺稳定平台。

跟踪方式：采用信号跟踪和信标跟踪。

适用于 Ku 波段的任何卫星和任何卫星网络平台。

无需手动对星，可单独采用 GPS，也可采用北斗 GPS 自动捕获并跟踪卫星，在移动中自动重新寻找卫星信号最大值。

内置陀螺仪可以快速从视线遮挡中恢复；丢星对星时间 0.27s。

锁星时间 23s，看到图像时间 25s。

水平方向机械扫描，垂直方向电子扫描，保持指向精度。

邻星干扰保护。如果天线指向偏离大于 0.5°，回传链路自动关闭，直到指向误差被天线的跟踪系统纠正。

射频接口再也不受功率的限制。

此款天线已办理亚洲卫星公司入网许可证。

5）E7000 动中通天线室内室外单元组成部分（图 2-14）

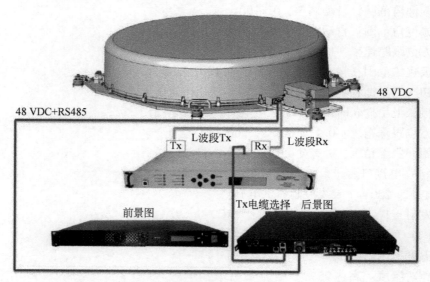

图 2-14　E7000 动中通天线室内室外单元组成部分

天线连接方式：

（1）一端连接电缆接收到"RX"对卫星调制解调器，另一端的"RX"在天线端口。

（2）将一根短电缆的一端传送到"RF OUT"端口的 BUC。

7. 地面卫星中心站系统概述

卫星地面中心站建设一般采用 6.2m、4.5m、3.7m Ku 波段卫星天线，天线对星方位和俯角可手动、电动调节。

卫星地面中心站由卫星固定站天馈系统、卫星固定站室外单元、卫星固定站室内通信设备及图像显示终端系统组成。

实现的具体功能如下：

（1）实现中心站与车载站、远端站的图像、声音双向通信。

（2）通过中心站实现远端站与专网和 PTSN 的电话通话。

（3）通过中心站实现远端站与省厅综合信息网和 INTERNET 的计算机联网。

（4）实现对图像信号的编解码输出，卫星地面中心站传输的现场图像信号通过光纤接入地面指挥中心。

（5）通过中心站实现数字单兵信息与省厅综合信息网和的计算机联网。

（6）通过中心站实现 TD 移动基站信息与省厅综合信息网和计算机联网。

（7）卫星地面中心站具有图像信号监视、切换和录制备份的功能。

地面卫星站 IP 传输系统结构图如图 2-15 所示。

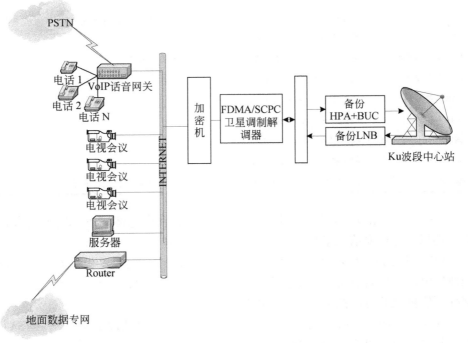

图 2-15 地面卫星站 IP 传输系统结构图

8. 便携卫星小站系统设计

1）基本要求

该设备要求采用 Ku 频段，天线为 0.96m 便携式天线，功放采用 40W 以上固态功放，系统至少能够发射一个 2M ~ 4Mbps 载波。

VSAT 便携站设备包括三个部分：天线箱、便携机箱和电源箱。

（1）提供的功放应选择性能好、体积小、重量轻、功耗小的设备。

（2）提供的设备采用先进成熟技术，具有高可靠性、维护方便、灵活等特点。

（3）设备的设计寿命应大于 10 年，在设计寿命内，设备的可用度应优于 99.99%。

（4）故障部件或单元的替换、检查和修理应能够容易进行。

2）技术要求

设备的技术要求如表 2-1 所示。

表 2-1　设备的技术要求

设备	技术要求
自动寻星便携天线	具有全自动、半自动（电动）和手动寻星功能；碳纤维反射面；天线寻星系统至少包括 GPS、位置检测系统伺服系统、罗盘、信标接收机等，标准展开并对星时间不超过 3min
便携式电源	后备时间不少于 30min，含输入、输出配电系统，能够实现市电与油机电源切换，电源部分总重量小于 50kg
卫星调制解调器	除满足卫星通信网入网设备要求外，要求加装 LDPC
综合业务复用器	满足卫星通信网入网设备要求
图像编解码器	满足卫星通信网入网设备要求
BUC	额定功率不低于 40W
LNB	噪声温度优于 85K，PLL + −5kHz
便携机箱	便于携带，符合航空运输要求
辅助寻星仪	Ku 波段，接收灵敏度满足寻星要求，适合野外使用，操作简单

VSAT 便携站具有重量轻、携带方便等特点，在应急情况下可以很快布置到应急现场，通过通信卫星与 VSAT 主站进行双向通信。

VSAT 便携站包括：全自动便携天线、BUC&LNB、卫星基带单元、终端设备和便携电源。所有设备通过便携电源供电，便携电源连接市电和发电机，在掉电情况下便携电源可以提供一定时间的后备电。

便携卫星小站系统：应急保障卫星通信系统主要由地面卫星主站、VSAT 便携站和通信卫星组成（图 2-16）。

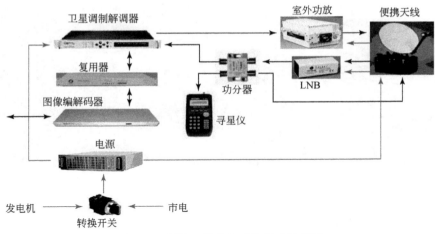

图 2-16　便携卫星小站系统组成示意图

三、环境应急通信指挥网络平台

（一）空中监测平台

无人机（或飞艇）：对突平台。突发环境事件现场全面监控，将空中现场视频、图片和采集的数据传输到地面的应急指挥车或便携移动设备，同时还可以为地面 Ad Hoc 空中监测平台搭建任务载荷，任务载荷设备提供中继转发功能（图 2-17，图 2-18）。

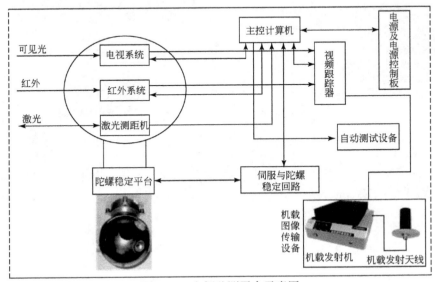

图 2-17　空间监测平台示意图

图 2-18　无人机监测示意图

（二）应急卫星平台

由动中通卫星车、静中通卫星车、地面中心站、便携卫星站、单兵卫星站组成，通过空中卫星链路采用透明通道相互上下行传输信息，其组成如图 2-19 所示。

图 2-19　应急卫星平台组成图

（三）移动应急平台

大、中型应急指挥车是省（市）固定应急指挥中心指挥调度工作的必要延伸和补充，是可移动的分指挥中心，负责现场指挥工作，并与固定应急指挥中心保持实时的通信联络和信息传递，主要传递的信息为视频、图片、话音和数据（图 2-20）。

图 2-20 移动应急平台组成示意图

（四）便携移动平台

便携移动平台是小型移动应急平台。主要是供领导及应急管理人员在应急指挥厅以外的场所及时了解紧急事件发展态势、查看各种采集数据和现场音视频、调阅历史数据和紧急预案并做出指挥决策（图 2-21）。

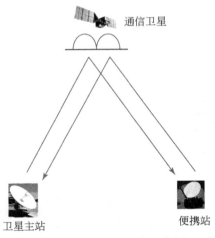

图 2-21 便携移动平台示意图

（五）单兵移动平台

采用单点、多点图像采集，Ad Hoc 单兵设备采用了 Ad Hoc 无线自组织网技术，实现了现场应急指挥车、远程应急指挥中心和突发事件现场 Ad Hoc 单兵之间的视频、图片、话音和数据等信息的交互。

1. 数字单兵组网设计（图 2-22）

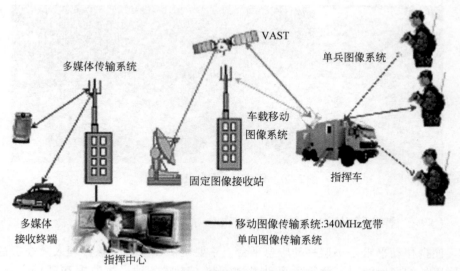

图 2-22　数字单兵组网设计图

2. 3G 单兵组网设计（图 2-23）

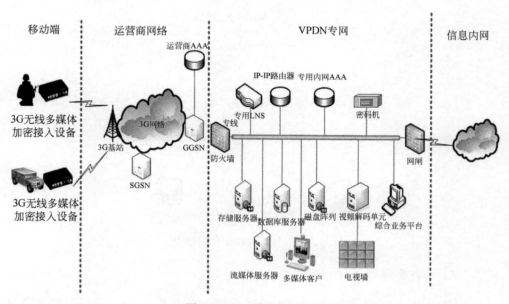

图 2-23　3G 单兵组网设计

（六）通信网络平台

突发事件发生后，通信网络应以无线网络为主（超短波、短波、专网），有线网络为辅。可供采用的λ无线通信网络包含宽带卫星、海事卫星、CDMA1x、EDGE、2G/3G 网等。

1. TD-2G/3G 移动机动应急基站车载系统

各种环保监测数据通过 TD-2G/3G 基站应急通信车的网络（含车载卫星系统），如图 2-24 和图 2-25 所示，将数据转换成 TD-CDMA 信号传回地面指挥中心，快速、有效地处理紧急监测数据，改善网络覆盖质量，提高临时网络容量，在恶劣的环境条件下形成稳定可靠的通信能力，要求系统可在到达指定地点后 30 分钟内由 1~2 个操作员快速安装完毕并形成质量良好的通信能力。系统具有方便的维护性能和兼容性能。

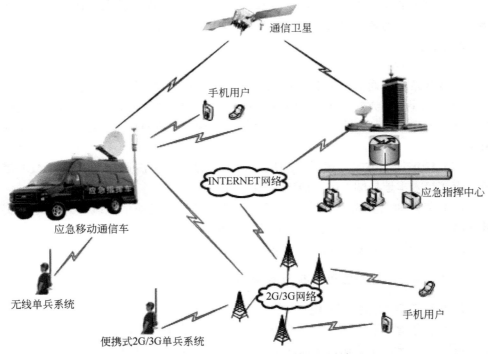

图 2-24　2G/3G 移动基站车载组网设计

CDMA 移动通信网对传输网络的要求主要体现在传输容量和对 CDMA 业务接口支持两个方面。CDMA 传输网络分为两部分：第一部分为骨干传输网络，用于解决 CDMA 核心网络的业务传送，属于省际干线和省内干线的范围；第二部分为本地传输网络，用于解决 CDMA 无线接入网的业务传送，属于城域网/本地网的范围。

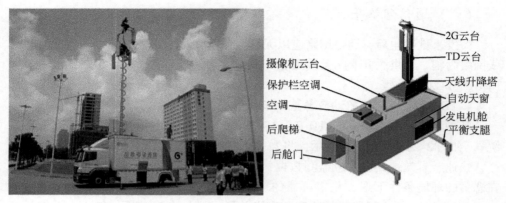

图 2-25　TD-2G/3G 移动机动应急基站车载系统

本项目内的应急通信车系统，基本上使用本地传输网络接入。通过卫星方式接入时，由上海地球站通过省际干线转接至本地传输网络。

2. 微波基站车

1）网络结构

微波基站应急通信车携带微型 CDMA 基站，使用如下几种方式接入网络。

（1）卫星通信方式。通过小型应急通信车自带的卫星通信系统，与上海地球站建立一条 E1 信道，通过电信骨干网将信号转接至应急通信车当地 BSC。接口为 Abis 口。

（2）微波通信方式。通过小型应急通信车自带的微波通信系统建立 4E1 信道，直接接入本地局端 BSC。接口为 Abis 口。

（3）光纤通信方式。通过小型应急通信车自带的光通信系统接入本地光交换网络，建立 16E1+FE 信道接入本地局端 BSC。接口为 Abis 口。

2）微波基站车 2G/3G 设备结构接入（图 2-26）

（七）环保监测地面指挥及会商系统

1. 地面应急指挥会商系统

地面信息指挥系统建设在省环境监测应急通信指挥中心，中心汇集各方信息，可以供领导指挥员观察现场信息，并通过此系统进行指挥和交流。系统主要包括大型显示墙、会议电视系统、控制系统三个子系统，指挥大厅效果图如图 2-27 所示。系统详细功能如下。

（1）工作人员通过地面卫星、无线、有线等手段及时接收发布命令，指挥员部署现场各种监测救援力量，观察现场，动态监控现场情况，确保对现场实施指挥调度。

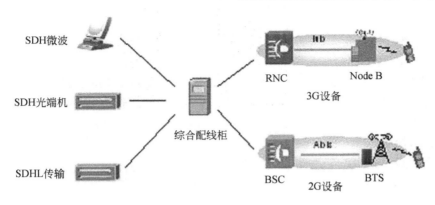

图 2-26 微波基站 2G/3G 设备结构接入示意图

图 2-27 指挥大厅效果图

（2）在全省应急处置过程中能与车载指挥通信车形成天地互补通信系统网络，实现天上与地面图像传输。

（3）领导指挥员可与车载指挥系统现场进行双向视频会议，进行语音交流。

（4）将指挥中心所有话筒信号接入调音台，操作人员可以控制各路话筒声音信号，使其电平一致，以提高声音的传输质量，并可以通过音箱监听效果。会议桌上设有网络和电话插座，可以连接多个计算机和多部有线电话。

（5）地面指挥中心通过大屏幕观察单兵，监测现场情况，并对"动中通"卫星传回画面进行分析。

（6）指挥控制子系统提供内（外）的信息显示、集中控制、信息切换、扩声等功能。可以集中控制和切换各种信号，并能灵活地显示接入车内的各种信号源。

1）高清视频会议系统

（1）高清视频会议系统说明。

视频会议终端是将某一会议点的实时图像、语音和相关的数据信息进行采集、压缩编码，多路复用后送到传输信道。同时将接收到的图像、语音和数据信息进行分解、解码，还原成对方会场的图像、语音和数据。另外，会议电视终端还将本会场的会议控制信号（如申请发言，申请主席等）送到多点控制器（MCU）。同时还要执行多点控制器对本会场的控制作用。

（2）视频会议系统设备连接图（图2-28）。

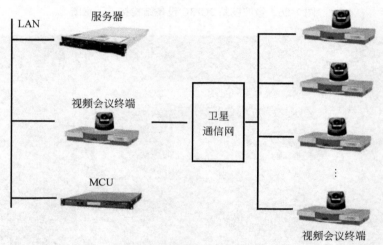

图2-28　视频会议系统设备连接图

（3）视频会议系统可实现的功能需求。

任意两点、四点、八点、十六点、二十四点、三十点等会场的连接。

会场场景的近程和远程控制。

任意会场的切换、广播、控制。

会场图片资料、电子文档、音像资料的传递与交流。

高质量的视频会议效果，实时、动态传播。

系统具备很强的扩充性，可接入局域网。

会场实现声音自动跟踪摄像。

满足视频流广播。

操作简单，维护方便。

2）拼接大屏系统连接系统

（1）系统连接图（图 2-29）。

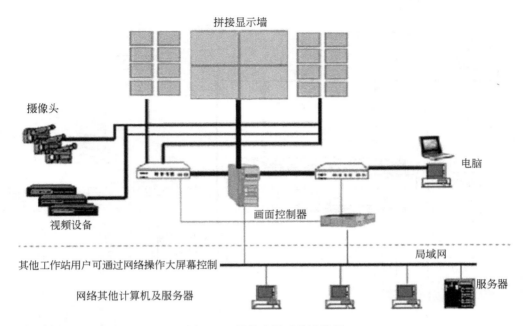

图 2-29 拼接大屏系统连接图

（2）拼接大屏系统技术（图 2-30）。

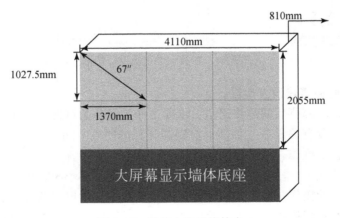

图 2-30 拼接大屏系统技术

（3）拼接大屏系统设计技术（图2-31）。

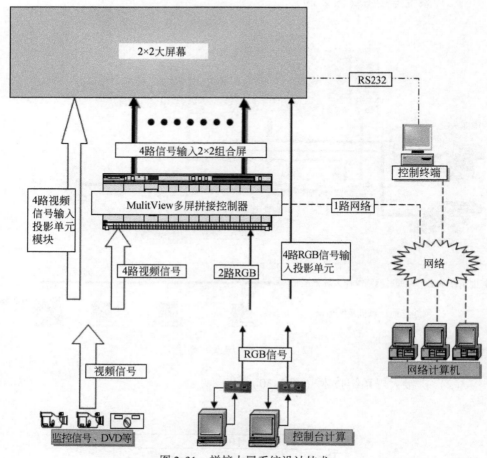

图2-31 拼接大屏系统设计技术

（4）维修通道建设方案设计。

大屏幕显示墙背后的维修通道，主要是作为设备的维修、维护空间，设备的散热空间，以及有关设备（如图形控制器等）的摆放空间等。

关于设备的维修、维护空间：

①一般情况下，设备的维修、维护空间至少应不小于500mm，以便维修、维护或工程人员的操作。如果空间条件允许，应尽量提供更宽的维修通道空间。

②由于本系统规模比较大，显示墙比较高，因此，为了方便维修、维护人员或工程人员的操作，同时也是保证人员和设备的安全，可以定制与通道宽度适应的活动架梯，架梯底部可移动和固定，架梯可分别定制不同的高度，以方便操

作，同时确保安全。

③如果经济条件允许，也可以购买电动升降梯，这样更安全，更方便。

关于设备的散热：

①由于投影机数量较多，维修通道空间必须保证有空调的通风口，保证设备的散热。

②设备的散热和空调的要求详见本技术方案文件中"系统环境要求中第六条：空调要求"。

③设备机柜位于屏幕墙后面维修通道内，尽量靠近投影墙的中部，以减少图形控制器到投影机的 RGB 线缆的传输距离。

（5）拼接大屏系统基本配置（表2-2）。

表2-2 拼接大屏系统基本配置

序号	名称	型号	数量	单价
1	显示单元	原装 67LED 英寸	2×3	
2	投影显示底座		1	
3	图像控制器		1	
4	显示墙应用管理软件		1	
5	AV 矩阵切换器		1	
6	VGA+平衡音频矩阵		1	
7	VGA 转换器		1	
8	机柜		1	
9	多串口卡		1	
10	RGBVGA 线缆		6	
11	RGBHV 线缆		6	
	DFP 数字 RGB 电缆		6	
12	视频线缆		3	
13	RS232/485 电缆		6	
14	RS232 电缆		3	
15	键盘鼠标延长线		1	
16	29 英寸纯平监视器	三菱原装	1	
17	电视墙		1	
18	单基色 LED 条屏（红色，脱机运行）		1	
19	控制电脑		1	
20	脱机屏显控制设备		1	
21	电脑桌、转椅			
22	多功能插线板			

2. 应急会商指挥席调度系统功能

1）指挥席调度系统功能

现场工作人员通过车载"动中通"和"静中通"卫星、无线、有线、计算机通信、单兵图传通信系统及视频会议等手段及时接收命令，在地面指挥和部署现场各种救援力量，动态监控现场情况，确保对现场实施指挥调度，在全省灾害应急处置过程中能与地面指挥中心形成网络，实现语音、图像、文字数据的联通和指挥调度。系统支持在现场条件下开设临时指挥所。

2）指挥及会商系统功能

如图2-32所示，会议区为20人，桌上摆放20个会议话筒，会议区前方摆放等离子电视，车上配备52寸等离子电视，把画面分割9个不同场景小画面，车上领导指挥员与地面指挥中心领导都通过视频会商系统双向对现场地质环境灾害监测进行分析、指挥、调度。

图2-32　车上指挥及会商系统

车上领导指挥员可与地面指挥中心现场进行双向视频会议，进行语音交流。所有话筒信号接入调音台，操作人员可以控制各路话筒声音信号，使其电平一致，以提高声音的传输质量，并可以通过音箱监听效果。会议桌上设有网络和电话插座各4个，可以连接4台计算机和4部有线电话。

车上室内、室外及单兵摄像系统将若干个不通画面传回指挥通信车，并通过车载"动中通"卫星将现场图像回传地面指挥中心。

指挥控制子系统提供车内（外）的信息显示、集中控制、信息切换、扩声等功能。可以集中控制和切换各种信号，并能灵活地显示接入车内的各种信号源。

3）图像信息接收与系统处理功能

（1）利用会议集中控制触摸屏，会议秘书可以控制所有输入的视音频信号，并将其调度到液晶电视或投影上进行图像显示，控制计算机屏幕信号进行投影显示，为与会领导提供直观、全面的影像和数据资料。

（2）系统能够通过单兵背负式图像采集传输设备和车载自动监测设备采集现场图像、声音等信息，并通过车载"动中通"卫星将现场图像回传地面指挥中心。

（3）能通过卫星、有线、无线、计算机等通信的手段接收来自相关部门分发的实时监情、实时态势、文电等信息，并且能把这些信息传输到地面。

（4）系统具有声音（包括通信话音）、图像、数据等各种信息处理存储能力，具有编辑、发送指挥文电能力；系统能处理军用态势图形信息，并结合系统所掌握的情报或情况信息，标绘和显示态势图形；系统能够安装和运行指挥和应急救援专用数据库，并具有数据库录入、检索、查询、统计、管理等功能。各种信息可以集中控制，便于操作。

（5）此设备架上安装有一台 15 寸的液晶电视，通过一台九画面分割器，工作人员可以监看到车内所有的图像信号，不仅能看到会议区的会议场景，也能监视从其他车辆输入或传送给其他车辆的信号，通过车厢四角安装的针孔摄像机还能监视车辆周围的情况。

4）车载视频会议系统功能

应急指挥及会商系统配置视频会议系统，可直接与国家、省、地市、监测院地面指挥中心视频会议系统双向通信。

5）通信系统保障功能

系统具有有线、无线、卫星等多种通信手段，确保与指挥所之间的图像、数据和语音的远程通信。

系统还配备无线、有线等多种通信设备，为现场工作人员提供相互之间以及对外的数据和语音通信手段。

装备指挥调度系统，实现不同的通信终端的互联互通。

6）系统定位导航功能

系统配置卫星定位导航设备，实现基本轨迹查询、定位、导航等功能，并将相关信息处理、显示和上报。预留北斗和 GPS 导航接口。车载视频会议系统如图2-33 所示。

7）系统安全与保密功能

系统保障信息接收、处理、存储和显示的安全。安装保密设备，确保信息安全和保密；配备防火墙和杀毒软件，具有攻击检测和入侵防护功能，能抵御 IP

图 2-33 车载视频会议系统图

欺骗、端口扫描等多种入侵攻击和各种病毒攻击。

系统具有防雷电、防火和用电等安全技术保障。

系统配置加密设备，加密系统待省办确定后再行建设，须预留加密设备的连接口和安装位置。

8）系统指挥协同功能

系统能与上级机关和友邻协作单位交换灾情信息和协同指挥等相关信息等，保障指挥和应急救援工作的协同。

9）决策支持功能

系统应提供决策的技术支持，通过安装地理信息系统软件和指挥自动化软件，辅助首长和参谋人员综合分析判断情况；辅助拟制各种保障方案和预案；提供分析、评估突发事件处理和演练等辅助决策功能。

四、环境应急通信子网组成

1. 传输媒体

传输媒体是通信的基础，信号通过传输媒体传播到另一端。传播媒体可以分为有线、无线两大类，有线传播媒体包括同轴电缆、双绞线、光线等，无线传播媒体包括微波、红外、激光、卫星通信等。传播媒体的选用直接影响到网络的性质，而且直接关系到网络的性能、成本、架设网络的难易程度。

1）同轴电缆

同轴电缆（coaxial）是指有两个同心导体，而导体和屏蔽层又共用同一轴心的电缆。最常见的同轴电缆由绝缘材料隔离的铜线导体组成，在里层绝缘材料的外部是另一层环形导体及其绝缘体，然后整个电缆由聚氯乙烯或特氟纶材料的护套包住。

常用的同轴电缆有两类：50Ω 和 75Ω 的同轴电缆。75Ω 同轴电缆常用于 CATV 网，故称为 CATV 电缆，传输带宽可达 1GHz，目前常用 CATV 电缆的传输带宽为 750MHz。50Ω 同轴电缆主要用于基带信号传输，传输带宽为 1M～20MHz，总线型以太网就是使用 50Ω 同轴电缆，在以太网中，50Ω 细同轴电缆的最大传输距离为 185m，粗同轴电缆可达 1000m。

同轴电缆的优点是可以在相对长的无中继器的线路上支持高带宽通信，而其缺点也是显而易见的：一是体积大，细缆的直径就有 3/8in 粗，要占用电缆管道的大量空间；二是不能承受缠结、压力和严重的弯曲，这些都会损坏电缆结构，阻止信号的传输；三是成本高。而所有这些缺点正是双绞线能克服的，因此在现在的局域网环境中，基本已被基于双绞线的以太网物理层规范所取代。

2）双绞线

双绞线（twisted pair）是由两条相互绝缘的导线按照一定的规格互相缠绕（一般以顺时针缠绕）在一起而制成的一种通用配线，属于信息通信网络传输介质。双绞线过去主要是用来传输模拟信号的，但现在同样适用于数字信号的传输。按照屏蔽层的有无，双绞线分为屏蔽双绞线（shielded twisted pair，STP）与非屏蔽双绞线（unshielded twisted pair，UTP）。按照线径粗细分，双绞线常见的有 3 类线、5 类线和超 5 类线以及最新的 6 类线，前者线径细而后者线径粗。与其他传输介质相比，双绞线在传输距离、信道宽度和数据传输速度等方面均受到一定限制，但价格较为低廉。

3）光纤

光导纤维，是一种传输光束的细而柔韧的媒质，简称光纤。它是近年出现的一种新的传播媒介，由于独特的性能，它成为数据传输最有成效的一种传输介质。在它出现的初期，由于价格居高不下，所以影响它的广泛应用。现今时代，人来对数据传输的速度要求越来越高，同时又由于具有较高传输性能的光纤及连接设备正值大幅降价之际，所以它必将成为今后广泛应用的新一代传输媒介，取代双绞线在当今网络中的统治地位。

光纤用光脉冲来代替电子信号传输数据，它与光缆相比，具有频带更宽、抗干扰性强、保密性强、传输速度快、传输距离长的特点。

光纤有单模和多模之分。单模光纤采用窄芯线，使用激光作为发光源，其耗散极小，另外激光是以一个方向射入光纤的，而且仅有一束，其信号比较强，可以应用于高速度、长距离的传输领域中，但同时也使它的成本相对较高。多模光纤更广泛地应用于相对速度更低一些的领域中，由于它采用 LED 作为光源，采用宽芯线，所以其耗散较大，又因为整个光纤内有以多个角度射入的光，所以其信号不如单模光纤好，也正是这样，相对低廉的价格是它的优势。

4）无线电波

无线电波是指在自由空间（包括空气和真空）传播的射频频段的电磁波。无线电技术是通过无线电波传播声音或其他信号的技术。无线电技术的原理在于，导体中电流强弱的改变会产生无线电波。利用这一现象，通过调制可将信息加载于无线电波之上。当电波通过空间传播到达收信端，电波引起的电磁场变化又会在导体中产生电流。通过解调将信息从电流变化中提取出来，就达到了信息传递的目的。

无线电最早应用于航海中，使用摩尔斯电报在船与陆地间传递信息。现在，无线电有着多种应用形式，包括无线数据网、各种移动通信以及无线电广播等。目前无线电可以用于紧急定位，用来在紧急情况下对人员或车辆通过卫星进行定位。它的作用是提供给救援人员目标的精确位置，以便提供及时的救援。

5）微波

微波是指频率为 300M～300GHz 的电磁波，是无线电波中一个有限频带的简称，即波长在 1m（不含 1m）到 1mm 之间的电磁波，是分米波、厘米波、毫米波和亚毫米波的统称。微波频率比一般的无线电波频率高，通常也称为"超高频电磁波"。微波作为一种电磁波也具有波粒二象性。微波的基本性质通常呈现为穿透、反射、吸收三个特性。对玻璃、塑料和瓷器，微波几乎是穿越而不被吸收；对水和食物等就会吸收微波而使自身发热；而对金属类东西，则会反射微波。

无线电波是向各个方向传播的，而微波则是集中于某一方向，这样可以有效地防止他人截取信号，并且微波还能用 RF 传送承载更多信息。但是它不能透过金属结构，在传输时一般需要发送端与接收端之间无障碍存在。微波对环境与天气的影响相对不是十分敏感，而且其保密性要比无线电波高得多。

6）红外线

红外线传输其实我们并不陌生，各种电器使用的遥控器基本上都是使用红外线进行通信的。红外线一般局限在一个很小的区域内，并且经常要求发送器直接指向接收器。红外硬件与其他设备相比比较便宜，且不需要天线。现在许多新型主板上有内置的红外线收发器，在这样的情况下使用红外线进行通信，也是一种有用的选择。

7）激光

激光发出的光束为直线，所以在发送方与接收方之间不能有障碍物，而且激光的光束并不能穿过植物、雨、雪、雾等，所以激光传达的局限性很大。不适用于应急指挥复杂场景。

8）卫星通信

目前我国已经开通了 INMARSAT B、C 卫星移动通信业务。考虑到卫星通信系统的造价太高，建议在项目实施时预留接入线路通道，为以后建设卫星通信系统做好准备。

卫星通信是真正的全球通信，具有覆盖面广、容量巨大、通信不受地理环境和气候条件的限制等诸多优点，机动灵活，接入方便，适用于多业务传输，可为全球用户提供大跨度、大范围、远距离漫游和激动灵活的移动通信服务等。

在应急通信中，卫星通信具有不可替代的地位。除了能够独立开展通信业务之外，卫星通信还可以与地面有线或无线通信系统结合使用，提供更为广泛的通信业务。利用卫星网络与地面有线网络结合，可以提供实时信息发布、电视会议、远程指挥等多种服务，卫星通信与地面移动通信结合时，就构成了天地一体的移动应急通信系统，可以覆盖从江河湖海到高山大川所有地点的应急通信服务。

移动通信应急车载通信系统由移动通信系统、传输系统、电源系统、车辆系统等组成。移动通信应急车载通信系统主要的特点是反应快速、部署方便，能够以应急和平时相结合的方式为用户提供服务。当某区域有临时紧急的通信需求或有突发话务量发生时，该系统可以快速部署到该区域以提供应急移动通信支援。也可在移动通信网原有基站出现故障，不能提供服务时，使用应急通信车上的基站设备替代原有基站继续提供服务。移动通信系统根据运营商的需要可以采用 GSM、CDMA 以及其他国家批准的等制式，也可根据需要同时采用多种制式。

传输系统应该可根据实际情况选择采用 PCM 2M 传输方式、HDSL 传输方式、微波传输方式、光传输方式或者卫星传输方式等连接到移动通信网或其他通信系统。

电源系统应根据选用的移动通信设备、传输系统设备的供电需求及应急通信的使用特点进行设计。

车辆系统应选择经过国家相关部门认证的产品，宜采用专业汽车生产厂家成熟定制产品。在安装通信设备时，不得对原车发动机和底盘做重大改装。

2. 网卡

网卡也称网络适配器或网络接口卡（network interface card，NIC），在局域网中用于将用户计算机与网络相连，大多数局域网采用以太网卡（ethernet）。网卡主要用于以下功能。

（1）读入由其他网络设备传输过来的数据包，并将其变成计算机可以识别的数据，通过主板上的总线将数据传输到所需的 PC 设备中。

（2）将 PC 设备发送的数据，打包后输送至其他的网络设备中。

（3）代表着一个固定的质地：网卡拥有一个全球唯一的地址，它是一个长度为 48 的二进制数，它为计算机提供了一个有效的地址。

3. 调制解调器

调制解调器也叫 Modem，俗称"猫"。它是一个通过电话拨号接入 Internet 的硬件设备。内置式调制解调器其实就是一块计算机的扩展卡，插入计算机内的一个扩展槽即可使用，它无需占用计算机的串行端口。它的连线相当简单，把电话线接头插入卡上的"Line"插口，卡上另一个接口"Phone"则与电话机相连，平时不用调制解调器时，电话机使用一点也不受影响。

外置式调制解调器则是一个放在计算机外部的盒式装置，它需占用电脑的一个串行端口，还需要连接单独的电源才能工作，外置式调制解调器面板上有几盏状态指示灯，可方便您监视 Modem 的通信状态，并且外置式调制解调器安装和拆卸容易，设置和维修也很方便，还便于携带。外置式调制解调器的连接也很方便，"Phone"和"Line"的接法同内置式调制解调器。但是外置式调制解调器得用一根串行电缆把计算机的一个串行口和调制解调器串行口连起来，这根串行线一般随外置式调制解调器配送。

4. 中继器和集线器

中继器（repeater，RP）是连接网络线路的一种装置，常用于两个网络节点之间物理信号的双向转发工作。中继器是最简单的网络互联设备，主要完成物理层的功能，负责在两个节点的物理层上按位传递信息，完成信号的复制、调整和放大功能，以此来延长网络的长度。由于存在损耗，在线路上传输的信号功率会逐渐衰减，衰减到一定程度时将造成信号失真，因此会导致接收错误。中继器就是为解决这一问题而设计的。它完成物理线路的连接，对衰减的信号进行放大，保持与原数据相同。一般情况下，中继器的两端连接的是相同的媒体，但有的中继器也可以完成不同媒体的转接工作。从理论上讲中继器的使用是无限的，网络也因此可以无限延长。事实上这是不可能的，因为网络标准中都对信号的延迟范围做了具体的规定，中继器只能在此规定范围内进行有效的工作，否则会引起网络故障。

集线器（HUB）属于数据通信系统中的基础设备，它和双绞线等传输介质一样，是一种不需任何软件支持或只需很少管理软件管理的硬件设备。它被广泛应用到各种场合。集线器工作在局域网（LAN）环境，像网卡一样，应用于 OSI 参考模型第一层，因此又被称为物理层设备。集线器内部采用了电器互联，当维护 LAN 的环境是逻辑总线或环型结构时，完全可以用集线器建立一个物理上的星型或树型网络结构。在这方面，集线器所起的作用相当于多端口的中继器。其实，集线器实际上就是中继器的一种，其区别仅在于集线器能够提供更多的端口服务，所以集线器又叫多口中继器。

5. 网桥、路由器和网关

网桥（bridge）像一个聪明的中继器。中继器从一个网络电缆里接收信号，放大它们，将其送入下一个电缆。相比较而言，网桥对从关卡上传下来的信息更敏锐一些。网桥是一种对帧进行转发的技术，根据 MAC 分区块，可隔离碰撞。网桥将网络的多个网段在数据链路层连接起来。

路由器是互联网的主要节点设备。路由器通过路由决定数据的转发。转发策略称为路由选择（routing），这也是路由器名称的由来（router，转发者）。作为不同网络之间互相连接的枢纽，路由器系统构成了基于 TCP/IP 的国际互联网络 Internet 的主体脉络，也可以说，路由器构成了 Internet 的骨架。它的处理速度是网络通信的主要瓶颈之一，它的可靠性则直接影响着网络互连的质量。因此，在园区网、地区网，乃至整个 Internet 研究领域中，路由器技术始终处于核心地位，其发展历程和方向，成为整个 Internet 研究的一个缩影。在数字环保网络中的路由器选择与其他通信应用领域的路由器工作原理及其选择基本相同，并且对于网络都同样有着十分重要的意义。

网关（gateway）又称网间连接器、协议转换器。网关在传输层上实现网络互连，是最复杂的网络互连设备，仅用于两个高层协议不同的网络互连。网关既可以用于广域网互连，也可以用于局域网互连。网关是一种充当转换重任的计算机系统或设备。在使用不同的通信协议、数据格式或语言，甚至体系结构完全不同的两种系统之间，网关是一个翻译器。与网桥只是简单地传达信息不同，网关对收到的信息要重新打包，以适应目的系统的需求。同时，网关也可以提供过滤和安全功能。大多数网关运行在 OSI 7 层协议的顶层——应用层。

6. 交换机

交换机拥有一条很高带宽的背部总线和内部交换矩阵。交换机的所有的端口都挂接在这条背部总线上，控制电路收到数据包以后，处理端口会查找内存中的地址对照表以确定目的 MAC（网卡的硬件地址）的 NIC（网卡）挂接在哪个端口上，通过内部交换矩阵迅速将数据包传送到目的端口，目的 MAC 若不存在就广播到所有的端口，接收端口回应后交换机会"学习"新的地址，并把它添加入内部 MAC 地址表中。

使用交换机也可以把网络"分段"，通过对照 MAC 地址表，交换机只允许必要的网络流量通过交换机。通过交换机的过滤和转发，可以有效隔离广播风暴，减少误包和错包的出现，避免共享冲突。

交换机在同一时刻可进行多个端口对之间的数据传输。每一端口都可视为独立的网段，连接在其上的网络设备独自享有全部的带宽，无须同其他设备竞争使用。当节点 A 向节点 D 发送数据时，节点 B 可同时向节点 C 发送数据，而且这两个传输都享有网络的全部带宽，都有着自己的虚拟连接。假使这里使用的是 10Mbps 的以太网交换机，那么该交换机这时的总流通量就等于 $2 \times 10\text{Mbps} = 20\text{Mbps}$，而使用 10Mbps 的共享式 HUB 时，一个 HUB 的总流通量也不会超出 10Mbps。

总之，交换机是一种基于 MAC 地址识别，能完成封装转发数据包功能的网络设备。交换机可以"学习" MAC 地址，并把其存放在内部地址表中，通过在数据帧的始发者和目标接收者之间建立临时的交换路径，使数据帧直接由源地址到达目的地址。

7. 服务器

服务器（server），指一个管理资源并为用户提供服务的计算机软件，通常分为文件服务器、数据库服务器和应用程序服务器。运行以上软件的计算机或计算机系统也被称为服务器。相对于普通 PC 来说，服务器在稳定性、安全性、性能等方面都要求更高，因此 CPU、芯片组、内存、磁盘系统、网络等硬件和普通 PC 有所不同。按照不同的分类标准，服务器分为许多种。

1）按网络规模划分

按网络规模划分，服务器分为工作组级服务器、部门级服务器、企业级服务器。工作组级服务器用于联网计算机在几十台左右或者对处理速度和系统可靠性要求不高的小型网络，其硬件配置相对比较低，可靠性不是很高。部门级服务器用于联网计算机在百台左右、对处理速度和系统可靠性中等的中型网络，其硬件配置相对较高，其可靠性居于中等水平。企业级服务器用于联网计算机在数百台以上、对处理速度和数据安全要求最高的大型网络，硬件配置最高，系统可靠性要求最高。需要注意的是，这三种服务器之间的界限并不是绝对的，而是比较模糊的，如工作组级服务器和部门级服务器的区别就不是太明显，有的干脆统称为"工作组/部门级"服务器。

2）按架构划分

按照服务器的架构，可以分为 CISC 架构的服务器和 RISC 架构的服务器。CISC 架构的服务器主要指的是采用英特尔架构技术的服务器，即我们常说的"PC 服务器"；RISC 架构的服务器指采用非英特尔架构技术的服务器，如采用 Power PC、Alpha、PA-RISC、Sparc 等 RISC CPU 的服务器。RISC 架构服务器的性能和价格比 CISC 架构的服务器高得多。近几年来，随着 PC 技术的迅速发展，IA 架构服务器与 RISC 架构的服务器之间的技术差距已经大大缩小，用户基本上倾向于选择 IA 架构服务器，但是 RISC 架构服务器在大型、关键的应用领域中仍然居于非常重要的地位。

3）按用途划分

按照使用的用途，服务器又可以分为通用型服务器和专用型（或称"功能型")服务器,如实达的沧海系列功能服务器。通用型服务器是没有为某种特殊服务专门设计的可以提供各种服务功能的服务器,当前大多数服务器是通用型服务器。专用型(或称"功能型")服务器是专门为某一种或某几种功能设计的服务器,在某些方面与通用型服务器有所不同。例如,光盘镜像服务器是用来存放光盘镜像的,那么需要配备大容量、高速的硬盘以及光盘镜像软件。

4)按外观划分

按照服务器的外观,可以分为台式服务器和机架式服务器。台式服务器有的采用大小与立式 PC 台式机大致相当的机箱,有的采用大容量的机箱,像一个硕大的柜子一样,机架式服务器的外形看起来不像计算机,而是像交换机,有 1U(1U = 1.75in)、2U、4U 等规格。机架式服务器安装在标准的 19in 机柜里面。服务器的选型应该因地制宜。如果服务器所属网络是由几十台电脑构成的小型网络,用户不会在短时间内大量访问服务器,选购 1 万~2 万元或 2 万~3 万元的 PC 服务器就可以。如果应急服务的网络由几百台甚至上千台电脑构成,用户需要经常访问服务器,就需要购买价格在 3 万~5 万元甚至 6 万~8 万元左右的部门级甚至更昂贵的企业级服务器。

8. 工作站

工作站(workstation),是一种以个人计算机和分布式网络计算为基础,主要面向专业应用领域,具备强大的数据运算与图形、图像处理能力,为满足工程设计、动画制作、科学研究、软件开发、金融管理、信息服务、模拟仿真等专业领域而设计开发的高性能计算机。

工作站根据软、硬件平台的不同,一般分为基于 RISC(精简指令系统)架构的 UNIX 系统工作站和基于 Windows、Intel 的 PC 工作站。UNIX 工作站是一种高性能的专业工作站,具有强大的处理器(以前多采用 RISC 芯片)和优化的内存、I/O(输入/输出)、图形子系统,使用专有的处理器(Alpha、MIPS、Power 等)、内存以及图形等硬件系统,专有的 UNIX 操作系统,针对特定硬件平台的应用软件,彼此互不兼容。PC 工作站则是基于高性能的 X86 处理器之上,使用稳定的 Linux、Mac OS、Windows NT 及 Windows2000、WINDOWS XP 等操作系统,采用符合专业图形标准(OpenGL)的图形系统,再加上高性能的存储、I/O(输入/输出)、网络等子系统,来满足专业软件运行的要求;以 Linux 为架构的工作站采用的是标准、开放的系统平台,能最大程度降低拥有成本——甚至可以免费使用 Linux 系统及基于 Linux 系统的开源软件;以 Mac OS 和 Windows 为架构的工作站采用的是标准、闭源的系统平台,成本十分高昂。

根据体积和便携性,工作站还可分为台式工作站和移动工作站。台式工作站类似于普通台式电脑,体积较大,没有便携性可言,但性能强劲,适合专业用户使用。移动工作站其实就是一台高性能的笔记本电脑。但其硬件配置和整体性能又比普通笔记本电脑高一个档次。适用机型是指该工作站配件所适用的具体机型系列或型号。不同的工作站标配不同的硬件，工作站配件的兼容性问题虽然不像服务器那样明显，但从稳定性和兼容性等角度考虑，通常还是需要使用特定的配件，这主要是由工作站的工作性质决定的。

第三节　环境应急信息化需求分析

环境应急管理存在地理信息和安全信息的管理共享、隐患分析和风险评估、突发事件的信息获取与分析、灾害事故的发展预测和影响分析、预警分级与发布、人群疏散与避难的评估与应急方案的优化确定与启动、现场与应急的信息实时获取、协同指挥与会商机制、动态的应急决策指挥和资源配置、应急行动的总体功效评估和应急能力评价以及模拟演练等需求。这些都难以离开数字信息化技术，需要以数字环保的建设为依托，以3S数字技术的成果为支撑。

一、环境应急管理业务需求

从环境应急管理业务角度看，突发环境事件应急管理需要实现对环境风险源的地理位置、空间分布及其属性，还有环境敏感点（区）单位位置及其属性等的基础空间信息的有效管理。实现对环境风险的监控预警，有效防范环境风险。利用数字环保基础信息数据库资源，建立适用于环境应急的环境模型（包括水污染扩散模型、大气污染扩散模型），能够对环境污染事件进行仿真模拟，提供决策支持。在事件发生过程中，能够获取各类环境应急信息，满足环境应急的数据需求，并科学快速地形成应急响应方案。此外，还应能够对事件的后果进行评估。

二、环境应急管理数据需求

对基础的数据信息需求，环境应急管理需整合包括环境应急基础信息数据库、污染源数据库、环境监测质量数据库、应急监测数据库等非空间信息和包括城市基础数字信息、污染源风险源点位信息以及其他救援力量专题信息的空间数据。

三、环境应急管理功能需求

作为环境突发事件应急管理与指挥平台，需要具有现场信息的即时获取、处理和传输等功能；需要建立完善的数据库，支持环境应急相关的各类信息的查询和分析；需要建立环境模型，实现对突发性环境污染事件的模拟与预测。通过对污染物扩散的变化过程、浓度分布、污染范围等信息的预测，为应急方案的制订提供决策支持。需要实现对事件的经济损失、环境影响、处理处置效果等的综合评价。

第四节　环境应急信息化关键技术

一、空间信息技术在环境监管中的应用进展

空间信息技术（spatial information technology）是 20 世纪 60 年代兴起的一门新兴技术，70 年代中期以后在我国得到迅速发展。主要包括卫星定位系统、地理信息系统和遥感等的理论与技术，同时结合计算机技术和通信技术，进行空间数据的采集、测量、分析、存储、管理、显示、传播和应用等。

20 世纪 80 年代中期，空间信息技术开始应用到环境信息领域中。澳大利亚、美国、加拿大、日本、德国等在 20 世纪 90 年代建立的基于空间信息技术的环境信息系统，在城市建设中发挥了显著作用。近年来，以 3S 技术为代表的空间信息技术已广泛融入我国的环境信息化的建设中。

（一）GIS 技术应用

环境污染产生原因复杂，空间分析是研究环境问题的重要手段。GIS 中实现空间分析的基本功能，包括空间查询与量算、缓冲区分析、叠加分析、路径分析、空间插值、统计分类分析等。利用 GIS 强大的空间分析功能，可以实现多源、多时相环境信息的综合处理，又可将 RS+GPS 获取的海量数据，从定量、动态和机制等方面进行综合分析，为解决具体问题提供有力的技术支撑。

近年来，基于 GIS 的环境应急管理系统、污染源监控系统、环境质量监测系统、移动执法系统、放射源监控系统等大量业务系统，在我国国家、省、市各级环保部门得到了广泛应用。

此外，随着二维 GIS 数据模型与数据结构理论和技术的日益成熟，图形学理论、数据库理论技术及其他相关计算机技术的进一步发展，加上应用需求的强烈推动，三维 GIS 的加速发展已成为可能。人们越来越多地要求从真三维空间来处理问题。目前已开发出了多种比较成熟的三维 GIS 软件，诸如 Arcinfo 的 3DX、Bentley 的 MicroStation MasterPiece、Erdas 的 Imaging Virtual GIS、Multigen 的 Multigen Creator 等。三维技术的日益成熟和在环保信息化领域的应用，必将进一步提升环境监管效能。

GIS 与环境模型集成作为环境应急的辅助决策支持工具，在环境应急管理系统开发中的应用日益广泛，环境模型与 GIS 之间的集成，按照集成的紧密程度一

般可分为 3 种形式。

1. 外联式集成

它是一种松散的集成，即被集成的各部分通过外部接口（输入/输出文件）进行联结，各个部件并没有融合在一起，它们之间集成的目的是利用各自的功能，集成的方式是通过文件交换机制来实现它们之间的数据交换。这种集成虽然较容易实现，但集成水平低、效率低，它不能保证用户界面和数据结构一致性，并且需人为地设定软件之间的数据流向，不能对模型进行灵活的开发和修改，以及缺少与仿真事件的交互。

2. 半紧密内嵌式集成

在半紧密式内嵌模式中，各个系统软件的核心模块不变，但需要通过宏语言或其他编程语言编制各个部分之间的接口程序，设计一个统一的用户界面，使它们在表面上成为一个集成的模型系统。这种方式的集成水平和工作效率均高于上一种方式，它也不需要太多的软件开发工作，使用起来也比较方便，然而它的效率以及对模型的修改和仿真事件的交互仍然缺乏灵活性，如图 2-34 所示。

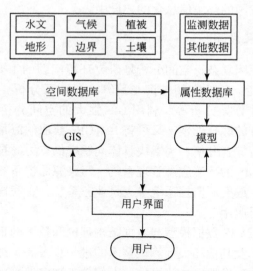

图 2-34　GIS 与模型的半紧密内嵌式集成示意图（以水模型为例）

3. 紧密内嵌式集成

在紧密式内嵌中，集成后的系统应该能够在无缝的、友好的环境中进行工作。此外，在紧密式内嵌的地理模拟、仿真信息系统中，用户还可以实时地将仿真结果可视化，根据查询要求干预或中断决策过程，查清关键的时空因子，并修改底层仿真模型。但它要求大量的软件开发工作，非一般用户所能完成，需专业软件开发人员和领域专家合作花费较多的人力和物力进行开发。上述各种集成方式各有优缺点，对它们的选择要看具体应用的需求及所具备的条件。

（二）GPS 技术应用

GPS（global positioning system）是 20 世纪 70 年代由美国陆海空三军联合研制的新一代空间卫星导航定位系统。其主要目的是为陆海空三大领域提供实时、全天候和全球性的导航服务，并用于情报收集、核爆监测和应急通信等。经过 20 余年的研究实验，耗资 300 亿美元，到 1994 年 3 月，全球覆盖率高达 98% 的 24 颗 GPS 卫星星座已布设完成。

GPS 功能必须具备 GPS 终端、传输网络和监控平台三个要素。目前，GPS 技术被大量用于环境监管领域的定位监控中，基于 GPS 技术的跟踪定位、轨迹回放、偏离报警、短信通知等功能设计，GPS 技术在移动放射源监控、危险化学品运输、应急指挥车辆调度等方面得到大量应用。可以预见该技术在即将兴起的移动环境风险源的监控管理方面，也会有广泛的应用空间。

（三）RS 技术的应用

RS（remote sensing）技术及其在环境领域中的应用主要分为水环境遥感、大气环境遥感和生态环境遥感三个方面。欧美等发达国家和地区在海洋水色卫星遥感方面已开展业务化运行，在内陆水体卫星遥感应用方面目前还基本处于科研和应用示范阶段，在大气环境遥感监测方面，在大气气溶胶、臭氧、沙尘暴监测等方面已经基本达到业务化应用程度，在 SO_2、NO_2、CO_2、CH_4、CO 等污染气体监测方面正在进行科学研究和应用示范。在生态环境遥感监测方面，美国、澳大利亚等和联合国等国际组织利用多源遥感信息，在土地利用/土地覆盖分类、生态环境质量动态监测和评价、大尺度生态系统状况评估、生物物理参数信息提取等方面已经取得了突出成绩。我国于 2008 年 9 月 6 日成功发射了我国的环境一号 A、B 星，并进入预定轨道，标志着我国环境遥感进入一个新的发展时期。目前，我国部分省、市已经开始着手建立环境遥感监测的业务化系统。

总之，空间信息技术在环保信息化中的应用已经积累了丰富的经验，如何进一步与业务深入融合，持续提升 3D 展示效果和效率是今后空间技术在环境信息化领域的发展方向。

（四）三维仿真技术的应用

目前的二维信息平台由于立体表现不完整，无法整体直观反映环境事故现场情况，容易导致宏观分析、决策的偏差。三维仿真系统能够全面分析事故现场及周边情况，进行三维扩散模型分析，包括气象应急模型、地质应急模型、水应急模型（水淹模型、泥沙模型、水污染模型）及化学/核污染应急模型，通过模型分析直观立体展现污染扩散趋势及周边敏感源，为应急监测、指挥调度及现场处置提供重要依据。

　　三维环境专题展示分析提供三维环境中的空间展示分析功能，包括表面分析中的坡度、坡向分析，通视分析，叠加分析，三维缓冲区分析等（图2-35），这些专题分析模块将跟环保业务系统的应用需求进行挂接。例如，在污染物的扩散过程中，考虑到 DEM 的影像，也会考虑污染物对周围河流的影响范围分析等。

图 2-35　三维缓冲区分析

　　因此依据地势，要通过路径优化分析，为应急疏散提供直观、可视化指导，为领导决策提供全方面、直观、真实的决策支持。领导不必深入事故现场就能掌握现场真实情况，并组织专家讨论并制定正确的应急措施，发出正确的调度指令，保证应急指挥和应急调度的科学性和正确性。

　　同时，通过三维仿真系统可进行事故应急演练及事故回放。真实模拟事故应急演练，直观展示应急流程，为完善应急预案体系、强化应急指挥体系提供参考依据。事故回放是针对事故现场不可保存性，进行事故现场还原，通过模拟事故发生过程，为领导提供应急决策支持，真正意义上提高突发事件的处置效率，并为事故后评估提供有力依据（图2-36～图2-40）。

图 2-36 水质扩散模拟

图 2-37 空气扩散模拟

图 2-38　应急疏散分析

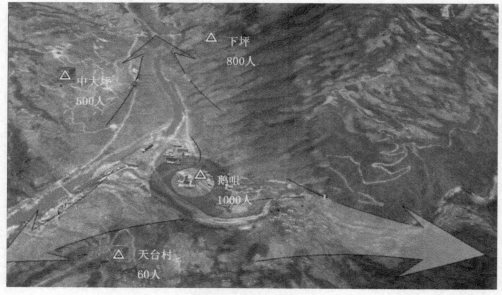

图 2-39　协同标绘

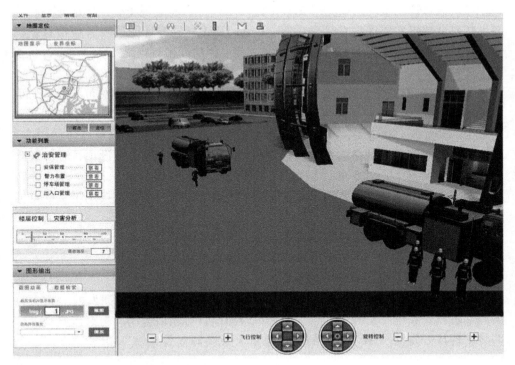

图 2-40　三维仿真应急指挥

二、环境风险源管理研究进展

　　危险源研究是风险源研究的基础，国际上对风险源的研究首先侧重于对危险源的探讨。重大危险源的概念源于 20 世纪初工业高速发展的欧美，对重大危险源的研究主要用于抑制工业生产领域中重大污染事件的频繁发生、实现事故的有效预防。1976 年，英国设立了重大危险咨询委员会（ACMH），并首次提出了关于重大危险设施标准的建议书。1982 年，欧共体颁布了《工业活动中重大事故危险法令》，列出了 150 种物质及其临界量标准，为危险源的界定奠定了基础。2000 年，美国、加拿大、墨西哥联合编写了《2000 污染事故响应指导》，对超过9400 种污染物质进行了分类及编号，对产生的环境污染事故的可能性及其处理进行了全面阐述。在危险源研究的基础上，环境风险源的理念也逐渐获得认可。1983 年，美国国家科学院提出风险评价"四步法"，初步构建了风险评价体系；1992 年，美国 EPA 制定了生态风险评价指南大纲，原则上提出了生态风险评价的框架。但是，国外相关研究通常仅通过物质类型及数量来判断危险源风险水平，评价方法简单，导致风险源识别结果有可能存在较大偏差。此外，国外已开发了一些环境风险信息管理系统，如美国 NOVA 公司的综合风险管理系统、Hyounghoon 等开发的安全健康和环保信息管理系统、Leyla Üstel 开发的环境风险管理信息系统等，这些系统虽然都有环境风险信息管理功能，但功能相对宽泛，针对性差，且偏重于评估。

我国直到 20 世纪 90 年代初才开始危险源方面研究，目前已发布了一系列重大危险源辨识、分类与分级等国家标准与法规。2000 年，发布了国家标准《重大危险源辨识》；2003 年，编制了《重大环境污染事故高危源识别与评估指南》与《重大环境污染事故危险源调查程序》；2004 年，编写了《建设项目环境风险评价技术与导则》；2007 年，编制了《重大危险源分级标准》（征求意见稿）等，但这些标准与法规主要用于满足安全生产监管需求，无法直接用于重大环境风险源的识别与控制。

在区域环境风险分区技术的研究方面，国内外尚处于起步阶段，在基本单元选择、指标体系建立、评价模型和分区构建等方面都需要进一步研究，尤其在多尺度的、定量的、动态的分区上需要进行大量深入的研究。

在环境风险源管理平台建设方面，中国安全生产科学研究院研发的"重大污染源动态监管系统"已获准在全国重大危险源监管等领域应用。南京市安全生产监督管理局开发的"基于 GIS 的南京市重大危险源监管系统"初步建立了基于 GIS 技术的，集信息采集、调度、监督、管理与应急指挥救援为一体的重大危险源监管网络平台。其他已投入使用的相关管理系统还包括重大危险源分级监控网络管理系统、重大危险源动态监控管理系统、重大危险源监管综合系统。已建成的国内外环境风险源监管体系主要基于 GIS 技术，为监管者了解重大危险源空间分布情况与决策提供了可视化的直观信息。但从环境风险管理角度看，重大环境风险源的综合管理研究尚处于起步阶段，缺乏配套的管理体制、规范、导则和辅助支持系统的建设，风险源管理效果常常无法满足实际需求。

2008 年启动的国家高技术研究发展计划（"863"计划）"重大环境污染事件应急技术系统研究开发与应用示范"项目，设立了"重大环境污染事件风险源识别与监控技术"研究课题，第一次全面系统地开展了我国环境风险源的识别、分类、分级与环境风险分区以及环境风险源监控方面的研究，初步建立了我国环境风险源分类与分级、风险分区和风险源监控的技术体系，为我国的环境风险源管理提供了有效的技术支撑，并在一定程度上开展了应用示范。但如何建立有效的环境风险源信息管理机制，保障环境风险源信息动态管理工作的有效实施，如何充分结合空间信息技术等手段，推动"环境风险源管理平台"的业务化运行，仍然是需要进一步深入研究的问题，是推动相关科研成果的产、学、研、用转化的必然要求。

三、物联网技术

物联网（internet of things，IOT），也称为 web of things，是指通过各种信息传感设备，如传感器、射频识别（RFID）技术、全球定位系统、红外感应器、激光扫描器、气体感应器等各种装置与技术，实时采集任何需要监控、连接、互动的物体或过程信息，采集其声、光、热、电、力学、化学、生物、位置等各种需要的信息，与互联网结合形成的一个巨大网络。其目的是实现物与物、物与人、所有的物品与网络的连接，方便识别、管理和控制。

和传统的互联网相比，物联网有其鲜明的特征。

首先，它是各种感知技术的广泛应用。物联网上部署了海量的多种类型传感器，每个传感器都是一个信息源，不同类别的传感器所捕获的信息内容和信息格式不同。传感器获得的数据具有实时性，按一定的频率周期性地采集环境信息，不断更新数据。

其次，它是一种建立在互联网上的泛在网络。物联网技术的重要基础和核心仍旧是互联网，通过各种有线和无线网络与互联网融合，将物体的信息实时准确地传递出去。在物联网上的传感器定时采集的信息需要通过网络传输，由于其数量极其庞大，形成了海量信息，在传输过程中，为了保障数据的正确性和及时性，必须适应各种异构网络和协议。

最后，物联网不仅仅提供了传感器的连接，其本身也具有智能处理的能力，能够对物体实施智能控制。物联网将传感器和智能处理相结合，利用云计算、模式识别等各种智能技术，扩充其应用领域。从传感器获得的海量信息中分析、加工和处理出有意义的数据，以适应不同用户的不同需求，发现新的应用领域和应用模式。

物联网技术作为新兴的信息技术领域，受到了我国政府的高度重视。2010 年 6 月，胡锦涛主席在两院院士大会上要求加快物联网技术研发。2009 年 11 月，温家宝总理提出要着力突破传感网、物联网关键技术，及早部署后 IP 时代相关技术研发，使信息网络产业成为推动产业升级、迈向信息社会的"发动机"。2010 年政府工作报告明确提出："大力培育战略性新兴产业，发展战略性新兴产业，抢占经济科技制高点，决定国家的未来，必须抓住机遇，明确重点，有所作为。"2010 年 10 月，国务院发布的《关于加快培育和发展战略性新兴产业的决定》中明确提出："加快推进三网融合，促进物联网、云计算的研发和示范应用。"

近年来物联网技术和传统的空间信息技术相结合，在环保信息化建设中得到了快速发展。1997 年起步试验、1999 年环境保护总局第一次在全国开始推广的环境在线监控系统是物联网的最早探索和实践，而 2008 年环境保护部第二次在全国 31 个省（自治区、直辖市）、6 个督查中心和 333 个地级市部署的国控污染源在线监控系统是物联网在环保领域的规模建设和行业级实践。近些年，无锡、山东、成都等地纷纷提出了基于物联网理念的"智慧环保"建设思路。物联网技术在我国环保领域的应用正在逐步走向标准化、规范化和智能化。可以预见，随着物联网在环境监管中的应用日渐深入，在环境应急领域尤其是环境风险源监控、环境风险预警和环境应急监测中也必将得到日益广泛的应用。

四、环境应急辅助决策支持技术

（一）大气扩散模型

大气扩散模拟发展于 20 世纪 30 年代，至今已有上百种大气扩散模型，但并非所有的模型都能用于应急反应。美国能源部（DOE）要求应急反应大气扩散模型能提供初始或连续评估，能被消防、救援人员用于快速污染评估与实施救援，或在时间允许的情况下用于持续评估。大气扩散模型按计算特定源对大气中有害组分浓度的贡献，一般可划分为筛选模型、监测模型和应急模型。筛选模型包括SCREEN3、TSCREEN、VISCREEN、CT-SCREEN 等；监测模型包括 ISCST3—Industrial Source Complex-Short Term、ISCLT3—Industrial Source Complex-Long Term、ISC-PRIME—Industrial Source Complex-Plume Rise Model Enhancements、AERMOD、CALINE3、CALINE4、CAL3QHC、FDM、Models-3/CMAQ、ADMS 等；应急模型包括 SLAB、DEGADIS、ALOHA、ARCHIE 等。

1. 应急反应大气扩散模型

下面就几种典型的应急反应大气扩散模型加以介绍。

1）SLAB 模型

SLAB 模型由美国能源部劳伦斯–利弗莫尔（Lawrence-Livermore）国家实验室开发，是用于重气释放源的大气扩散模型，能处理 4 种不同的释放源：地面池蒸发、高于地面的水平射流、一组或高于地面的射流以及瞬时体积源。SLAB 模型通过云层分布的空间平均浓度和某些假定分布函数来计算时间平均扩散气体浓度，以空气卷吸作用为假设前提，计算大气湍流云层混合和源于地面摩擦影响的垂直风速变化。在预测浓度随时间变化方面，SLAB 模型在稳定、中度稳定及不稳定的大气环境下均能得到较好的预测结果。其优点是使用简单、快速，不足之处是未考虑有建筑物存在和地形变化的复杂情况以及高度方向的浓度变化。

SLAB 包含两个大气扩散模型：稳态烟羽模型和瞬变流模型。模拟时可以根据源的类型和泄漏持续时间来选择模型。SLAB 通过云层分布的空间平均浓度和某些假定分布函数来计算时间平均扩散气体浓度，计算流程如图 2-41 所示。模型以空气卷吸作用为假设前提，计算大气湍流云层混合和源于地面摩擦影响的垂直风速变化。SLAB 模型把气云的浓度看作与距离组成的函数，通过求解动量守恒方程，质量守恒方程，组分、能量和状态方程对气体泄漏扩散进行模拟。当需要 SLAB 提供精确结果时，可以通过重组控制方程和定义新变量得到部分方程的分析解。

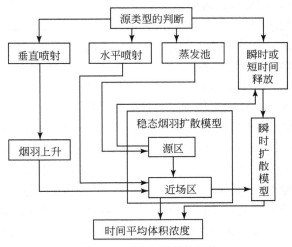

图 2-41　SLAB 模型的结构

SLAB 模型已经被用于内部边界层变化的预测，且证明预测结果较好。香港城市大学的刘和平等曾在 1999 年应用 SLAB 模型，预测了香港地区在选择风向条件下内部边界层的变化，但由于香港具有复杂地形和锯齿状海岸线等特点，故 SLAB 模型难以对内部边界层高度做出正确预测。

2）DEGADIS 模型

DEGADIS 模型由美国海岸警备队和气体研究所开发，能对短期环境浓度及预期将暴露在高于特定有毒化学品限制浓度水平的区域进行精细模拟评估。其基本模型是标准形式的高斯扩散模型，主要优点是：①作用于高密度蒸气重力对扩散和混合的影响；②风导致的燃气收聚作用；③对区域而不单是对点的实际处理；④泄漏状况随时间改变。局限在于只能用于由平面泄漏的燃气泄漏后果预测，只考虑了燃气云在光滑表面的泄漏扩散，而没有考虑有障碍物的情况。

DEGADIS 是一个综合扩散后果模型，已在全世界应用于评估高危险性的高密度燃气和气溶胶泄漏事故后果。1992 年，美国用其计算了规范要求的液化天然气扩散防护区域；2003 年，研究者用其对意大利北部一农药生产线 HCl 气体泄漏的安全性进行了分析；我国北京染料厂的危险源预警监测监控系统将其用于有毒有害气体动力扩散模型的重气仿真部分。

3）ALOHA 模型

有害大气区域定位（area location of hazardous atmospheres，ALOHA）模型利用提供的信息和自身的综合化学物性参数库，预测发生化学事故后，有害气云如何在大气中扩散。能处理的问题包括：①洒在地面的液体蒸发（不能处理洒在水面的液体）；②基面向蒸气云的传热；③压力容器的气体、液体及气溶胶质量通量；④闪蒸；⑤气溶胶对未闪蒸液体的夹带。不能处理的问题包括：①多组分混合物；②气溶胶蒸发；③燃烧、爆炸和化学反应副产物；④散粒、岩体和危险物碎片。ALOHA 模型在使用中存在着以下限制：①极低风速时，计算可接受最低风速为 10m 高处的平均风速 1m/s；②非常稳定的大气条件；③风速变化和地形变化影响；④浓度突变区域，特别是在释放源附近。

ALOHA 模型最初被美国国家海洋大气局（NOAA）用做室内工具，经多年的发展，成为反应、规划、培训及学术研究工具。Chakraborty 等（1996）用 ALOHA 模型对 1993 年发生在美国艾奥瓦州得梅因的一起液氯泄漏事故进行了评价，考虑了事发地附近的复杂地形条件。2005 年，Alhajraf 等（2005）将 ALOHA 模型应用于科威特油田实时反应系统，预测了危险区域瞬时泄漏的有害烟团释放方向和浓度，计算结果可叠加在整个区域的卫星图片上，使预测结果更易理解。

4）ARCHIE 模型

化学危害品评估自动资源（automated resource for chemical hazard evaluation，ARCHIE）模型能模拟燃烧、爆炸的有害物（非霰弹有害物）及大气扩散过程，计算在多种条件下各种储罐、管线和容器的逸出率及逸出化学品的挥发速率，并以表格形式输出结果。该模型集合了高斯烟团模型的许多特点，可以为危险物释放到大气后产生的蒸气扩散、火灾和爆炸影响评估提供若干种完整的评价方法。虽未提供化学数据库，但可在线储存事故场景文件，包括必要的化学性质信息。模型本身不包含重气扩散模型，因而不能处理重气扩散。模型假设所有气体都是中性浮力气体且沿下风方向扩散，不能用于粗糙地面或相对潮湿的扩散计算，因而常被用于模拟挥发化学品在泄漏点沿顺风方向的扩散。

目前 ARCHIE 模型已经在美国联邦危机管理局（FEMA）、运输部（DOT）及环保署（EPA）得到应用。在我国，天津消防科学研究院的秘义行等采用该模型对液化石油气泄漏事故进行了研究，用其模化持续泄漏的释放速率、蒸气云的形成和闪燃、沸液蒸气爆炸等，并确定了液化石油气事故处置的区域半径。

5）DERMA 模型

丹麦应急响应大气模型（danish emergency response model of the atmosphere，DERMA）是丹麦气象研究所（DMI）用于描述混合随机粒子烟团扩散的，是拉格朗日类型的长距离三维气体扩散模型。目前 DERMA 模型可以描述烟羽在下风向距离大于 20km 以及更大范围的扩散情况。该模型在多水平的烟羽参数化的基础上具有较高的分辨率。

该模型可以模拟大气的传递、扩散、沉降和放射性衰变情况。DERMA 模型使用来自不同版本的高分辨有限区模式（HIRLAM）或来自欧洲中期天气预报中心（ECMWF）全球模式的数值天气预测（NWP）模型数据。现时可用有效的DMINWP 模型数据瞬时分辨率为 1h。DERMA 将这些数据以线性关系插入对流计算时间步长中。对流时间步长一般为 15min 或者更少。因此，可以判定释放物质几个时间步之内在边界层就会得到很好的混合。同时，在边界层采用完全混合假设。

DERMA 模型的发展和应用主要是在核应急领域，目前它已经成为事故报告与指南工作系统（ARGOS）、核决策支持系统的组成部分，且被丹麦应急管理局用于核应急准备中。在欧洲示踪试验（ETEX）中，与其他 28 种欧洲、美国、加拿大和日本的应急模型相比较，DERMA 模型得出了较好的模拟结果。

6）LPDM 模型

拉格朗日粒子扩散模型（Lagrangian particle dispersion model，LPDM）由美国萨瓦纳河技术中心和美国能源部共同建立。新版本 LPDM 可以预测放射性物质的浓度、干湿沉降，通过 NWP 网格尺度风的数据，计算出大约 100 000 个随机的微粒轨迹重现物质由点源释放的情况。LPDM 用来评价大气扩散的平均浓度效果较好，并且适用于复杂地形或热对流产生的复杂流动扩散的情况。

LPDM 模型被用于预测多种空气流动中的污染物传递。该模型系统曾与美国能源部的 ASCOT 计划中所得的示踪试验数据进行过比对，模拟结果较好，也曾用于模拟阿尔卑斯山脉地区进行的实地测量（Eurotrac-Tract 的子项目）。经过多年的使用，LPDM 模型逐步得到发展和完善。德国的 DWD 应急响应管理中，采用 LPDM 模型作为核心模型，并与 ETEX 所得的实验数据进行了比较，认为在事故发生时，LPDM 模型可以作为一种有效的应急响应工具。

2. 应急反应系统

1）HGSYSTEM 系统

HGSYSTEM 系统由美国壳牌研究有限公司（Shell Research Inc.）在 20 家化工和石油化工公司的支持下开发，用于评估蒸气从气体、液体的扩散或多元混合物的两相释放，最初用于模拟有浮力的中性气体或重气、氟化氢及理想气体的释放（1.0 版），后来扩展到模拟多元混合物的释放（3.0 版）。

HGSYSTEM 系统可用于模拟以下几种泄漏情形：①压力容器的孔或管线破裂；②容器破裂产生的瞬时泄漏；③孔或烟囱的泄漏；④溢出物的蒸发。HGSYSTEM 3.0 主要用于轻、重、中气体及 HF 和 UF6 的释放与扩散，但在模拟原始组成和释放方向上有限制，可用于气体逸出、闪喷、蒸发池、重气扩散、纯扩散过程及伴有化学反应的 UF6 气体扩散。当用于伴有化学反应的事故时，其基础模型是一套用于模拟气体和云的稳定轨道的方程组，可用于 UF6- H2O 和 4HF - UO2F2 反应体系模拟。

2）NAME 系统

NAME（nuclear accident management）系统为英格兰的核事故管理模型，主要用于偶发放射性物质排放到地球大气时的应急处理，是事故分析的重要工具，也能用于非核事故的应急。通过跟踪流体粒子的三维轨迹，采用蒙特卡罗方法计算空气浓度，将大量的粒子释放到"模拟大气"来模拟事故地点的真实释放。每个粒子代表一团空气，其中含有一种或多种污染物，被模拟风携带并以随机游走方式扩散。在模型限度内，使用的粒子越多，积分结果越精确，但消耗的计算时间也越长。

NAME 系统已在多种警报和失效事故中应用，也曾用于模拟科威特油田大火。英国的 Maryon 等（1995）用该系统对 1986 年发生在苏联乌克兰北部切尔诺贝利的 Cs- 137 泄漏事故的前 108h 进行了模拟。2006 年，英国的 Nelson 等（2002）用其对 1954 年发生在英国坎伯兰海岸的放射性物质泄漏进行了研究，验证了放射性物质传递的方向和时间，指明了事故中放射性物质在欧洲范围的最大可能扩散区域。

3）SAFER 系统

SAFER 系统是由美国加利福尼亚州 SAFER 系统有限公司开发的实时集成化学事故应急管理软件。实时反应系统是 SAFER 的固定应急反应工具，与天气和气体传感器数据连接。当发生紧急事故时，启动系统决策对事故进行应对和处理。在应急管理、快速生成结果及记录事故过程中，实时系统易于使用并能快速集中结果。

在最新的 SAFER 实时反应系统中，加入了拥有专利权的高级反算功能。该算法依靠在线更新的大气数据和现场测量的泄漏物浓度变化等变量，可以迅速估算出物质的泄漏速率，更加准确地判断泄漏源强度。若在事故过程中风向等因素发生变化，实时反应系统则不断监测并更新大气数据，根据最新数据实时演算，模拟气云的扩散和运动情况，结果叠加在 GIS 地图上，并在用户的操作界面显示危险区域位置。

SAFER 系统目前已广泛应用于化工生产、石油炼制、运输、造纸、制药等行业，同时也是员工培训、练习、事故分析及校核应急反应计划的良好工具。1988 年以来，SAFER 系统就应用于美国杜邦化学公司对得克萨斯州萨宾河的应急反应计划与预案管理中。1996 年，美国发生了一起由火车出轨引起的液化石油气泄漏事故，在其后的 14 天中，SAFER 系统作为辅助手段成功得到应用。

4）NARAC 实时操作应急系统

美国国家大气释放咨询中心（NARAC）提供了一套针对有害物质的、范围广泛的、多尺度大气流动和扩散模型，可处理核、放射性、化学、生物及自然泄放。其特色在于：①自动设置、经过校核的实时 3D 集成模拟系统，能模拟复杂的风流、详尽的颗粒扩散、多种空间尺度的干/湿沉降过程；②实时重新设置世界任何地点；③具有核爆炸沉降模型；④快速、便于应用的局部扩散模型。

NARAC 模拟系统多年来经过了大量的检验，已成为一个有效、稳定的应急响应系统。应用实例包括：切尔诺贝利核电站事故，科威特油田大火、轮胎火灾、工业事故，西班牙阿尔赫西拉斯铯释放，1999 年日本东海村核转化工厂临界事故，2000 年洛思阿拉莫斯 Cerro Grande 森林火灾，后"9·11"威胁等。

5）CAMEO 系统

应急行动计算机辅助管理（computer-aided management of emergency operation，CAMEO）是一套用于化学紧急事故规划制定和应急反应的软件系统，由 CAMEO 研究小组为化学事故应急计划人员和应急反应人员开发，包括数据库模块、ALOHA 毒性气体扩散模型和 MARPLOT 电子地图。

CAMEO 系统有两种主要应用方式：一是获取、储存并评估有害物质事故应急反应所需要的信息；二是为公众提供有害物质应急计划。其化学数据库能够对超过 6000 种化学物质提供应急反应推荐模式，还包括 80 000 个化学同义词和标识号，在事故发生时可以快速搜索、辨别化学物质，并提供消防和泄漏反应推荐模式、物性、健康危害及急救指南。该系统还可用于预测两种或多种化学物质混合时潜在的反应性能，与化学反应性工作表所提供的功能相同。

CAMEO 系统已被联合国环境计划（UNEP）选为帮助发展中国家对化学事故预警和反应的工具，并列为 UNEP 地区级告知与应对计划（APPELL）的一部分。目前该系统已在 50 个国家进行了演示或教学，作为 APPELL 公众化学事故预警研讨会的一部分，已被翻译成法语和西班牙语，美国的 Chakraborty、科威特的 Alhajraf 等都用其进行过相关的模拟研究。

6）GASTAR 系统

GASTAR 系统是英国剑桥环境研究咨询公司（CERC）开发的重气扩散模拟系统，用于模拟可燃物和有毒物质释放的安全、事故及应急反应，效果比较理想。除了一般性事故如连续释放、瞬时释放、动量射流源、重气和中性释放外，GASTAR 系统还可对地形（地面坡度和粗糙度变化）和障碍物（多孔栅栏和建筑物）影响、池塘上吸模型、时变释放及可能沿不同方向的射流等模拟。采用云团的不同守恒律及最近扩散研究获得的半经验关系式，计算云团的空间平均性质、下风方向变化，提供任意点的云团分布情况，同时具有计算坡度、障碍物等影响的新功能。系统还带有常见毒性物质和可燃物质物性数据库，用户可根据需要加入更多的物质。

GASTAR 系统已经过大量的校核，Hanna 等（1993）的比较校核表明其对平坦地形的标准数据输入效果最好。该系统已被英国健康和安全理事会选用，其应用包括 LNG 泄漏、可燃烃类废料射流和现场安全规划。

7）GASMAL 系统

GASMAL 系统是由荷兰应用科学研究院（TNO）开发的决策支持系统，包括用户界面、计算模块、数据文件 3 个模块。用户界面是系统的核心，是工作表的电子版本，使用户能够通过计算机屏幕与系统通信；计算模块基于事故位置、所涉及的有毒化学品及天气状况，确定浓度模板或色标；数据文件包括危险化学品及其特性数据。

GASMAL 3.1 与 GIS 系统结合形成了 GAS- MAL- GIS 地理信息系统，其应用范围包括一系列与化学事故及其涉及的化学物质性质相关的问题。通过设定的问题，引导用户选择浓度色标（透明的雪茄状等值线图，可直接叠加在事故区域地图上）。该系统可帮助用户快速、连贯地了解事故影响区域的总体状况，主要优点是省时，误差范围降低，能够直接在地图上显示结果及其他重要信息，并针对不同化学品和气象条件迅速改变等值线显示。此外，警报和监测专家能够使用自己的地图，而不必使用昂贵的电子地图。系统为了便于现场消防人员使用，还制作了快速使用模板，包括 7 张连续源和 7 张离散源算图，根据源的特性、天气状况、事故时间、风向、风速，在几分钟内即可确定事故影响的区域和程度。

目前 GASMAL 系统已应用于地方消防局、环境服务机构及化学工业。在荷兰 Rijnmond 化工区及上海化工区实地进行图上作业时，普通消防人员应用该系统在几分钟内即可判定事故危害区域及程度。

大气扩散模型是大气环境监测、化学事故应急响应与疏散管理的基础，应急反应大气扩散模型是应急反应系统的核心。应急反应系统已广泛应用于石油、化工、运输、造纸、核能等多个领域，也已成为员工培训、员工练习、事故分析及校核应急反应计划的良好工具。在对多种国际重大突发化学事故的处理和评价过程中，应急反应系统都得到了应用，有效降低了事故给生命和财产带来的威胁。近年来，突发性化学事故时有发生，并存在着数量持续增加的势头。要实现对突发性化学事故的有效控制，应加强预防，建立健全应急反应体系，提高事故处理的应变能力，规范事故管理。因此，应加强应急反应大气扩散模型和系统的研究，其应用空间也将更加广阔。

(二) 水环境模拟模型

1878 年 W. J. Dibdin 首次以高锰酸盐消耗量作为氧含量的指标，对英国泰晤士河的水质状况做出科学的数据分析；同时，还分析出有机物对氧气的消耗作用，并得出"溶解氧缺乏会导致鱼类消失"的结论。直到 19 世纪末，水文学模型才建立起来，而人类认识到水污染可以诱发肠道疾病以后，水质问题才开始得到重视。1925 年 W. B. Streeter 和 E. B. Phelps 在美国俄亥俄河建立起最早的 BOD-DO 模型。在以后的 75 年里，生化需氧量和溶解氧作为水质模拟中最基本变量的地位几乎没有动摇过，考虑 BOD 和大气复氧所导致的 DO 的平衡时所采用的一级动力学在河流水质模型中也大量地被采用。虽然历经 77 年，由 Streeter 和 Phelps 建立起来的基本原则仍然是标准河流水质模拟的核心。

从 1925 年到 20 世纪 60 年代早期，河流水质模型完全依赖求解模型方程的解析解，而解析解的求解过程要求对模型方程进行大量的简化，从而排除了许多被认为是对于水体的真实描述的情况，这样，Streeter-Phelps 模型的用途受到严格的限制，河流数学模型的进展十分缓慢。

随着第一台数字式电子计算机的问世和数学技术的发展，数值计算技术和计算机成为广泛应用的手段。1963 年由 Thomann 等提出的特拉华河口综合研究模型（Delaware estuary comprehensive study model，DECS）将经典的 Streeter-Phelps 方程扩展到了具有不同变化强度的、多个污染负荷分布的、狭窄的非均匀断面的河口上。20 世纪 60 世纪末，由得克萨斯州提出的 QUAL-I 模型能够像 BOD 和 DO 一样模拟河流的温度，并且模拟的系统受到温度的调节。在此基础上，1972 年美国环保局（environmental protection agency，EPA）开发了 QUAL-II 水质模型。

进入 20 世纪 90 年代以后，数学模型有了新的发展方向，主要包括：①开发生态数学模型，在一定的污染负荷条件下，预测河流的生态状况。②面源模型技术不断深入发展，如 BASIN 模型、SWAT 模型和 AGNPS 模型等。③不确定性分析理论不断完善。人们已经更加充分地认识到由于模型的结构、模型数据的完备性、准确性以及环境系统本身的复杂性等，模型的模拟结果不可避免地存在着偏差，不确定性分析技术逐渐得到重视。④模型界面更加友好。随着计算机技术的发展，综合运用图形界面和各种地理软件，实现用户和程序的交互操作，建立决策支持系统和仿真系统成为数学模型发展的又一个重要特征。

水环境模型的建立首先就是水质模型的识别，主要内容包括：①模型的结构；②模拟的水质内容，也就是水质变量；③模型的模型参数的估值；④模型的验证。合理确定模型的参数对模拟的结果具有至关重要的意义。另外，数学模型作为环境决策支持系统的一个组成部分，其与数据库的连接、模拟结果的动态显示也是非常重要的。

环境应急水质模型是指常用于水环境污染应急事故情景下的水质模型。这些水质模型对预测污染物的影响范围和程度快速简洁。一般的，在河流混合过程段内选择二维或者更高维数的水质模型，在混合过程段之外的河段，则选择一维或者更低维数的模型。

1. 解析解模型

1）一维水质模型

A. 瞬时一维扩散模型

模型公式：

$$C(x,\ t) = \frac{M}{A_{yz}\sqrt{4\pi D_x t}} \exp\left(-\frac{x^2}{4D_x t}\right)$$

需要输入的参数：

x 表示预测点（敏感点或者是特定的预警点）离事故排污点的纵向距离（m），利用 GIS 定位事故排污点和预测点，得到二者间的距离，非手动输入；

M 表示事故瞬时污染物排放量（g）；

D_x 表示水流纵向弥散（混合）系数（m²/s）；

A_{yz} 表示横截面面积（m²）。

B. 连续点源一维扩散模型

假设在某种情况下，河流水运动的时间尺度很大，在这样的一个时间尺度下的污染物浓度的平均值保持在一种稳定的状态。这时，可以通过取时间平均值，将问题按稳态来处理。这将简化模型的复杂程度。这种平均的水流状态可以用稳态模型来描述。因为排入河流水体中的污染物质能够与水介质相融合，具有相同的流体力学性质，所以可将污染物质点与水流一起计算。

假定只在 x 方向上存在污染物的浓度梯度，则稳态的一维模型为

$$D_x \frac{\partial^2 c}{\partial x^2} - u_x \frac{\partial c}{\partial x} - Kc = 0$$

这是一个二阶线性偏微分方程，其特征方程为

$$D_x \lambda^2 - u_x \lambda - K = 0$$

由此可以求出特征根为

$$\lambda_{12} = u_x \lambda - K = 0$$

式中，

$$m = \sqrt{1 + \frac{4KD_x}{u_x}}$$

对保守和衰减的污染物，λ 不应取正值，若给定初始条件为：$x = 0$，$c = c_0$。

上式的解为

$$c = c_0 \exp\left[\frac{u_x x}{2D_x}\left(1 - \sqrt{1 + \frac{4KD_x}{u_x}}\right)\right]$$

对一般条件下的河流，推流形式的污染物迁移作用要比弥散作用大得多，在稳态条件下，弥散作用可以忽略，则有

$$c = c_0 \exp\left[-\frac{K_x}{u_x}\right]$$

式中，c_0 可以按下式计算：

$$c_0 = \frac{Qc_1 + qc_2}{Q + q}$$

式中，Q 为河流的流量；c_1 为河流中污染物的本底浓度；q 为排入河流的污水的流量；c_2 为污水中的某污染物浓度；c 为污染物的浓度；D_x 为纵向弥散系数；u_x 为断面平均流速；K 为污染物衰减速度常数。

2）二维水质模型

A. 河中点源瞬时排污

$$C(x, y, t) = \frac{M}{4\pi h t \sqrt{D_x D_y}} \times \left\{ \exp\left[-\frac{(x - u_x t)^2}{4D_x t} - \frac{(y - u_y t)^2}{4D_y t}\right] \right.$$

$$+ \sum_{n=1}^{2} \exp\left[-\frac{(x - u_x t)^2}{4D_x t} - \frac{(2nb + y - u_y t)^2}{4D_y t}\right]$$

$$+ \sum_{n=1}^{2} \exp\left[-\frac{(x - u_x t)^2}{4D_x t} - \frac{(2n(B - b) - y - u_y t)^2}{4D_y t}\right] \right\}$$

$$\times \exp(-kt) + C_h \exp(-kt)$$

式中，x 表示预测点（敏感点或者是特定的预警点）离事故排污点的纵向距离（m），利用 GIS 定位事故排污点和预测点，得到二者间的距离，非手动输入；

y 表示预测点离事故排污点的横向距离（m），利用 GIS 定位事故排污点和预测点，得到二者间的距离，非手动输入；

M 表示事故瞬时污染物排放量（g）；

b 表示事故排污点离近岸距离（$0 \leqslant b \leqslant B$）（m），利用 GIS 定位事故排污点，得到其与近岸距离，非手动输入；

h 表示平均水深（m）；

B 表示水面宽度（m）；

k 表示河流中污染物降解速率（1/d）；

D_x 表示水流纵向弥散（混合）系数（m²/s）；

D_y 表示水流横向弥散（混合）系数（m²/s）；

u_x 表示水流纵向平均流速（m/s）；

u_y 表示水流横向平均流速（m/s）；

n 表示河流横向计算反射次数（一般系统自动设为 $n=2$）；

C_h 表示水体中污染物的本底浓度（mg/L）。

C 表示预测点（敏感点或者是特定的预警点）的污染浓度随时间的变化。

B. 二维流场岸边点源瞬时排污

$$C(x, y, t) = \frac{M}{2\pi h t \sqrt{D_x D_y}} \times \left\{ \exp\left[-\frac{(x - u_x t)^2}{4D_x t} - \frac{(y - u_y t)^2}{4D_y t} \right] \right.$$

$$+ \sum_{n=1}^{2} \exp\left[-\frac{(x - u_y t)^2}{4D_x t} - \frac{(2nb + y - u_y t)^2}{4D_y t} \right]$$

$$+ \left. \sum_{n=1}^{2} \exp\left[-\frac{(x - u_x t)^2}{4D_x t} - \frac{(2n(B - b) - y - u_y t)^2}{4D_y t} \right] \right\}$$

$$\times \exp(-kt) + C_h \exp(-kt)$$

式中，x 表示预测点（敏感点或者是特定的预警点）离事故排污点的纵向距离（m），利用 GIS 定位事故排污点和预测点，得到二者间的距离，非手动输入；

y 表示预测点离事故排污点的横向距离（m），利用 GIS 定位事故排污点和预测点，得到二者间的距离，非手动输入；

M 表示事故瞬时污染物排放量（g）；

b 表示事故排污点离近岸距离（$0 \leqslant b \leqslant B$）（m），利用 GIS 定位事故排污点，得到其与近岸距离，非手动输入；

h 表示平均水深（m）；

B 表示水面宽度（m）；

k 表示河流中污染物降解速率（1/d）；

D_x 表示水流纵向弥散（混合）系数（m²/s）；

D_y 表示水流横向弥散（混合）系数（m²/s）；

u_x 表示水流纵向平均流速（m/s）；

u_y 表示水流横向平均流速（m/s）；

n 表示河流横向计算反射次数（一般系统自动设为 $n=2$）；

C_h 表示水体中污染物的本底浓度（mg/L）；

C 表示预测点（敏感点或者是特定的预警点）的污染浓度随时间的变化。

C. 二维流场河中点源连续排污

$$C(x, y) = \left\{ C_h + \frac{W}{2h\sqrt{\pi D_y x u_x}} \times \left[\exp\left(-\frac{u_x y^2}{4D_y x} \right) + \sum_{n=1}^{2} \exp\left(-\frac{u_x(2nb + y)^2}{4D_y x} \right) \right. \right.$$

$$+ \sum_{n=1}^{2} \exp\left(-\frac{u_x(2n(B-b)-y)^2}{4D_y x}\right)\Big]\Big]\Big\} \exp\left(-\frac{kx}{u_x}\right)$$

式中，W 表示源强，即单位时间内排放的污染物量（g/s）；

x 表示预测点离事故排污点的纵向距离（m），利用 GIS 定位事故排污点和预测点，得到二者间的距离，非手动输入；

y 表示预测点离事故排污点的横向距离（m），利用 GIS 定位事故排污点和预测点，得到二者间的距离，非手动输入；

b 表示事故排污点离近岸距离（$0 \leqslant b \leqslant B$）（m），利用 GIS 定位事故排污点，得到其与近岸距离，非手动输入；

h 表示平均水深（m）；

B 表示水面宽度（m）；

k 表示河流中污染物降解速率（1/d）；

D_y 表示水流横向弥散（混合）系数（m²/s）；

u_x 表示水流纵向平均流速（m/s）；

n 表示河流横向计算反射次数（一般系统自动设为 $n=2$）；

C_h 表示水体中污染物的本底浓度（mg/L）；

C 表示预测点的污染浓度随时间的变化。

相关的一些事故排污污染带特征值：

（1）污染物达到全断面均匀混合的长度 L：

$$L = \frac{(0.4B - 0.6b)Bu_x}{D_y}$$

（2）污染带的最大长度 L_m：

$$L_m = \frac{W^2}{\pi u_x D_y h^2 (C_s - C_h)^2}\left\{1 + \sum_{n=1}^{2} \exp\left[\beta \frac{(2nb)^2}{x}\right] + \sum_{n=1}^{2} \exp\left[-\beta \frac{(2n(B-b))^2}{x}\right]\right\}^2$$

式中，$\beta = -\dfrac{u_x}{4D_y}$。

（3）污染带的最大宽度 H_m 及最大宽度出现的位置 x_m：

$$H_m = \left(\frac{2}{\pi e}\right)^{1/2} \frac{W}{uH(C_s - C_h)}$$

$$x_m = \frac{W^2}{4\pi e u D_y H^2 (C_s - C_h)^2}\left\{1 + \sum_{n=1}^{2} \exp\left[\beta \frac{(2nb)^2}{x}\right] + \sum_{n=1}^{2} \exp\left[-\beta \frac{(2n(B-b))^2}{x}\right]\right\}^2$$

D. 二维流场岸边点源连续排污

$$C(x, y) = \left\{C_h + \frac{W}{h\sqrt{\pi D_y x u_x}} \times \left[\exp\left(-\frac{u_x y^2}{4D_y x}\right) + \sum_{n=1}^{2} \exp\left(-\frac{u_x(2nb+y)^2}{4D_y x}\right)\right.\right.$$

$$+ \sum_{n=1}^{2} \exp\left(-\frac{u_x(2n(B-b)-y)^2}{4D_yx}\right)\right]\right\} \exp\left(-\frac{kx}{u_x}\right)$$

式中，W 表示源强，即单位时间内排放的污染物量（g/s）；

x 表示预测点离事故排污点的纵向距离（m），利用 GIS 定位事故排污点和预测点，得到二者间的距离，非手动输入；

y 表示预测点离事故排污点的横向距离（m），利用 GIS 定位事故排污点和预测点，得到二者间的距离，非手动输入；

b 表示事故排污点离近岸距离（$0 \le b \le B$）（m），利用 GIS 定位事故排污点，得到其与近岸距离，非手动输入；

h 表示平均水深（m）；

B 表示水面宽度（m）；

k 表示河流中污染物降解速率（1/d）；

D_y 表示水流横向弥散（混合）系数（m²/s）；

u_x 表示水流纵向平均流速（m/s）；

n 表示河流横向计算反射次数（一般系统自动设为 $n=2$）；

C_h 表示水体中污染物的本底浓度（mg/L）；

C 表示预测点的污染浓度随时间的变化。

相关的一些事故排污污染带特征值：

（1）污染物达到全断面均匀混合的长度 L：

$$L = \frac{(0.4B - 0.6b)Bu_x}{D_y}$$

（2）污染带的最大长度 L_m：

$$L_m = \frac{W^2}{\pi u_x D_y h^2 (C_s - C_h)^2}\left\{1 + \sum_{n=1}^{2} \exp\left[\beta\frac{(2nb)^2}{x}\right] + \sum_{n=1}^{2} \exp\left[-\beta\frac{(2n(B-b))^2}{x}\right]\right\}^2$$

式中，$\beta = -\dfrac{u_x}{4D_y}$。

（3）污染带的最大宽度 H_m 及最大宽度出现的位置 x_m：

$$H_m = \left(\frac{2}{\pi e}\right)^{1/2}\frac{W}{uH(C_s - C_h)}$$

$$x_m = \frac{W^2}{\pi e u D_y H^2(C_s - C_h)^2}\left\{1 + \sum_{n=1}^{2} \exp\left[\beta\frac{(2nb)^2}{x}\right] + \sum_{n=1}^{2} \exp\left[-\beta\frac{(2n(B-b))^2}{x}\right]\right\}^2$$

2. QUASAR 模型

QUASAR（quality simulation along river systems）是一维动态水质模型，适用于模拟混合良好的枝状河流。该模型是由英国 Whitehead 建立的贝德福郡乌斯河水质模型发展而来，并成功地应用于英国 LOIS 工程。它包括 3 个部分：PC- QUASAR、

HERMES 和 QUESTOR。QUASAR 模型用含参数的一维质量守恒微分方程来描述枝状河流动态传质过程。PC-QUASAR 和 QUESTOR（quality evaluation simulation tool for river systems）可随机运用 Monte Carlo 模拟方式来模拟大的枝状河流体系，这种河流受污水排放口、取水口和水工建筑物等多种因素影响。

QUASAR 模型包括大量的水质组分，如硝酸盐、DO、BOD、氨、温度、pH 和保守性水质组分，主要用来辅助中等河流和大型河流的流域管理。Lewis 等（1997）曾将 QUASAR 应用到了 Yorkshire Ouse 河。QUASAR 模型建立以后，也处在不断地发展中。Lees 等（1998）将 QUASAR 进行扩展，使其包括集成死亡地带混合模型。

3. WASP 模型

水质分析模拟程序（the water quality analysis simulation program，WASP）是美国环保署提出的水质模型系统，能够用于不同环境污染决策系统中分析和预测由自然和人为污染造成的各种水质状况，可以模拟水文动力学、河流一维不稳定流、湖泊和河口三维不稳定流、常规污染物（包括溶解氧、生物耗氧量、营养物质以及海藻污染）和有毒污染物（包括有机化学物质、金属和沉积物）在水中的迁移和转化规律，被称为万能水质模型。

WASP 最原始的版本是于 1983 年发布的，综合了以前其他许多模型所用的概念，之后 WASP 模型又经过几次修订，逐步成为 USEPA 开发成熟的模型之一。WASP5 及其以前的版本都为 DOS 程序，而 WASP6 则发展为 Windows 下的程序，但是只能在 Windows 98 操作系统下使用，随着 Windows 98 操作系统被 Windows 2000 和 Windows XP 取代，WASP6 的不适应性就显现了出来。于是，能够在 Windows 2000 和 XP 系统下运行的 WASP7 版本于 2005 年孕育而生。WASP6 和 WASP7 都具有可视化的操作界面，运行速度是以前的 DOS 版本的 10 倍以上。

它们的主要特点是：①基于 Windows 开发友好用户界面；②包括能够转化生成 WASP 可识别的处理数据格式；③具有高效的富营养化和有机污染物的处理模块；④计算结果与实测的结果可直接进行曲线比较。但是它们的源码不公开，给模型的二次开发带来了很大限制。

WASP 由两个独立的计算机程序 DYNHYD 和 WASP 组成，两个程序可连接运行，也可以分开执行。WASP 程序也可与其他水动力程序如 RIVMOD（一维）、SED3D（三维）相连运行，如果有已知水力参数，还可单独运行。

WASP 是水质分析模拟程序，是一个动态模型模拟体系，它基于质量守恒原理，待研究的水质组分在水体中以某种形态存在，WASP 在时空上追踪某种水质组分的变化。它由两个子程序组成——有毒化学物模型 TOXI 和富营养化模型 EUTRO，分别模拟两类典型的水质问题：①传统污染物的迁移转化规律（DO、

BOD 和富营养化）；②有毒物质迁移转化规律（有机化学物、金属、沉积物等）。TOXI 是有机化合物和重金属在各类水体中迁移积累的动态模型，采用了 EXAMS 的动力学结构，结合 WASP 迁移结构和简单的沉积平衡机理，它可以预测溶解态和吸附态化学物在河流中的变化情况。EUTRO 采用了 POTOMAC 富营养化模型的动力学，结合 WASP 迁移结构，该模型可预测 DO、COD、BOD、富营养化、碳、叶绿素 a、氨、硝酸盐、有机氮、正磷酸盐等物质在河流中的变化情况。

TOXIWASP 与其他两个模型——WASP6 和 WASTOX 有关系。WASP6 是一个关于污染物在湖泊、河流和河口中的命运和传输的概念化模拟框架。WASP6 有一维、二维和三维三种形式。TOXIWASP 是 WASP6 的一个子模型。将 EXAMS 模型中的动力结构与 WASP 的传输结构和简单的悬沙平衡算法结合起来，以预测底床和上方的水体的悬沙和化学物质浓度。WASTOX 模型模拟有毒化学物质、河床和水体的三种以上尺度的悬浮物的组成。除了电离以外的所有化学过程都采用了二阶方法。水底的交换包括孔隙水的对流、扩散和沉降悬浮。

但 WASP 模型需要对水下地形等三维空间特征做出精细的描述。如要进行水体的水动力学模拟，则首先要根据水动力学特点将水体概化为一系列相互连接的水体结点（junction）和渠道（channel），并计算出水体结点的水面面积、水底高程、水面面积随水头变化的变化率，以及计算出每个渠道的长度、宽度、水力半径或渠道深度、渠道方向、每个渠道的宽度随水头变化的变化率等。如要进行水体的水质模拟，则首先要将实际水体概化为一系列相互关联的分区（segment），并计算出每个分区的水体体积、相邻分区间的特征距离以及分区间剖面面积等。如果利用 GIS 的空间分析和空间建模功能，就可以准确、便捷地获取这些空间特征数据。

4. EFDC 模型

EFDC（the environmental fluid dynamics code）模型是在美国国家环保署资助下由威廉玛丽大学海洋学院弗吉尼亚海洋科学研究所（Virginia Institute of Marine Science at the College of William and Mary，VIMS）的 John Hamrick 等根据多个数学模型集成开发研制的综合水质数学模型，当前由 Tetra Tech. Inc. 水动力咨询公司维护，经过 10 多年的发展和完善，目前模型已在一系列大学、政府机关和环境咨询公司等组织中广泛使用，并成功用于美国和欧洲其他国家 100 多个水体区域的研究，成为环境评价和政策制定的有效决策工具，成为世界上应用最广泛的水动力学模型。

EFDC 模型是美国国家环保署推荐的三维地表水水动力模型，可实现河流、湖泊、水库、湿地系统、河口和海洋等水体的水动力学和水质模拟，是一个多参数有限差分模型。EFDC 模型采用 Mellor-Yamada 2.5 阶紊流闭合方程，根据需要可以分别进行一维、二维和三维计算。模型包括水动力、水质、有毒物质、底质、风浪和泥沙模块，用于模拟水系统一维、二维和三维流场，物质输运（包括水温、盐分、黏性和非黏性泥沙的输运），生态过程及淡水入流，可以通过控制输入文件进行不同模块的模拟。模型在水平方向采用直角坐标或正交曲线坐标，垂直方向采用 σ 坐标变换，可以较好地拟合固定岸边界和底部地形。在水动力计算方面，动力学方程采用有限差分法求解，水平方向采用交错网格离散，时间积分采用二阶精度的有限差分法，以及内外模式分裂技术，即采用剪切应力或斜压力的内部模块和自由表面重力波或正压力的外模块分开计算。外模块采用半隐式三层时间格式计算，因传播速度快，所以允许较小的时间步长。内模块采用了垂直扩散的隐式格式，传播速度慢，允许较大的时间步长，其在干湿交替带区域采用干湿网格技术。该模型提供源程序，可根据需要对源程序进行修改，从而达到最佳的模拟效果。

EFDC 模型主要包括 6 个部分：①水动力模块；②水质模块；③底泥迁移模块；④毒性物质模块；⑤风浪模块；⑥底质成岩模块。EFDC 水动力学模型包含 6 个方面：水动力变量、示踪剂、温度、盐度、近岸羽流和漂流。水动力学模型输出变量可直接与水质、底泥迁移和毒性物质等模块耦合。

对 EFDC 的水质模块，EFDC 模型不仅考虑了风速、风向（以来风方向为基准，规定正东方向为 0°，正北方向为 90°）和蒸发对流场和污染物质迁移转换的影响，也考虑了不同水生植物类型的形态分布特征及波浪对底部应力的影响。同时 EFDC 模型能够实现对 C、N、P 等营养物质多种形态的模拟，是一个比较完善的水质模型，能够真实地反映污染物质扩散降解规律。

EFDC 模型结构框架图如图 2-42 所示。

5. SMS 模型

SMS（surface water modeling system）水动力学软件是由美国 Brigham Young 大学环境模型研究实验室开发的，该软件可用于模拟和分析地表水的运动规律，并包括前后处理软件。它包含一维、二维有限单元模型，有限差分模型，以及三维水动力学模型。该软件中的计算模块包含美国陆军工程兵水道实验站开发的几个程序模块和美国联邦公路管理局的两个模块。每种模块都可以计算特定类型的水动力学问题，软件包含的模块包括：计算水位、流速等的模块；计算污染物运移的模块；计算波浪要素（如波高、波向等）的模块；计算急变流的模块；计算泥沙的模块。这些模块中既有恒定流模块也有非恒定流模块。

SMS 软件界面为高度的可视化界面，其中包含的计算模块来自美国陆军工程兵水道实验站与美国联邦公路管理局，这些程序以及代码都是美国政府公开的。

SMS 软件中包含的美国陆军工程兵水道实验站的程序分为有限单元模型与有

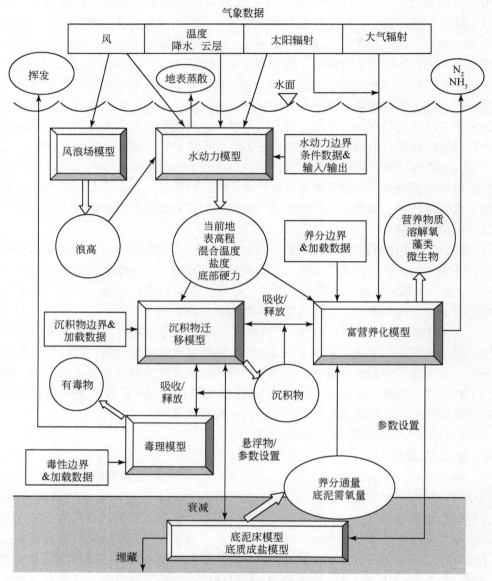

图 2-42 EFDC 模型结构框架图

限差分模型两种。其中，有限单元模型包括以下几个模块：

RMA2 为计算沿水深平均的二维水动力程序模块，其网格为无结构的三角形或四边形网格，两种网格可混合使用；

GFGEN 为将网格地形文件转换为二进制文件，提供给 RMA2 计算的程序模块；

RMA4 为在 RMA2 计算基础上计算污染物集中扩散变化情况的程序模块；

SED2D-WEs 为在水动力模块 RMA2 计算结果的基础上计算泥沙输运与河床演变的程序模块；

HIVEL-2D 为用来计算急变流（如水跃）的程序模块；

ADCIRC 为最新一代高级循环多维水动力模块，其网格同样采用高度灵活的无结构网格；

CGWAVE 为模拟人工建筑物（如码头、防波堤等）条件下港口波浪泊稳的程序模块。

有限差分模型包含的模块有两个，分别为：①STWAVE 为有效计算恒定状态波谱能量传播的程序模块；②GHOST 为模拟不规则波在近海传播的程序模块，模型中用方向谱来定义波浪要素。

除上述二维有限单元模型与有限差分模型外，SMS 软件中还包含了模拟河网地区水位与流速的一维程序模块 HecRas，以及三维水动力模块 RAM10。

SMS 软件中还包含美国公路管理局的两个水动力学模块：①FESWMS 为用有限单元法模拟急变流或临界流的水动力学情况，模型中可包含干湿区域，模型网格单元中还可以包括堰、涵洞、桥墩等水工建筑物；②Brista 为一维水动力模型，可以模拟河流水位、流速和泥沙输运等。

SMS 软件前处理功能的强大主要显示在它的地形网格生成技术上。其网格生成主要有两种方式：①直接利用导入数据点生成网格；②自动生成网格，并用实测数据点插值网格节点。对前者，同其他数学模型处理方式基本一致，书中主要介绍一下 SMS 软件中的自动生成网格技术。

SMS 软件大多数模块都是使用有限单元法，其要求的网格单元可以是无结构网格。SMS 中的自动生成的网格形式可以人工控制，可以生成三角形自适应网格、四边形网格，也可以三角形和四边形网格合用，并可利用实测数据散点对生成的网格节点进行插

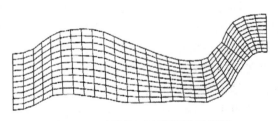

图 2-43　无结构四边形网格示意图

值，生成地形网格。该软件还能检查自动生成的网格的质量，并可直接进行网格单元质量调整。自动生成网格的尺度也可人为控制，图 2-43 ~ 图 2-45 为 SMS 软件生成的各种无结构网格形式。

SMS 软件中对导入数据的坐标形式要求不高，可以是 UTM 坐标（墨卡托投

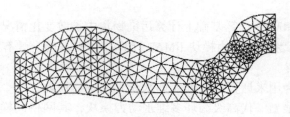

图 2-44　无结构三角形网格示意图

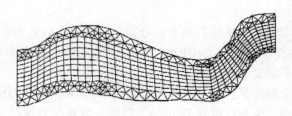

图 2-45　无结构三角形、四边形网格相结合示意图

影坐标）、经纬度坐标，也可以是当地相对坐标，这就减少了模型前期数据类型转换工作的时间。软件还可以直观地对网格节点或单元进行分区，在不同的区内可以定义不同的摩擦力系数（曼宁系数）和柯氏力。同时，模型还可以定义多种类型的水边界条件，如流量、水位或流速等。

SMS 软件能方便地展示计算结果（流速、水位和水深），结果数据的提取并不局限在网格节点，可以提取模型范围内任何一个点的计算数据，这大大方便了模型的率定和验证。而且，软件能进行流场动态演示及动画制作、断面流量计算、不同方案的比较等。在实测数据与计算数据的比较中，软件可应用非常直观的图标显示验证情况，验证结果的优劣一目了然。

SMS 软件应用广泛，涉及水动力学多个研究领域。该软件与其他一些商业软件（如 MIKE21、Defle3D 和 ECOM 等）相比最大的优势在于其计算所用的网格多为无结构网格，这比一般商业软件使用矩形网格或正交曲线网格模拟复杂边界要方便得多。SMS 软件无结构的网格生成技术可方便的模拟复杂边界下的流动，强大的后处理功能可使数值计算结果得以直观的展示。由于 SMS 软件所用的程序模块多为美国政府公开的程序，该软件可根据具体工程情况加以改进。

6. QUAL2E 模型家族

QUAL-Ⅰ模型和在此基础上发展的 QUAL-Ⅱ模型、QUAL2E 模型，实际上都是 Streeter-Phelps 模型的进一步发展。但是由于 QUAL2E 模型在河流水质模拟研究中的重要地位，因此，有必要对其作较详细的介绍。

QUAL2E 是在 QUAL1 和 QUAL2 基础上发展的综合性和通用的河流水质模型，它能够模拟 15 种以上由使用者组合的水质组分，包括 DO、BOD、温度、叶绿素 a、有机氮、氨氮、硝酸盐氮、亚硝酸盐氮、有机磷、溶解性磷、大肠杆菌、任选非保守性物质、三种保守性组分。该模型可以用到混合良好的树枝状河流。它假设主要的传输机制、对流和扩散，只在流动方向上才是主要的（河流或者渠道的纵向）。它可以应用于多种河道流量状况模拟，如多个废物排放与取水口、树枝状流量、增加的入流和出流等。它也具有计算需要的进行流量调节以满足希望的 DO 水平的流量的能力（Brown et al.，1987）。

QUAL2E-UNCAS（也写作 QUAL2EU）是对 QUAL2E 的增强，它允许模拟者在稳态的水质模拟中进行不确定性分析。三个不确定性选择可以选用：灵敏度分析、一阶误差分析和蒙特卡罗模拟。使用者可以估计模型灵敏度和不确定性输入对模型预测的影响。对在模型预测中的不确定性的定量分析，允许估计水质变量高于或者低于可接受水平的风险（概率）。

QUAL2E 模型家族出现以后，经过历次修正，功能逐渐趋于完善。目前的 QUAL2E 和 QUAL2EU 是世界上最为广泛使用的河流水质模型，成为河流水质模拟的标准模型之一。但是，QUAL2E 模型家族仍然有很多不完善的地方，还有大量没有解决的实际问题。除了 QUAL2E 模型程序设计的不足以外（如最大河段数不能超过 25，源头水不能超过 7 个），QUAL2E 还不能有效地解决暴雨径流事件、非点源污染、瞬时流等。因此，QUAL2E 仍然需要在使用的过程中不断改进（Rauch et al.，1998）。

7. RWQM1

为了克服 Streeter-Phelps 模型及 QUAL2E 的不足，形成标准的、一致的河流水质模型，并且能够与现有的活性污泥模型（ASM-1、ASM-2、ASM3）方便地集成起来，在对河流水质模拟的现状、存在的问题和将来的发展方向进行系统分析的基础上，国际水协会（international water association，IWA）于 2001 年提出了河流水质 1 号模型（river water quality model No.1，RWQM1）。

RWQM1 模型是一个概念模型，而不是具体的计算机程序，它对模型的水质组成、水质过程的方程、过程控制参数和组成转化都进行了详细的说明。RWQM1 提出的河流水质模拟的生化转化过程非常复杂，这是由于它特别注意所有考虑的元素之间严格的质量平衡。尽管模型中的参数并不是在所有的应用中都是可以识别的，但它明确了模型的假设，因而能够成为识别分析的基础。此外，RWQM1 还给出了生化子模型的具体应用选择的建议。

RWQM1 出现以后，在实际系统中得到了迅速的应用。Borchardt 等（2001）在德国 Lahn 河采用 RWQM1，研究了底泥对估计废水出流和联合污水溢流的生态影响的重要性。Reichert（2001）将 RWQM1 的不同简化形式应用到瑞典 Glatt 河的数据系列，并希望 RWQM1 能够帮助不同的河流水质模拟者进行方便的经验交流，因此能够加速改进河流水质模型的预测能力。为了适应集成环境管理的需要，RMWQ1 与污水处理系统的集成也受到重视。Meirlaen 等（2001）在意大利 Lambro 河建立了 ASM1 和 RWQM1 集成模型，Meirlaen 等（2002）将包括 RWQM1 在内的三个子系统模型集成到单一的软件平台，进行"下水道—污染处理厂—河流"的集成模拟，以实现污水处理厂控制措施的优化选择。

8. MIKE11（Ⅲ）

MIKE11（Ⅲ）模型，将有机物质划分成了溶解态、悬浮态和底泥三种组分，这使得有可能去模拟由沉降的有机质导致的底泥耗氧，并模拟有机物在底泥中的进一步发展（沉降、衰减和再悬浮）。MIKE11 描述了 9 种过程，包括复氧、BOD 的生物衰减、底泥的需氧量、BOD 的再悬浮、硝化、亚硝化、反硝化、光合作用、呼吸作用等，对氮进行了简化的处理，它忽略了中间产物。

MIKE11 包括的模型：水动力学模型（HD model）、对流扩散及黏性输沙模型、非黏性沙传导模型、NAM 降雨径流模型（NAM model）、单位线模型、洪水实时预报模型（FF）、地理信息系统。

MIKE11 主要应用：

（1）河流和湿地的生态及水质评价；

（2）洪水风险分析和洪泛图绘制；

（3）分洪道、水工建筑物和调蓄池的设计；

（4）桥梁的水力设计；

（5）洪泛区侵蚀分析；

（6）排水和灌溉研究；

（7）河流和水库优化运作；

（8）溃坝分析；

（9）实时洪水预报；

（10）泥沙输运及河床演变研究；

（11）地下水和地表水综合分析（与 MIKE SHE 结合）。

MIKE11 GIS 模块基于 ArcView GIS 界面特点的工具，用于：

（1）河网数字化和编辑；

（2）生成和显示三维水表面；

（3）绘制洪泛图及淹没等深线；

（4）断面和水面曲线；

（5）洪灾评估。

9. OILMAP™溢油模型与应急反应系统

OILMAP™能对溢油的动向进行快速地预测。它通过一系列简明交互式的图形来输入风场和水动力数据并确定溢油场景。

OILMAP™的应用：

（1）溢油应急反应决策支持；

（2）溢油应急反应培训；

（3）溢油演习训练；

（4）突发性事件应急预案研究：①法律诉讼支持；②溢油相关数据管理；③溢油情况的沟通。

OILMAP™模型的特征：

（1）基于本公司自己开发的 GIS 软件或镶嵌于其他 GIS 软件中，如 ArcView® ；

（2）可通过监测到的实际数据更新预测结果；

（3）围油栏的互动式布置；

（4）消油剂的使用；

（5）可使用 NOAA 的 Adios 的数据库来计算近 1000 种油的风化过程；

（6）使用交互式 GIS 开发海岸规划和管理数据库；

（7）可集成各种应急预案；

（8）可连接各种海图和实时在线网络地图；

（9）可与 ASA 环境数据库 EDS 中世界各地的预报、实时或历史的环境数据无缝集成。

OILMAP™模型的亮点：

（1）适用于世界各地；

（2）二维和三维计算能力；

（3）溢油的风化和溢油在水上/水下的运移轨迹；

（4）预测敏感区域受溢油影响的可能性；

（5）反推溢油的可能来源；

（6）重要资源的风险评估；

（7）模拟溢油与海岸线、海床、冰面覆盖区的相互作用；

（8）与实时环境数据库 EDS 集成。

OILMAP™模型的组件：

（1）溢油轨迹和风化模型。①预测瞬时或持续溢油的油污轨迹。②计算溢油的扩散、蒸发、乳化、水体夹带、岸线附着、油与海床和冰的相互作用。③可使溢油的漂移动向以动态化的形式表现出来，可确定对海岸线的影响程度，溢油风化结果随时间的变化可用图表形式显示，还能用 GIS 展示溢油对环境资源的影响程度。

（2）溢油统计模型（用于风险评估和突发性溢油事件应急预案）。①基于月、季节、年来确定最有可能的溢油路径。②溢油案发地附近的水面和海岸线受溢油影响的概率和溢油扩散的等时线。

（3）溯源统计模型（用于受溢油影响的脆弱性分析）。①基于装卸货地或油轮路径来确定特定地区受污染影响损害的可能性（如海水淡化厂）。②根据特定地点所观察到的油污来确定其可能的污染源。

（4）水下搬运模型。对溢油体在水体中由于水体夹带而搬运和溶解的过程进行模拟。

OILMAP™在其他领域的应用：

OILMAPLAND：为陆地输油管道油和化学物泄漏而建的陆上和地表水溢漏模型体系；

OILMAPDEEP：可对深海泄漏的溢油动向进行快速的预测。

10. SARMAP 水上搜救模型和应急系统

SARMAP 可对海上漂流物和失踪人员的动向做出快速预测。SARMAP 能够为搜救单位部署搜救方案，并快速计算其搜救的覆盖率、发现率及搜救成功率。

应用领域：

（1）确定失踪船只、人员或集装箱等的搜寻区域；

（2）确定事故现场或丢失物品的可能位置；

（3）主数据库可储存所有可调用的搜救单元及其位置；

（4）搜救单元的部署和搜寻方案的管理；

（5）追踪漂流走私物；

（6）回溯轨迹计算。

特点：

（1）基于本公司自己开发的 GIS 软件或镶嵌于其他 GIS 软件中，如 ArcView®；

（2）数据库内已包括各种物体的漂流特性数值，根据是美国海岸警卫队最新提供的数据；

（3）随时间变化的搜寻区域能够直观地被展示出来，且容易被解释；

（4）可模拟一系列的假定事故发生点来确定可搜寻的区域带；

（5）通过 COASTMAP 环境数据服务系统（EDS），能与实时数据快速相连；

（6）提供在线网络地图和海洋大气数据服务；

（7）通过与漂流物残骸之间的关系，寻找丢失物品或寻找事故发生地；

（8）通过快速处理模式或 SARMAP 的快速界面迅速地输入数据并计算出搜寻区域；

（9）可支持的商业海图包括：①BSB NOAA 海图；②MapTech 海图；③NDI 海图；④NOS Charts；⑤British Admiralty（ARCS）海图；⑥C-MAP 海图。

SARMAP 的组件：

（1）搜救规划工具；

（2）计算漂流采用国际海空搜救指南（IAMSAR）和蒙特卡罗（Monte Carlo）方法；

（3）向前和回溯追踪的搜救；

（4）最优搜寻计划者软件（2008 年发行的）——这是新增的一个模块，可以使操作者：①整合多种资源来寻找单个或多个搜救目标；②用累积的成功概率和优化工具使搜救成功率最大化；③叠合先前的一系列的搜寻信息用于改善未来的一系列的搜寻计划；④搜救工作的文本报告（ASCII、Notepad、Word 等）。

（5）为 ArcView® 设计 SARMAP 模块。

环境输入数据：

搜救模式预测的质量取决于环境数据的质量，这套工具可以使用户能够有效地管理环境数据。需特别指出的是，为了能够得到精确的搜救预测，SARMAP 能结合实时的海洋大气数据（包括风和海流等）。ASA 是 SARAMP 的开发成员之一，SAROPS 是 2007 年美国海岸警卫队在全国范围内使用的最新的搜救系统。SAROPS 和 SARMAP 都能与本公司的 COASTMAP EDS（环境数据库）相链接而获取最新的海流和风的实时及预报数据，从而为搜救地区服务。获取数据的过程很短，使用者无需手动输入数据就可在几分钟内得到数据，并做出快速预测。所有客户都可向 COASTMAP EDS 订购各种环境数据，我们的数据来自不同数据源，包括政府单位、私营单位和其他数据提供商。

11. CHEMMAP 化学品泄漏模型系统

CHEMMAP 是一个为预测各种化学物在水体中泄漏后的三维运移轨迹、归宿和其对生物影响而设计的模型系统。

CHEMMAP 的应用：

（1）污染影响的评估；

（2）泄漏应急反应后报和预报；

（3）自然资源损害评估；

（4）偶发性事件的应急预案——包括最糟的情况；

（5）点源泄漏评估；

（6）成本效益分析；

（7）相关训练和教育。

特征：

（1）基于本公司自己开发的 GIS 软件或镶嵌于其他 GIS 软件中，如 ArcView®；

（2）特定地点的环境或生物数据，可适用于世界范围内的任何淡、咸水域；

（3）可使用各种水动力文件格式；

（4）随时间变化的浓度可直观地展示出来，且容易解读；

（5）三维可视化；

（6）生物暴露模型可用于预测对鱼类和野生动物的影响；

（7）MSDS 数据库与物理化学数据库相连；

（8）化学数据库提供了大量化学物质的理化数据。

CHEMMAP 模型的亮点：

（1）化学物归宿模型；

（2）生物暴露模型；

（3）统计模型；

（4）危险商数计算；

（5）交互式的地理信息系统；

（6）环境、化学和生物数据库。

模型的组件：

化学物归宿模型。

CHEMMAP 模拟了以下几个过程：

（1）最初的羽状锋状态；

（2）浮物的表面扩散、搬移和水体夹带；

（3）向大气的蒸发和挥发；

（4）在水域和大气中溶解的和颗粒状的泄漏物的漂移和分散；

（5）溶解以及与悬浮沉积物的吸附；

（6）沉淀和再悬浮；

（7）自然降解；

（8）岸线对化学物的吸附；

（9）围栏和分散剂的有效性。

CHEMMAP 的危险商数——所有 CHEMMAP 模型能计算危险商数，也就是预测影响浓度与无影响浓度之比（PEC/PNEC），它能很快地被计算出来。

生物暴露模型可估计：

（1）所影响区域或水域是否高过某个特定的临界点（毒理学终点——美国环境保护局生态风险评估的一个术语）；

（2）水域内生物群所遭受的泄漏物的剂量（浓度×时间）和预期的生物急性中毒所造成的死亡率；

（3）直接接触对鸟类、哺乳动物和其他生物产生的影响。

Stochastic 统计模型可预测：

（1）预期受污染的范围和化学物的泄露造成的超越所关注的临界值的概率；

（2）模型结果的频率分布，基于它可得出统计结果和相应的图表。

环境、化学物和生物数据库：

（1）环境数据库：包括海岸线、海洋的深度、岸线的类型、生境的类型、不同时段的结冰期、温度和盐度。

（2）化学物数据：包括其理化指数，可让使用者添加新的化学物数据，复制数据库内已有的化学物数据，并在保留原有信息的前提下对化学物的数据进行修改。可与 CHEMWATCH 的化学管理系统的综合健康和安全信息相连。

（3）生物数据库：可为世界范围内的任何区域建立。ASA 已经为美国开发了一个生物数据库，信息包括美国所有生物地理区域内每季和每月的平均物种数量和该区域所属的生境类型。

第三章 环境应急基础平台

第一节 硬件基础设施建设

环境应急基础平台的硬件基础设施建设一般可分为应急指挥、综合保障、智能楼宇、数字会议四个部分。

一、应急指挥中心支撑平台

（一）应急指挥中心平台

本系统一般包括大屏幕显示系统、公安图像监控系统、应急指挥调度系统、电视电话会议系统、有限语音通信系统、无线语音通信系统、计算机网络系统、卫星通信接入系统等。

1. 大屏幕显示系统

大屏幕显示系统 DLP 是"digital light procession"的缩写，即数字光处理，也就是说这种技术要先把影像信号进行数字处理，然后再把光投影出来。它是基于 TI（美国德州仪器）公司开发的数字微镜元件——DMD（digital micromirror device）来完成可视数字信息显示的技术。DLP 投影技术把 DMD 作为主要关键处理元件，以实现数字光学处理过程。

作为应急指挥最重要也是最关键的组成部分，大屏幕显示系统可提供实时、真实、清晰、灵活显示各种尺寸、多画面的图像，真色彩、高画质、高分辨率的计算机视频信号、网络媒体流以及复合视频信号，将公安、交管、消防、医疗卫生、防汛抗旱、防震减灾、安全生产、邮政电信、建筑与规划、涉及水煤电气共赢的公共事业等部门的图像监控信号、现场直播电视信号、视频会议、电子地图信息、辅助决策信息和 DVD、VCR、实物投影仪等模拟或数字视频信号等完整展现，形成一个信息准确、查询便捷、管理高效的综合信息显示平台。

大屏幕显示系统一般由拼接显示屏系统、传输系统、控制系统（含图像处理）、辅助工程系统等组成，控制系统硬件配置采用一主一备形式，以确保系统的可靠性。

DLP 技术是一种独创的、采用光学半导体产生数字式多光源显示的解决方案。它是可靠性极高的全数字显示技术，能在各类产品［如大屏幕数字电视、公司/家庭/专业会议投影机和数码相机（DLP cinema）］中提供最佳图像效果。同时，这也是被全球众多电子企业所采用的完全成熟的独立技术。

DLP 显示板的优点是它们有极快的响应时间。你可以在显示一帧图像时将独立的像素开关很多次。它使一块显示板通过逐场过滤（field-sequential）方式产生真彩图像。步骤如下：首先，绿光照射到面板上，机械镜子进行调整来显示图像的绿色像素数据；然后，镜子再次为图像的红色和蓝色的像素数据进行调整（一些投影仪通过使用第四种白色区域来增加图像的亮度并获得明亮的色调）。所有这些发生得如此之快，以致人的眼睛无法察觉。循序出现的不同颜色的图像在大脑中重新组合起来，形成一个完整的全彩色的图像。

2. 应急指挥调度系统平台

应急指挥调度系统一般包括综合指挥席、有线语音调度台和无线语音调度台工作站，实现对应急指挥通信、网络以及视频会议的统一管理和控制，为领导的指挥调度提供网络、通信及音视频保障手段。

有线语音调度台可以通过语言通信方式联系各级指挥中心和专业指挥部以及其他的分指挥中心。

通过专用频率的无线通信系统，可以实现无线语音通信指挥调度功能：日常工作和紧急工作中的单组呼和多组广播、个呼、紧急呼叫、短信息和状态信息的发送接收、跟踪单元等。

综合值班席一般包括有线语音调度台、无线语音调度工作站、公安视频监控系统和会议控制系统。会议室，用于会议的集中控制。应急指挥室，用于公安视频监控、有线语音通信及无线语音通信的指挥调度。

3. 电视电话会议系统

通过基于政务专网的 IP 视频会议和基于市政通信网络的电视电话会议的会议室终端设备，实现召开 IP 视频会议和电话会议的功能；通过程控交换机并配备相应的终端设备，可以实现召开电话会议的功能。

4. 有线语音通信系统

有线语音通信系统一般需实现国务院、公安及安全专用电话的通信功能要求。此外，还应引入电信、移动、联通等运营商的接入线路，作为备用有线语音通信线路。

在应急指挥中心建设时，应认真进行弱电线缆的通道设计，即设计弱电线缆的敷设路径，包括室外弱电管路、引入建筑物埋管、建筑内电缆桥架的假设、弱电竖井的设置等。只有规划好适用于当前和今后发展的通路，才能将外部语音通信和网络数据线路顺利接入建筑。

5. 无线语音通信系统

一般应在应急指挥中心的建筑内实现专用频率的无线通信系统，如 800M 数字集群网信号的覆盖，同时提供移动、联通、小灵通信号的信号转发功能，以确保应急指挥的无线语音通信功能。

（二）综合保障机房系统

1. 机房建设标准规范

（1）《电子信息系统机房设计规范》国家标准（GB 50174—2008）；

（2）《综合布线系统工程设计规范》国家标准（GB 50311—2007）；

（3）《民用建筑电气设计规范》（JGJ/T 16—92）。

为了保障应急指挥管理的工作安全、可靠、稳定运行，需要建设相应的综合保障机房系统，包括网络及数据机房、UPS 不间断电源、安全保证及网络管理系统等以及气体灭火系统，并对应急指挥大厅、网络及数据机房以及其他必要场地采取防电磁干扰措施。

2. 网络及数据机房

网络及数据机房是应急指挥中心各个物理隔离网络的网络对外出口、接入用户汇聚、网络交换核心和应用服务部署的共用机房。机房组成一般是依据其性质、任务和业务量大小、所选设备类型及其计算机对供电、暖通空调等方面的要求和管理体制而确定。机房平面布局要全面考虑到数据处理的工艺流程、路线敷设方式以及人流和物流等方面。机房一般分主机区、辅助操作区和主要外部设备（磁盘机、磁带机、软盘输入机、激光打印机、宽行打印机、绘图机、通信控制器、监视器等）的安装场地，同时也是主控操作、网管等运行的区域。辅助操作区是配电、开发、维修和存取资料、办公的区域。缓冲区一般作为机房工作人员更衣换鞋、接待访客的区域。

机房建设不仅仅是一个装饰工程，更重要的是一个集电工学、电子学、建筑装饰学、美学、结构专业、暖通空调专业、计算机专业、强弱电控制、消防、电磁兼容等多学科、多领域的综合工程，并涉及计算机网络工程、综合布线工程等专业技术的工程。在设计施工中应对供配电方式、空气净化、安全防范措施以及防静电、防电磁辐射和抗干扰、防水、防雷、防火、防潮、防鼠、防虫等诸多方面给予高度重视，以确保信息系统长期正常运行工作。

网络及数据机房建设一般包括：装修工程、加固工程（用于改造项目）、电气工程（包括供配电系统、照明系统等）、暖通工程（包括机房空调系统、新风系统和排烟系统等）、安防工程（门禁系统、电视监控系统、防盗报警系统等）、综合布线工程、机房智能环境监控工程、消防工程（火灾报警系统、气体灭火系统等）、接地与防雷工程以及屏蔽工程等。

3. UPS 不间断电源系统

UPS 不间断电源系统用于为网络技术局机房提供稳定、优质、清洁、不间断的供电保障。UPS 装置容量应按照《民用建筑电气设计规范》（JGJ/T 16—92）的要求以及今后机房的发展扩容确定。UPS 装置满负荷运行时间一般不小于30min。为确保供电的可靠性，UPS 装置宜采用 $n+1$ 荣誉配置，UPS 装置宜放置在专用 UPS 配电室内。

4. 安全保障及网络管理系统

安全防御系统负责抵御已知的攻击行为、病毒、蠕虫和恶意代码，以及网络内部的异常行为和违规操作，目的是最大限度地增大各种威胁行为对核心资产的破坏。

网络管理系统能够迅速的发现和解决网络运行中存在的问题，必须主动地管理网络，以保证网络设备能够高效、可持续地正常工作。同时，能够对各种不同的网络环境和网络设备进行集中、统一的整合。

安全保障及网络管理系统主要包括安全域划分、防火墙系统、防病毒系统、入侵检测系统、漏洞扫描系统、网络管理系统等。

5. 防电磁干扰措施

应急指挥大厅、网络技术局机房以及其他必要场所宜采取防电磁干扰措施，以保障输出数据的安全保密，建立一个低电磁辐射的环保环境。

防电磁干扰措施应按照国家安全保密部门以及《电子信息系统机房设计规范》（GB 50174—2008）的相关要求实施。

6. 气体灭火系统

气体灭火系统一般采用七氟丙烷淹没气体灭火系统，由感烟和感温探测器、声光报警装置、控制器箱、储存装置、选择阀、安全阀、汇集管、反馈装置、喷头及管网等组成。主要针对网络及数据机房、弱电设备间等关键设备机房。

（三）智能楼宇系统

通过对应急指挥中心所在建筑的机电设备以及建筑环境的全面监控与管理，营造一个安全、环保、节能、舒适、高效、便捷的工作环境，并通过优化设备运行模式，降低运行维护成本，延长设备使用寿命。

智能楼宇部分主要包括安防监控与防盗报警系统、消防报警与应急广播系统、楼宇自控与集成管理系统、LED 信息发布系统、综合布线系统、程控交换机系统和卫星接收及有线电视系统等。

1. 安防监控与防盗报警系统

系统包括闭路电视监控系统、防盗报警系统、门禁系统、一卡通系统、巡更系统、停车场管理系统和周界保安系统等。

（1）闭路电视监控系统全方位的监控并记录楼内重要的场所如主要出入口、重要部门位置等人员流动情况，可以及时发现火警、火灾及其他突发事件。

（2）防盗报警系统一般在建筑重要部位、各个出入口，主要通道设红外微波双技术探测器、门（窗）磁开关、玻璃破碎探测器、紧急按钮等。系统一般与闭路监控系统联合使用，以满足对报警信号的接收和相应。报警处理器可接收报警探测器的输出信号，并依据主控系统按照布防/撤防状态进行响应。

（3）门禁控制子系统由门禁主机、门控器、非接触式读卡器、电控门锁等组成，对重要的出入口门还可设指纹、掌形、眼底虹膜等方式的设备，这将进一步提高系统的防范水平。

（4）门禁卡一般采用"一卡通"系统，即用户持同一张智能卡作为身份识别的手段，可同时在门禁控制、电梯控制、停车场管理、饭堂消费、巡更及考勤等不同的功能场所使用。

（5）电子巡更子系统对保安巡逻人员的巡逻路线和巡逻方式进行管理，一般由巡更主机、巡更棒、信息钮、信息收集器等组成。

（6）停车场管理系统一般以非接触式 IC 卡为主，这是车辆出入停车场的凭证，停车场管理系统结合图像识别系统，用计算机对车辆出入、车位检索、计时计费、保安等进行全方位的智能管理。

（7）周界保安系统在建筑的周界（围墙或栏杆）设激光的或红外对射防盗探测器，防止外来非法入侵。

2. 消防报警与应急广播系统

消防报警与应急广播系统主要由火灾探测器、手动报警按钮、消火栓按钮、输入输出模块、声光报警器、紧急启停按钮、火灾自动报警及消防联动控制器、联动控制台及电源灯设备组成，可以实现火灾的自动报警、消防联动控制、消防紧急广播、消防专用电话通信、消防智能中控等功能。

应急广播系统主要由扬声器、消防广播录放盘及功放盘组成。应急广播系统平时可播放背景音乐，当火灾等紧急情况发生时可以立即插播紧急广播。

消防通信分系统主要由电话插孔、火警电话座机及火警通信盘组成，方便在发生火灾时及时进行通信联络。

3. "12369" 环保热线

"12369" 预警程序如图 3-1 所示。

接到"12369"报警应问清事故发生的时间、地点、原因、污染物种类、性质、数量，污染范围，影响程度及事发地地理概况等情况，并立即向应急监测总指挥汇报。

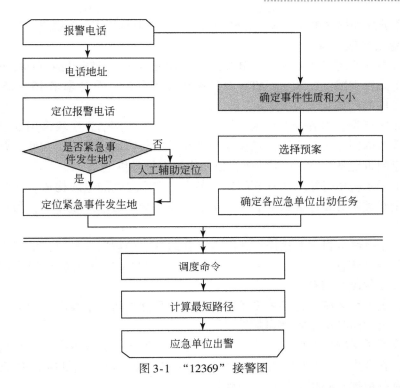

图 3-1 "12369" 接警图

应急联动中心的接警员接取警情的事件内容、时间和准确地址等信息，并将事件分派给不同调度中心的调度机进行调度处理。计算机辅助系统自动将打入的报警电话送至空闲的接警员处，该接警员与报警员通话，同时，计算机自动识别报警人的电话号码及其所在位置，终端电脑自动生成并存储标准化的事件记录。

4. 楼宇自控与集成管理系统

对建筑内供配电、送排风、空调、照明、冷热源、给排水、电梯等系统实现智能监控，通过网络化管理软件实现智能楼宇的集成管理。整个系统由中央级设备、现场级设备和通信网络组成。中央级设备为主机和外部设备；现场级设备包括现场控制设备、各类传感器和执行机构。中央级设备、现场控制设备之间通过通信网络或总线连接组成一个完整系统。

5. LED 信息发布系统

在建筑物入口处可安装一块 LED 显示屏，实时显示当时的空气质量，以及水、电、气、热等重要资源的供应情况等与百姓生活息息相关的信息，方便领导及时掌握各种动态。

LED 信息发布系统按显示颜色分为单基色 LED 显示屏和全彩色（红、绿、蓝三基色）LED 显示器。LED 信息发布系统一般由屏幕控制机、控制单元、通信模块、数据分配和扫描单元、显示屏幕、电源模块、金属瓶体框等组成。

6. 综合布线系统

综合布线系统应满足语音、10Base-T、100Base-T、155Mbps ATM、622Mbps ATM、千兆以太网、1.2Gbps ATM 及视频传输等要求，符合未来 15～25 年内数据通信发展的趋势。

工作区子系统由各个办公区域构成，一般政务外网信息模块采用 6 类非屏蔽模块，政务内网、公安专网信息模块采用 6 类屏蔽模块。为使用方便，要求每组信息插座附近配备 220V 电源插座，以便为数据设备供电。

水平子系统由各楼层子管理间连至各个工作间之间的电缆构成。政务外网水平区采用 6 类 4 对 8 芯屏蔽双绞线。水平线缆一端与信息插座相连，另一端与配线架相连。

管理子系统的机房和楼层配线间直接管理各层的数据信息点，电话机房直接管理各层语音信息点。采用"110"、"120"、"12369"语音配线架管理政务内网、公安专网语音信息点。

垂直主干线系统由连接主设备间与管理子系统之间的干线电缆构成，设备间以放射式星型向各层子管理间敷设线缆。

建筑群子系统根据所在建筑与公安、交管、消防、医疗卫生、防汛抗旱、防震减灾、安全生产、邮政电信、公共事业（水、煤、电、气供应）等职能部门的专业应急指挥中心相对位置关系确定。

7. 程控交换机系统

建筑内宜设置程控减缓及专用站房，程控交换机初装容量和站房面积根据实际使用要求确定，同时要考虑到今后的发展。一般程控交换机系统设备包括程控电话交换机、维修终端、话务台、电源装置（包括高频开关电源、蓄电池组）、铜缆及光缆配线柜等。

系统由市话官网就近引来大对数电话电缆，用于中继线、市话直通线及备用，也可按数字中继方式采用光缆接入。交换机宜配有语音信箱、等级服务及限制功能，可使交换机具有留言及外线直拨分机号等众多服务功能。

8. 卫星接收及有线电视系统

使用通信卫星传输数据，包括视频图像信号及有线电视，是应急指挥中心重要的信息手段。卫星接收及有线电视系统一般是由卫星天线、前端设备、干线传输和用户分配网络等部分构成。在系统实施时应注意城市有线电视干线电缆的引入位置和方式，以及卫星天线的安装位置和安装条件。

（四）数字会议系统

必须能够满足召开应急指挥常务会、办公会、电视电话会议、新闻发布会等数字会议的需求，实现会议显示、会议扩声、会议信号调度、同声传译、会场监控及录音录像、会议智能中控、内部通信、新闻现场直播、电子会标和电子桌牌等功能。

1. 会议显示系统

会议显示必须能够实现对各宗真色彩、高画质、高分辨率的计算机图形、图文、数据以及各种视频图像的实时、真实、清晰、方便地显示。通常利用大屏幕显示系统。在较小场所可通过投影机、电视机方便清晰地观看会议演示材料和发言人的情况，在召开电视电话会时，可清晰地观看对方会场的实况。

2. 会议扩声系统

会议扩声应能满足应急指挥大厅的扩声音响需求，并有良好的音响效果与优良的语言清晰度，其声学特性指标达到语言兼音乐扩声一级标准。

会议扩声系统主要包括主扩全频主音箱、补声全频音箱、返送扬声器、超低音扬声器、吸顶式补音扬声器、功率放大器、媒体矩阵数字处理器、大型专业调音台、音频分配器、效果器、均衡器、压限器、反馈抑制器、专业卡座、专业激光录放机、DVD 录放机、S-VHS 录放机、数字 MD 录放机、无线话筒和接收装置以及网络交换机等。

3. 同声传译系统

为满足外事交流的需要，在同声传译室设置译员席位，可向同声传译系统提供会议现场音频信号以及视频监视信号，以便翻译人员及时了解会议进程。译员席位数量和提供语种应根据项目的具体情况确定。

同声传译系统主要设备有中央控制主机、主席发言旁听单元、代表发言旁听单元以及译员单元等。

4. 会议信号调度系统

会议信号调度必须能够实现对应急指挥大厅的各种计算机多媒体演示、视频会议、监控图像以及 DVD/VCR 等节目源的 AV 和 RGB 信号的调度。

信号调度系统以相应的大型 RGB 及 AV 矩阵为中心，通过集中控制系统进行多点双向控制切换，从而实现各种信号到不同使用地点的调用。其中音频信号采用以数字方式为主、模拟信号为辅的传输，视频采用模拟复合视频信号进行传输，VGA/RGB 等信号采用 RGBHV 方式进行传输。

5. 会场监控及录音录像系统

会场监控及录音录像可以实现对会议全程的监控与录音录像，并且能够压缩成 MPEG-4 格式，在网络上播放，方便不在应急指挥中心的领导在办公室内随时观看。

会场监控及录音录像系统包括各类摄像机、操作键盘、硬盘录像机和信号传输与控制线路。

（五）应急中心服务器

1. 服务器类型与配备要求

服务器是网络环境中的高性能计算机，它侦听网络上的其他计算机（客户机）提交的服务请求，并提供相应的服务。为此，服务器必须具有承担服务并且保障服务的能力。服务器作为网络的节点，存储、处理网络上80%的数据、信息，因此也被称为网络的灵魂。它是网络上一种为客户端计算机提供各种服务的高可用性计算机，它在网络操作系统的控制下，将与其相连的硬盘、磁带、打印机、Modem及各种专用通信设备提供给网络上的客户站点共享，也能为网络用户提供集中计算、信息发表及数据管理等服务。它的高性能主要体现在高速度的运算能力、长时间的可靠运行、强大的外部数据吞吐能力等方面。

常见的用于固定应急支撑平台的服务器一般为部门级服务器，这类服务器是属于中档服务器之列，一般都是支持双CPU以上的对称处理器结构，具备比较完全的硬件配置，如磁盘阵列、存储托架等。部门级服务器的最大特点就是，除了具有工作组服务器全部服务器特点外，还集成了大量的监测及管理电路，具有全面的服务器管理能力，可监测如温度、电压、风扇、机箱等状态参数，结合标准服务器管理软件，使管理人员及时了解服务器的工作状况。同时，大多数部门级服务器具有优良的系统扩展性，使用户在业务量迅速增大时能够及时在线升级系统，充分保护了用户的投资。

由于环境应急平台对数据共享、交换的效率需求高，高性能服务器的配备显得尤为重要。固定应急支撑平台服务器主要负责海量数据存储、数据共享与交换、数据传输过程中的中转与处理。服务器的数据管理涉及空间信息、属性信息、视频信息等多种复杂的数据类型，固定应急支撑平台的服务器作为整个突发环境事件发生后的事态跟踪、决策会商和协调指挥等工作的中心区服务器，其庞大的数据量和数据复杂性对服务器的运算能力和服务保障能力提出了很高及一些特殊的要求。例如，按照服务器在环境应急平台中的服务目标的差异，可将其分为数据服务器、应用服务器、应急服务器、备份服务器。而按照服务器的组合方式及规模不同，可将其分为集群服务器和独立服务器。

2. 数据服务器

顾名思义，数据服务器（data server）主要是用于数据存储、共享与交换的服务器，要完成海量数据的管理与信息共享，数据服务器拥有庞大的建设规模是不言而喻的，因此，数据服务器的配备要求可根据固定应急平台的应用层次、管辖机组的规模来确定。

运行在局域网中的一台或多台计算机和数据库管理系统软件共同构成了数据

库服务器，数据库服务器为客户应用提供服务，这些服务是查询、更新、事务管理、索引、高速缓存、查询优化、安全及多用户存取控制等。这是典型的客户/服务器结构的软件层次。在 C/S 模型中，数据库服务器软件（后端）主要用于处理数据查询或数据操纵的请求。与用户交互的应用部分（前端）在用户的工作站上运行。它们的连接软件是：数据库服务器应用编程接口 API、通信连接软件和网络传输协议、公用的数据存取语言——SQL。

数据库服务器的优点如下：

（1）减少编程量。数据库服务器提供了用于数据操纵的标准接口 API。

（2）数据库安全保证好。数据库服务器提供监控性能、并发控制等工具。由 DBA 统一负责授权访问数据库及网络管理。

（3）数据可靠性管理及恢复好。数据库服务器提供统一的数据库备份和恢复、启动和停止数据库的管理工具。

（4）充分利用计算机资源。数据库服务器把数据管理及处理工作从客户机上分出来，使网络上各计算机的资源能各尽其用。

（5）提高了系统性能。能大大降低网络开销。协调操作，减少资源竞争，避免死锁。提供联机查询优化机制。

（6）便于平台扩展。包括多处理器（相同类型）的水平扩展、多个服务器计算机的水平扩展。垂直扩展指服务器可以移植到功能更强的计算机上，不涉及处理数据的重新分布问题。

（六）外围设备

外围设备主要是指计算机系统中除主机外的其他设备，包括输入和输出设备、外存储器、模数转换器、数模转换器、外围处理机等，是计算机与外界进行通信的工具，如打印机、磁盘驱动器或键盘。它在计算机和其他机器之间，以及计算机与用户之间提供联系。步骤是将外界的信息输入计算机；取出计算机要输出的信息；存储需要保存的信息和编辑整理外界信息以便输入计算机。

环境应急管理中的外围设备包括输入应急接警装置、应急会商配套设备、视频接入、音频接入、语音接入等，主要包括接警电话、字符输入设备键盘、图形输入设备鼠标、操纵杆、图像输入设备摄像机、扫描仪、传真机、模拟输入设备语言模数转换识别系统。

二、移动应急平台

移动应急平台的部署目的是提高应急响应、指挥调度的能力和速度。它对数据获取、数据传输、数据处理、决策指挥等方面工作的质量和效率要求越来越高。目前主流的移动应急平台采用专用的全网络 3G 视频采集传输系统。该系统采用先进的 H. 264 视频压缩算法、流媒体视频处理技术，整合了 3G 三种技术体制的 TD-SCDMA、CDMA2000、WCDMA 和网络数据通信功能，把摄像机采集到的图像，经视频压缩编码，通过 3G 智能无线通信模块或其他网络（如宽带卫星、海事卫星、有线网络），传输到运营商的无线/有线网络，用户可方便地通过 Internet/Intranet 访问中心视频管理服务器，通过计算机、手机和监控中心监控实时图像。

移动应急平台的总体设计如图 3-2 所示。

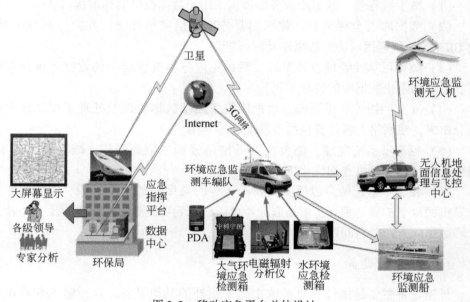

图 3-2　移动应急平台总体设计

大型移动应急平台（应急指挥车、无人机等）和中型移动应急平台（应急通信车）是固定应急指挥中心指挥调度工作的必要延伸和备份补充，是可移动的指挥中心或现场指挥所。它负责现场指挥工作，并与固定应急指挥中心保持设施的通信联络和信息传递，主要传递的信息为语音、图像、视频和数据信息传递。

小型移动应急平台是移动应急平台的一种，采用便携式设计，可单兵背负，无需指挥车的配合即可独立工作，在现场通过无线移动网络和海事卫星 BGAN 直接与指挥中心建立语音、数据联系，报送现场情况，上传现场视频图像，供相关领导及时了解现场情况，获取第一手资料。

（一）大型移动应急平台

2009 年 4 月，环境保护部为突发应急监测项目配发给各省市第一批环境应急监测车。为应对突发性环境污染事件，满足进行现场空气和水质快速监测的要求，所有车辆都装备了高水平的监测仪器，且配备了正压系统、电动支撑和自动找平系统、车载发电机和直流电源系统、气象五参数系统等环境监测的标准系统。环境应急监测车的配备为提升环境应急响应能力起到了积极的推动作用。但是目前的环境应急监测车主要起到现场快速检测监测的作用，在数据的实施获取和应急决策支持能力方面存在不足。

以现有环境应急监测车为基础，建立大、中型移动环境应急平台，进一步完善了环境应急通信系统，形成了大、中型移动环境应急平台。例如，通信指挥车、环境应急无人机，这类移动环境应急平台一般需配备必要的计算机硬件设备，安装环境应急管理信息系统软件，形成现场决策支持能力。

大、中型移动应急平台如图3-3所示。

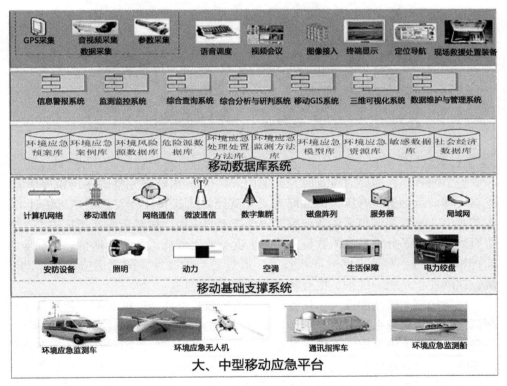

图3-3 大、中型移动应急平台组成

1. 应急指挥车

应急指挥车作为固定指挥场所的延伸和完善，具有机动性高、生存能力强、应急处置迅速等特点，在突发事件的应急通信指挥中起着越来越重要的作用。汶川大地震后，各级政府部门已将应急指挥车建设作为自身应急能力建设的重要内容。

由于应急指挥车对现场指挥、无线调度、卫星通信等作业的要求，车体平台和车内布局的软、硬件条件都要达到相当高的标准。车体平台包括车内以太网络、音频网络、视频网络、动力网络以及相应的方舱或车辆，通过采用模块化技术和组合机柜技术，实现高效集约的舱内布局，并保证车内中心配平。在技术上国内有多个厂家能够生产舱式平台或车辆平台，特别是军工企业，积累了这方面的成熟技术（图 3-4）。

图 3-4　方舱外观

应急指挥车在需要时可及时开到现场，在 5min 内建立完整的现场指挥环境。这对环境应急处置具有巨大的战略意义，其经济效益和社会效益是难以估计的。在技术上，系统强调集成创新和数据融合技术的应用，相对于固定指挥中心，它更有效地减少了分立系统的数量，同时也就有效地降低了系统的造价。目前应急指挥车采用的主要是成熟的商用技术，通过适当的改造，使之适应车载移动环境，这既便于系统的维护，也有利于低成本推广应用。

应急指挥车的功能强大，具备相对完备的应急指挥调度的功能，包括智能指挥调度、地理信息系统展示、辅助决策、应急预案、综合查询、现场态势标绘、态势同步、与上级政府应急指挥中心联网等。此外，应急指挥车一般还配备通信功能强大的应急通信车。应急指挥车一般采用无线通信、卫星通信等多种通信方式组合的集群通信模式，实现现场通信补盲、选呼、组呼、广播、多路监听/插话、电话转接、多制式派接等功能，并利用卫星通信技术，实现数据、语音、图像、影像信息的实时传输。应急指挥车可与其他卫星站互通多路电话和传真。通过卫星链路，把有线电话、350M 集群、800M 集群与其他卫星站链接起来，实现有线电话和专用集群/常规通信互联互通。

应急指挥车可单台建立现场指挥中心，也可多台并联工作，组成功能更加强大的现场指挥中心。一个优秀的移动应急指挥中心具有完备的图像采集、存储、显示等功能，不亚于固定应急指挥中心的指挥调度、应急处置能力。

应急指挥车车内结构包括驾驶室、指挥会议区、通信区、设备检修区、车顶部设备区等。应急指挥车系统的主要参数指标包括启动时间、车内局网速率、图像分辨率大小、图像压缩方法、卫星通信宽带的带宽、移动式车载天线长短、集群覆盖半径、集群通信频率通道、无线派接时间、GPS 定位精度、电子地图比例尺等多方面的技术参数。

2. 应急无人机平台

目前我国环境污染事故应急监测还主要以单点采样分析的人工监测方法为主，受到地况、交通、监测条件等限制较多，响应慢、效率低。遥感监测具有范围大、速度快、受限少等特点，在反映环境变化的时序性、空间性和规律性方面具有明显优势。因此，遥感技术在国内外环境监测中开始得到大量的应用，并在区域环境空气污染监测、水质监测、生态环境状况调查、近海赤潮监测、沙尘暴监测、全球变化监测与预警等应用中发挥了重要作用。与卫星遥感相比，航空遥感具有响应快、受天气影响小、使用便捷、成本费用低等突出优点，特别是在机动性、遥感设备的可更换性、可重复观测性，以及立体观测等很多方面都具有卫星遥感所不及的明显的优势。航空遥感所具有的密集、高频度连续成像能力显然非常适合对突发环境污染事故和污染区域的持续动态监测，因此航空遥感在环境污染事故应急监测中具有巨大的应用潜力，有望发展成为突发性环境污染事故应急监测和预警的最有效工具之一。

我国环境保护部于 2011 年 2 月发布了《全国环保部门环境应急能力建设标准》，旨在指导和规范各级环保部门抓住"十二五"环保事业快速发展的契机，加强环境应急能力建设，提高防范和应对突发环境事件的能力，推进环境应急全过程管理，建立健全中国特色环境应急管理体系。该标准的制定综合考虑到环境应急常态管理和应急状态的实战需求，针对应急指挥、应急交通、应急防护、应急调查取证和日常办公几个环节的特点和实际工作情况，提出了环境应急需要配备的基本装备。首次将无人驾驶飞机及航拍数据分析系统作为省应急调查取证设备的一级建设标准明确提出。

环境应急无人机系统在环境应急领域的应用是对常规环境应急调查取证装备的有效补充，是"天地一体化"环境监控体系建立的重要途径，也是环境应急管理模式创新的重要举措。环境应急无人机系统可充分利用无人机环境监测系统具有的灵活机动、响应快、运行维护成本低等诸多优势，提高环境污染事件监测和预警能力。但航空遥感技术至今尚未得到应用，环境污染事故航空遥感应急监测技术研究基本处于空白，无论是污染事故航空遥感图像快速处理、污染事故航空遥感监测信息提取，还是污染事故航空遥感应急监测系统构建，都存在大量的技术问题尚未解决。

针对我国空气污染、水污染、场地特征污染物污染、固体废物及化学品危险废物污染事故频发的现状和新时期环境污染事故应急监测工作的需求，我们要系统地开展环境污染事故航空遥感应急监测关键技术与应用示范研究，突破环境污染事故航空遥感信息快速获取和处理的关键技术，建立具有业务化运行能力的环境污染事故航空遥感应急监测示范系统，并结合实例开展应用示范，形成适合我国环境应急监测需要的无人机遥感技术指南，解决常规遥感和地面监测手段难以解决的及时响应、实时监测、应急处理、快速评估等难题，形成集无人机平台、载荷、数据处理和应用一体的无人机环境污染事故应急监测平台，提高我国环境污染事故航空遥感应急监测能力，这些具有重大意义。

3. 应急指挥配套设备

1）调度机（调度交换机）

调度机是一种广泛应用于冶金、电力、石油、化工、铁路、航空、交通、公安等领域的专用通信设备。调度机的发展经历了调度功能从单一到多种、控制方式从人工到程控、设备体制从模拟到数字、组网方式从单级到多级的过程。

虽然调度技术随电话交换技术的发展而发展，但调度机与交换机有着本质的区别，以程控调度机与程控交换机的区别为例来说明，程控调度机有别于程控交换机如同集群移动通信系统有别于公用移动电话系统。前者是专用指挥调度系统，它除具备交换接续的功能外，更注重群体电话的调度和管理，通过键盘、鼠标、触摸屏的配置，为用户提供友好的界面，操作简单方便。后者面对广大公众用户，主要提供点对点的通信服务，虽然也具有呼叫转移、多方通话等功能，但操作不便，调度功能不够。例如，对调度的组呼（群呼）、多方会议，调度机只需简单的操作即可实现，而程控交换机则需一方一方的呼出，并且延时长，方数有限。调度台与话务台亦不相同，调度台在整个系统中处于核心地位，系统的设计、配置均为调度台服务，而话务台的作用是呼叫转接，是交换系统的一种辅助手段。

捷思锐推出了下一代多媒体指挥调度通信系统与解决方案 MDS 调度机，可以说这是整个指挥调度系统的核心，调度台和调度终端都必须连接到调度机才能够正常工作。调度机支持各种调度业务，实现语音、对讲、文本和会议等多种方式的通信和调度。它能够定制完整的 API 接口，便于进行二次开发，实现与其他应用系统的集成，能够更好地满足用户的各种专业需求，如图 3-5 所示。

图 3-5　调度机

2）调度台

调度台是调度交换机的前台设备，主要进行电力调度语音通信。硬件由调度键盘、话筒（两个）组成。调度台具有语音通信、快速录音查询功能，是电力调度通信系统中重要的前台设备，如图3-6所示。

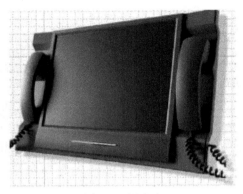

图3-6 调度台

（二）中型移动应急平台

1. 应急通信车

应急通信车在汶川地震中几乎是起到了"奇兵"的重要作用，在许多重大环境突发事件管理中，都离不开应急通信车的参与。应急通信车可以在短时间内恢复或补充现场通信业务。应急通信车主要负责连接现场多种网络，包括宽带无线图传网络、短波集群网络、IP电话、GSM/CDMA网络、卫星网络等电话设备，使用各种终端的工作人员可以统一协同工作，通过应急通信车有效整合各种不同网络下的终端设备，不同制式的通信终端真正做到了多网融合、通信无死角，大大提高了现场应急通信效率。

应急通信车是通过对车辆的内部进行合理布局以适应工作需求，整个指挥车系统以通信系统为核心，包括数据通信、语音和视频通信。车载卫星地面站提供卫星数据链路，作为目的地通信（快速通），路由器、集线器、无线路由器组成车载局域网，实现多台设备连接。

应急通信车相对于应急指挥车来说，更集中于通信系统的集成，不配备指挥调度、决策支持的功能，作为中型移动应急平台的典型代表，应急通信车在应急响应、应急处置时发挥的作用也是不可估量的。

应急通信车从功能上划分，包括无线接入台、语音调度系统、视频回传系统等。

应急通信车通过卫星和指挥中心连接，以实现应急现场话音、视频、数据的互联互通。应急通信车视频通信系统主要由车顶云台、支持夜视拍摄功能摄像机，及控制器、音视频分配器等设备组成，负责将采集的实时图像传送到指挥中心。

应急通信车上部署无线系统，用于应急现场的无线覆盖，在这个范围内，应急车可以在车群内进行无线对讲通信，并可以将现场视频、环境采集数据上传给指挥车和地面指挥中心。

2. 应急监测车

环境应急监测车由车体、车载电源系统、车载实验平台、车载气象系统、应急软件支持系统、便携应急监测仪器和应急防护设施等组成。它不受地点、时间、季节的限制，在突发性环境污染事故发生时，监测车可迅速进入污染现场，监测人员在正压防护服和呼吸装置的保护下立即开展工作。应急监测仪器在第一时间查明污染物的种类、污染程度，同时结合车载气象系统确定污染范围以及污染扩散趋势，准确地为决策部门提供技术依据。此外，大气质量及应急监测车还安装有空气质量监测系统，用于移动式监测环境空气质量，测量项目包括二氧化硫、氮氧化物、一氧化碳、臭氧、总悬浮颗粒、飘尘及多种气象参数。可用于环境评价、空气质量状况监测，以满足日常的环境监测要求。

3. 应急监测船

我国投入使用的应急监测船主要有江苏太湖"苏环监测1号"应急监测船（图 3-7）、安徽巢湖"巢环监1号"应急监测船（图 3-8）。它们在功能设计、设备配备、技术含量等各方面处于全国领先水平。例如，2009 年投入使用的"苏环监测1号"应急监测船集流动监测、水上实验、快速预警等功能于一体，它如同一个水上实验室，可在太湖中快速检测水体的总氮、总磷、重金属等 24 种物质的含量指标，并可对水体中的有机物进行测定和分析。实验室超过 $10m^2$，共摆放有 6 台先进的便携式检测仪器，重的超过 10kg，轻的几千克，方便搬运携带。监测船上造价最高的是一台便携式色/质联用仪，价值 170 多万元，主要用于水中有机污染物分析，从样品分析到结果出炉只需 10～15min。而水质多参数分析仪本领也很大，只需 1s 就能检测出蓝绿藻密度，当然其身价也很高，价值 70 多万元。

应急监测船的投运，极大提升了水源地及敏感水域的应急预警能力，能在最短时间内为应急处置工作的开展提供数据依据和决策参考，标志着湖泊富营养化应急监测预警体系已更加科学完备。与已建成的固定监控点相比，应急监测船具备高度的机动能力，可更好地履行站岗、放哨、拉警报的"移动哨兵"职责。其中，环境监测艇如图 3-9 所示。

拥有与"苏环监测1号"等应急监测船不同服务功能的水上移动监测装备还有应急监测艇，应急监测艇主要用于湖体巡测，为监测船当好"侦察员"。

图 3-7　"苏环监测 1 号"应急监测船

图 3-8　"巢环监 1 号"水质监测船

图 3-9　环境监测艇

2011 年投入使用的 "巢环监 1 号" 水质监测船是安徽省第一艘水质应急监测船，总造价达 370 万元。它集流动监测、水上实验和快速预警等功能于一体，可大大提升巢湖蓝藻预警监控能力，填补了 800km² 巢湖水上流动监测和实时预警的空白。船载监测设备包括便携式水质多参数分析仪、生物毒性测定仪、便携式分光光度计、便携式溶解氧测定仪和应急检测箱等，可满足常规监测和应急监测的要求。它的抗风浪等级不低于 6 级，可保证航行安全，它还配备了生活污水和实验用水收集处理系统。可以说我国应急监测船的工艺水平已经相当先进。

（三）小型移动应急平台

小型移动应急平台配备到市（地）级环保部门以及有国控环境风险源的园区和企业。其中园区（企业）的小型移动应急平台的配备情况可以和风险源分类分级结果结合起来。环保部和省环保厅配备小型移动应急平台作为机动备用。

从类型上看，小型移动应急平台主要有基于便携式电脑的小型移动应急平台和基于 PDA 或智能手机的小型移动应急平台两类。其总体结构如图 3-10 所示。

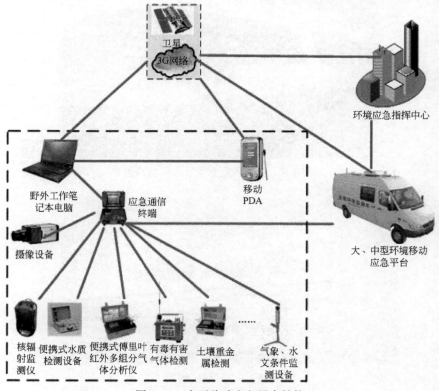

图 3-10　小型移动应急平台结构

1. 应急监测（检测）仪器装备

对必要的现场应急监测项目，往往要配备相应的应急监测（检测）仪器设备，如便携式水检测仪、便携式有毒有害气体检测仪、便携式红外光谱仪、便携式气象色谱仪、便携式色谱-质谱联用仪、气体检测管、水质检测管、便携式应急监测箱、检测试纸等。应急监测（检测）仪器设备往往采用的都是快速应急监测技术，以期提高现场应急信息采集、跟踪监测等处置工作的效率。这些单兵应急监测仪器装备均需定期检查，保证监测设备完好，进行定期维护，并应配套实验室内设备，定期配置更换试剂。

1）试纸检测

使用对污染物有选择性反应的分析试剂制成的专用分析试纸，对污染物进行测试，可通过试纸颜色的变化对污染物进行快速的定性分析。往往商品化的试纸本身配有色阶，有的还会配备标准比色板，如 pH 试纸、砷试纸、铬试纸、氟化物试纸、锌离子试纸、碘化钾淀粉试纸、氰化物试纸等。

2）检测管

检测管对有毒气体或挥发性污染物的现场监测十分方便。检测管法的原理是依据被测气体通过检测管时造成管内填充物颜色变化的程度来测定污染物及其含量，检测管一般有标准色阶。目前已有多种有害气体或挥发物、污染物现场快速测定的气体检测管和水污染监测管。例如，德国 Drager 公司生产的检测管，以其公认的简便、快速、准确等特点而成为气体定性及定量监测的有力工具，加上适当的配件，Drager 检测管还可分别用于空气、水体、土壤及污水等样品中挥发性物质的现场快速检测。相对于检测试纸，检测管有使用寿命相对长、测量范围广等优点。

3）化学测试组件

为了同时进行多项目污染物质的测试，可以采用化学测试组件法，化学测试组件法多采用比色方法或容量（滴定）法进行分析。其基本原理是：将装在粉枕（试剂管，有塑料制、铝箔制等）或试剂小瓶中的特定分析试剂加入到一定量的样品中，通过显色反应而产生相应的颜色变化，将颜色的深浅程度与标准色阶相比较，即可得到待测污染物的浓度值。实际上，这就是目视比色法。

用化学试剂测试组件进行现场测试时，可以采用不同的分析方法，如比色立体柱、比色盘、比色卡、滴定法、计数滴定器、数字式滴定器，前三种是比色法，后三种是容量法。

4）紫外-可见光光度法

紫外-可见光光度法是利用污染物质本身的分子吸收特性，与特定的显色试剂在一定条件下由于显色反应而具有的对紫外-可见光的吸收特性进行比色分析的一种方法。便携式分光光度计是常用的分光光度法仪器，其重量轻，携带方便，一台仪器可以进行多项目测试，常为浓度直读。根据光度计的构造，可以分为单参数比色计、滤光分光比色计、分光光度计三种。一般具有体积小，重量轻，携带方便，操作简单，可以在任何地方、任何时间进行快速准确分析的特点，并且供电方式多样化，既可采用交流电源充电，也可电池供电，价格低廉，不需或很少需要另外的辅助器材。

5）便携式色谱与质谱分析技术与设备

对一般性污染物的快速检测，检测管法可以发挥较好作用，但对未知污染物或种类繁多的有机物的应急监测，检测管法已经不能满足现场的定性或定量的监测分析的要求。便携式气象色谱仪和便携式色谱与质谱联用仪在有机物的现场监测中可以发挥重要作用。现场使用的气象色谱仪有便携式和车载式，便携式气象色谱仪可以分析气态或液态样品，操作程序化，可以作复杂的污染物定性或定量化监测分析。便携式色谱与质谱联用仪可以分析有毒有害大气污染物，可用于化学品的泄露监测、有害废物场检测，具有采用、读数、扫描定性、定量与记录功能，现场可以给出大气、水体、土壤中未知的挥发物或半挥发物的检测结果。便携式色谱与质谱联用仪便于在现场进行风险判断、确认、评估和启动标准处理程序。便携式离子色谱仪主要用于监测和分析碱金属离子、碱土金属离子、多种阴离子。

6）便携式光学分析仪器

采用光学分析方法的便携式光学分析仪器也常常是单兵系统的便携式环境监测仪器之一。光学分析仪器是采用光谱分析技术对多种环境污染物（尤其是有机污染物）进行分析，根据光谱范围，目前使用的有便携式红外光谱仪、便携式 X 荧光光谱仪、专用光谱/广度分析仪、便携式荧光光度计、便携式浊度分析仪、便携式反光光度计等光化学仪器。这类仪器都可以对现场样品中的多元素进行检测或单点分析，也分为便携式和车载式。

7）便携式电化学分析仪器

电化学传感器是利用有毒有害气体同电解液反应产生电压来识别有毒有害污染物的一种监测仪器，可以检测硫化氢、氮氧化物、氯气、二氧化硫、氢氰酸、氨气、光气等有害气体。各类电化学传感器既可以单独使用，也可以根据需要组合成多参数的电化学气体分析仪。常见的电化学气体分析仪主要是各类便携式选择离子分析仪（如离子计、pH 计、pH 测试笔、手提式 DO 仪、手提式电导率分析仪、手提式多参数分析仪、多参数水质分析仪等）。

8）有毒有害气体检测器

有毒有害气体检测器主要有易燃易爆气体检测器、光离子化检测器、金属氧化物半导体传感器、火焰离子化检测器、电化学传感器等。

9）针对放射性环境污染事故的应急检测设备

近年来，放射性环境污染事故的频发触目惊心，2011 年日本福岛海啸引发的核电站损毁与核物质泄露一度引发社会恐慌，对放射性环境污染情况的现场监测，近年来也有很多的市场化产品。常见的有便携式辐射剂量仪、表面污染测量仪等。

2. 应急取证设备

如照相机、录像机、录音机等。

3. 应急监测急救装备

如应急药品、简易医疗仪器等。

4. 应急监测通信装备

如对讲机、移动电话、GPS 定位仪、笔记本电脑等。

5. 应急监测防护装备

防毒面具、供氧装置、防护衣、防护头盔、防护鞋等。

6. 基于移动 GIS 的现场采集终端

如手持 PDA、GPS 定位器等。

第二节 环境应急通信指挥网络

一、环境应急通信指挥网络架构

总的来说，环境应急通信指挥网络包括资源子网和通信子网两部分，通信子网负责信息传输，资源子网包括进行数据通信和使用数据通信的主机、客户机。在应急通信子网中，稳定、不受信号塔控制的卫星传输成为首选，实现将应急地点的音视频信号传输回指挥中心以及将指挥中心的决策、指挥命令有效地发送至应急现场，如图 3-11 所示。

二、应急通信技术

"应急通信"一词，较为专业，其实它与"飞鸽传书"、"烽火告急"、"鸡毛信"等人类社会早期的应急通信手段有相似的作用。在不同的紧急情况下，对应急通信的需求不同，使用的技术手段也不相同。环境突发事件往往伴随天灾人祸，特别是在破坏性的自然灾害面前，基础设施包括通信设施、交通设施、电力设施等完全被毁，灾区在一定程度上属于古城的状态，突发环境事件的现场信息都需要进行实时采集、发送、反馈，在基础通信受到破坏的情况下，无线应急通信系统将承担更重要的任务。

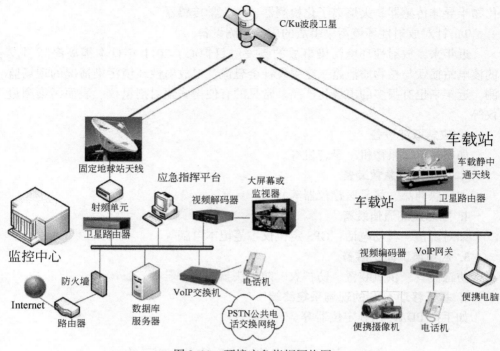

图 3-11　环境应急指挥网络图

应急通信体系在城市运转遭到突发灾害或环境事故时，承担着及时、准确、畅通地传递第一手信息的"急先锋"角色，是决策者正确掌握环境风险、指挥决策的中枢神经。应急通信系统需要做到迅速布设网络，保障重要信息的传输，快速有效地指挥发令，因此需要在恶劣条件下做到通信通畅。国家开始组建应急专用通信系统，该系统需要建立于公众网络上，打造信息高速公路上的应急专用车道，避免基础通信设施的破坏或公网通话量激增导致的通信拥塞、瘫痪，以保障政府决策与支持系统的信息传输流畅。

（一）抗灾超级基站

抗灾超级基站是由中国移动研究并部署的。该基站不同于普通基站之处在于选址更加合理，支撑更加坚固，自带油机电源和卫星传输设备，在灾害造成有线传输或电源中断时，可自动倒换使用卫星传输和自身电源进行工作，确保该区域的移动通信覆盖不中断。

超级基站的主要技术要求包括以下几方面。

（1）基站选择高增益天线和低功耗设备，并可通过远程配置关闭载频。基站无线设备支持光传输系统与卫星传输系统自动切换功能。

（2）基站通信线路采取以光通信为主用、卫星通信为备用的传输方式。卫星通信系统仅在灾害发生导致光传输中断的情况下启用，基站通过卫星通信系统接入中心站，然后再经中心站至基站控制器（BSC）之间的地面传输电路接入归属 BSC。

（3）基站除市电引入外，还需配备柴油发电机组。市电中断后，蓄电池组放电，同时开启柴油发电机组供电。

（4）土建、选址和通信设备加固等应满足相应的抗震、抗洪、抗风、抗冰雪等要求，力争做到"地震震不倒，洪水淹不着，台风吹不垮，冰雪冻不坏"，确保抗 9 级地震、百年一遇洪灾、百年一遇冰雹、百年一遇台风等重大灾害。

为应对地震、洪水、台风、冰雪等各类不同自然灾害，超级基站在基站、传输系统、电源、通信设备抗震加固、土建、选址等方面均有所侧重和不同，根据这些特点可以划分为多种类型的超级基站：抗震型、抗洪型、抗台风型、抗冰雪型、综合型等。超级基站在重大灾害发生后的环境应急通信作用显著，可保证某个重点区域内的移动通信覆盖。

（二）高空基站

由特大灾害引发的交通道路中断，使应急通信车无法前行进入环境灾害地段，高空基站的研发被提上了日程。高空基站是指以氢气艇、热气球等浮空器或直升机、无人机等为载体搭载基站设备、基站天线、空地连接设备，实现通信网络的快速部署、灵活扩容以及大范围覆盖。

（三）卫星通信系统

卫星通信系统主要用于突发公共事件发生时，国务院应急平台和部门、省级应急平台与现场移动应急平台间进行话音、数据和视频图像信号的传送。

国家应急平台体系卫星通信利用国家应急卫星通信系统实现。国家应急卫星通信系统设置两个异地备份主控站，其中一个主控站设置在北京，其他各省设置卫星固定站。国务院应急平台利用北京卫星主控站，实现与省级应急平台、现场移动应急平台之间话音、数据和视频图像信号的传送。

功能要求：卫星通信系统能支持话音、数据、视频图像的双向传送。实现全国统一组网，支持动中通、静中通移动平台接入，实现卫星通信网络和地面网络的有效互通和备份。

卫星通信系统能以 VOIP 的形式实现话音功能，语音通信实现单跳，系统具有内置回音抵消功能。实现各级应急平台之间的 IP 数据传输和数据广播功能，数据的传输速率可变。支持基于 H. 264 编码的 IP 视频会议、图像传输和图像多播业务。

卫星通信系统配置相应网管系统，实现应急使用时卫星系统、资源的配置和管理，网管系统采用标准和通用的网络管理协议，便于系统的维护升级以及与其他相关网管系统的接口和通信。

性能要求：卫星通信系统的带宽能力不小于36MHz。

支持话音业务时，应达到语音清晰、连续、延时小，通话质量达到长途电话质量要求。

支持视频会议业务时，每路图像的传输速率应达到384kbps～1024kbps，高清图像传输业务每路传输速率应达到1M～2Mbps，图像分辨率达到4CIF以上。当采用IP技术实现话音和视频业务时，卫星通信系统应具有实时图像和话音传输的QOS能力。

卫星的主控站与固定站之间系统可用度在99.8%以上；移动站与固定站之间系统可用度在99.5%以上（上述系统可用度含空间链路可用度和地面站设备可用度等因素）。大型移动应急平台卫星移动站的网络带宽应不小于2Mbps，中型移动应急平台卫星移动站的网络带宽不小于1Mbps，同时实现动中通功能。卫星移动站应能够接受宽带卫星上级网管系统的管理。小型移动应急平台的卫星便携站网络带宽不小于384kbps。

接口要求：卫星地面主控站、固定站、移动站应具备以太网接口、可选E1接口，实现数据和图像的接入。卫星地面便携站具备以太网接口、可选二线电话接口等。

第三节　软件支撑平台

一、常用数据库

（一）数据库平台概述

1. 数据库定义

Martin给数据库下了一个比较完整的定义："数据库是存储在一起的相关数据的集合，这些数据是结构化的，无有害的或不必要的冗余，并为多种应用服务；数据的存储独立于使用它的程序；对数据库插入新数据，修改和检索原有数据均能按一种公用的和可控制的方式进行。当某个系统中存在结构上完全分开的若干个数据库时，则该系统包含一个'数据库集合'。"

2. 数据库的主要特点

从环保机构对环境信息管理所提出的普遍需求进行分析，我们可以理解数据库的主要功能。

首先，数据库要具备共享性。用户可以通过各种方式与数据库进行联通，提取所需的信息，实现数据的共享。并且数据库要实现分散使用，集中管理，也就是说可以多用户或多接口进行数据访问，但最终永远只会是在数据库中进行数据存储。

其次，数据库需要具备安全性。安全性又分为两个部分：数据内容的安全性和数据存储的安全性。数据内容的安全性也就是根据不同的用户权限进行内容的检索，以达到不同用户权限之间数据显示不会出现跨域检索的情况；数据存储的安全性还包括逻辑存储安全性和物理存储安全性两部分。逻辑存储安全性就是减少数据的冗余和相对独立，不应出现大量重复、无效的数据，也就是无用数据。物理存储安全性就是不论物理存储介质如何变化，都不应该破坏逻辑存储结构，应该保证数据的稳定性。

最后，数据库需要具备良好的故障恢复机制。当数据库的访问出现故障的时候，能够最大限度地保证数据的可用性和完整性，数据库系统能尽快排除数据库系统运行时出现的故障。

3. 常用平台数据库特点比较

关系型数据库在现阶段的数字环保软件开发中应用比较普遍。数字环保软件开发业务应用针对性较强，不同业务的信息存储需求不同，对数据库平台的需求也有所不同。就目前数字环保领域来说，应用的数据库平台主要为 SQL Server 和 Oracle，下面对两者进行简单的比较。

在操作系统方面，Oracle 数据库采用开放的策略，可在所有主流平台上运行，使用者可以选择一种最适合他们特定需要的解决方案，可以利用多种第三方应用程序、工具，软件开发较为便利。而 SQL Server 只能在 Windows 上运行，但其与 Windows 操作系统的整体结合紧密性、使用方便性，以及和 Microsoft 开发平台的兼容性都比 Oracle 要强很多。Windows 操作系统的稳定性及可靠性大家是有目共睹的。Microsoft 公司的策略目标是将客户都锁定到 Windows 平台的环境当中，只有随着 Windows 性能的改善，SQL Server 才能进一步提高。从操作平台方面看，Oracle 比 SQL Server 更具有开放性。

在安全性方面，相关资料显示，Oracle 曾获得最高认证级别的 ISO 标准认证，而 SQL Server 则没有。所以 Oracle 的安全性要高于 SQL Server。

要建立并运行一个数据库系统，不仅仅包含最初购置软件、硬件的费用，还包含培训及以后维护的费用。在价格方面，Oracle 数据库远比 SQL Server 数据库高。Oracle 的初始花费相对较高，特别是在考虑工具软件的时候，Oracle 很多工具软件需要另外购买，而 Microsoft 提供免费的 SQL Server 工具软件。

在应用层面，SQL Server 在操作上明显要比 Oracle 简单。Java 和 DOTNET 的开发平台，基本的区别就是 Oracle 和 SQL Server 不同。Oracle 的界面基本是基于 Java 的，大部分的工具是 DOS 界面的，甚至 SQLPlus 也是，而 SQL Server 跟 VB 一样，是全图形界面，很少见到 DOS 窗口。SQL Server 中的企业管理器给用户提供一个全图形界面的集成管理控制台来集中管理多个服务器。Oracle 也有自己的企业管理器，而且它的性能在某些方面甚至超过了 SQL Server 的企业管理器，但它的安装较为困难。

SQL Server 只能在 Windows 下运行的原因，一般认为是 SQL Server 数据库的可靠性比较差。Oracle 的性能优势体现在它的多用户上，而 SQL Server 的性能在多用户上就显得力不从心。

Oracle 数据库和 SQL Server 数据库的运行效率孰优孰劣，很难评定，这是因为存在许多不定因素，包括处理类型、数据分布以及硬件基础设施等。选择哪种数据库，需要综合考虑数据库特点、自己业务需求和基础设施。

Oracle 和 SQL Server 两种数据库平台目前几乎垄断了数据库业务，一般 3 年进行一次升级改版，目前最新的版本分别为 Oracle Database 11g 产品和 SQL Server 2008。无论数据库平台将来发展方向如何，都必须结合数字环保领域进行创新，借助数据库技术进步推动数字环保技术的进步。

（二）环境应急业务数据库

环境应急业务数据库对应急所需的各种属性数据，按照突发环境污染事故防范与应急工作的要求进行数据关系梳理，建立的数据库种类包括但不限于：监测、危险源管理、化学危险品、应急资源管理、应急专家、环境标准、生态敏感区、应急预案、应急案例、模型模拟、应急处置、指挥调度等。

1. 日常监测、监察数据库

该数据库实现对重点污染源、环境危险源（风险源）、环境质量的在线监控，监测实时数据的管理以及相关监察信息，包括实时监测的水、气、噪声、放射源等污染源排放数据，实时监测的大气、水体、噪声环境质量数据，排污口拍摄的实时视频图像，重点污染源、风险源的检察执法记录等。

2. 危险源管理数据库

环境危险源管理主要是对危险源单位信息的管理，包括单位名称，单位地址，单位类型，周边信息情况，所存危险品种类、数量、存放位置，负责人，联系方式等信息。系统应提供对这些信息的增加、删除、修改、查询、专题制图、统计汇总等管理方法。

系统应可管理每个危险源发生事故的时间、地点、原因、次数，当时的天气情况，事故解决方案、解决时间等信息，以便日后统计分析及处理。应用 GIS 系统，显示城市地理位置图、污染源分布图。可以建任意级别的专题图目录，以发布、删除或重新发布专题地图。在地图上添加、删除、调整点位，这些变动都会改变污染源调查表中的数据。

拟建系统要实现档案的建立、档案的查询，并提供污染源专题地图，便于了解企业的位置信息，示意界面如图 3-12 所示。

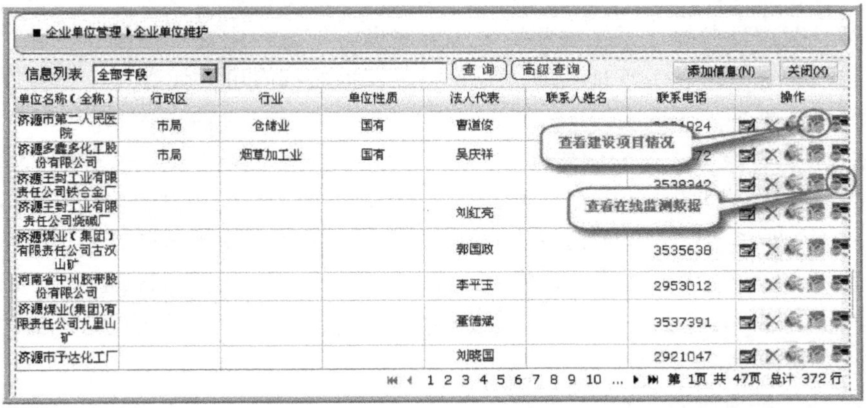

图 3-12　危险源信息列表

3. 化学危险品数据库

化学危险品数据库信息包括各种危险品的理化性质、毒性、防护措施等，如图 3-13。根据输入条件可进行查询，并同时支持化学危险品的添加、删除、编

图 3-13　化学危险品物理化学性质

辑。它能设置化学危险品的所属种类，并通过列表选择种类；对化学危险品的初始量、使用量、目前存储量等进行维护管理。

4. 应急资源管理数据库

应急资源管理数据库信息包括各种应急设备或应急资源的使用状态、损耗情况、存放地点等信息。应急设备主要包括环境应急无人机、环境应急车、环境应急船、应急监测设备、个人防护设备、泄漏控制设备、通信设备、照明设备、消防设备、医疗设备等。系统需要提供对这些设备信息的增加、修改、删除、检索、专题制图、统计汇总等管理功能。应急资源管理数据库可方便管理人员及时对设备进行更新维护。

5. 应急专家及人员数据库

应急专家及人员数据库收录相关应急专家和应急人员的信息，包括专家的基本信息、应急联系方式、专长以及应急人员的基本信息、应急联系方式、应急任务等。应急人员包括应急指挥中心人员、应急办公室人员、现场指挥部人员、各个应急救援队伍等。系统应提供对这些人员信息的增加、修改、删除等管理功能以及相关查询检索功能。

6. 环境标准规范数据库

环境标准规范数据库信息包括环境应急涉及的国家法律、行政法规、规范性文件、环境保护标准、其他环境管理相关政策等数据，能提供信息查询、检索及管理功能。

7. 生态敏感区数据库

生态敏感区数据库信息包括自然保护区、生态脆弱区、学校、机关、医院、居民点、水源地等相关信息。这些敏感区分层存储，在发生环境污染事故之后，通过它可以自动检索出事故周围设定距离范围内的敏感点，为事故处置方案的制订及敏感点的防护提供帮助。

8. 应急预案数据库

应急预案是在贯彻预防为主的前提下，对风险源可能出现的事故制订的为及时控制其危害、抢救受害人员、指导居民防护和组织撤离而组织的污染事故处理和救援活动的预想方案。应急预案的建立过程也是对事故隐患、工程项目应急措施、工厂的应急措施以及社会救援应急行动的分析，不仅可以为风险源单位提供有价值的关于安全防范的具体的操作，使得风险源单位更加理解自己的安全状况，而且在发生突发事故的时候，人们可以直接调用预案，并把它用于当时应急对策的制定，以提高应急处理的效率。

预案的制定有几个原则：应急预案应针对那些可能造成企业人员死亡或严重伤害、设备和环境受到严重破坏的突发性灾害，如火灾、爆炸、房屋倒塌、毒气泄漏、核泄漏、腐蚀性物质泄漏等。应急预案要以最大限度地减少人员和环境损害为原则。应急预案要考虑到应急的多种场景，从难、从严、从实战出发，并结合实际，制定出明确的措施，可操作性要强。应急预案要根据实际情况有所改变。

预案基本上可以分为三类：固定风险源预案、流动风险源预案及污染源不确定预案。对固定风险源预案要实现"一厂一档"，对流动风险源应该备案，对运输过程中的易燃易爆、有毒有害物质的毒害、破坏程度和防护距离要进行研究，并建立档案来管理。对不确定的污染源要制订好应急监测执行方案，以便快速定位污染源，确定污染性质，再启动相应应急预案。

应急预案可以通过自动、半自动或手工等形式编制完成。由于应急预案管理子系统是建立在危险品管理、风险源管理、应急监测执行方案管理的基础上的，所以可以通过参照案例的解决问题流程，形成更贴近实际操作的预案。

9. 应急案例数据库

案例是某种决策成功与否的例子，是对以往经验知识的归纳整理，是为达到某种目标所需要借鉴知识的记录，具有内容的真实性、决策的可借鉴性及处理问题的启发性等特点。应急案例管理具有一般案例管理的特点，同时也有案例管理的行业特色。与传统用纸质文档管理案例不同，应急案例数据库利用案例推理和规则推理的方法来构建环境突发事件应急案例管理系统，并通过数据挖掘技术从案例库中提出有价值的信息为环境应急服务。环境突发事件应急案例管理子系统的主要数据包括案例中问题定义数据、问题解决方案数据、问题评价数据、风险源基本情况数据、风险源危险品情况数据、风险源危险品目标情况数据、危险品理化情况数据、采样方法数据、分析方法数据、应急监测人员及值班人员数据、应急监测组织情况数据、应急监测仪器设备情况和功能数据、危险品应急处理处置方法数据、事故现象数据等。

10. 模型模拟数据库

模型模拟数据库信息包括水、气等污染扩散模型、爆炸模型等模型信息、参数信息，事故发生地周边地质、地貌情况，河床情况，水流速度，风速，风向，周边的社会经济指标数据、危险源数据等，以及模型模拟信息等。模型模拟库为突发性环境污染事故应急工作提供事故模拟的数据支撑。

11. 应急监测数据库

应急监测数据库信息包括不同种类污染物的监测方法、监测设备、对应监测人员的信息，根据应急事故中确定的污染物，可以有针对性地快速进行环境应急监测。

12. 指挥调度数据库

指挥调度数据库信息包括参加应急人员，负责工作，车辆、仪器使用状况，事故报告，部门间应急工作协调等指挥调度工作记录。

二、GIS平台

（一）GIS平台概述

20世纪60年代以来，大量的空间数据与落后的处理和应用手段之间的矛盾日益突出地表现出来。计算机技术的发展使一种新型、高效的处理手段成为可能，地理信息系统（GIS）应运而生，它是空间技术与计算机技术发展的必然产物。

地理信息系统是在计算机软、硬件支持下，对具有空间内涵的地理信息进行输入、存储、查询、运算、分析、表达的技术系统。它还可用于地理信息的动态描述，通过时空构模，分析地理系统的发展变化和演变过程。其最显著特点是能够科学管理和综合分析空间数据，反映地理分布特征及其之间的拓扑关系，并具有决策功能。环境地理信息系统主要用于对空间环境数据进行管理、查询、分析，它通过分析信息的空间分布，监测信息的时序变化，比较不同的空间数据集，实现对空间信息及其他各类信息的标准化管理与信息交换，使大量抽象、枯燥的数据变得生动、直观和易于理解，并根据应用目的进行各种形式的专题图表输出、统计、分析，形象地展示出各种环境专题内容、环境数据空间分布与数量统计规律，以满足环境保护的各种实际需要。该技术在环境保护领域应用广泛，可用于环境质量监测、污染源监测、污染事故应急处理、城市环境规划、环境评价、环境科研等方面，进行测点定位、定高、标定和计算面积、显示运动轨迹、空间导航、模拟分析等业务操作。

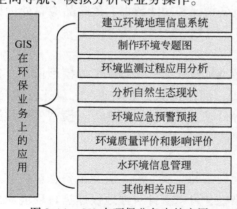

图3-14 GIS在环保业务中的应用

GIS技术的出现为环境保护工作迈向信息化、现代化提供了技术支持，解决了环保行业的许多问题，如位置问题、条件问题、趋势问题、格局问题、模型问题等。它在环境保护管理和决策工作中发挥着越来越重要的作用。具体应用如图3-14所示。

GIS的发展离不开GIS软件平台，国内外GIS软件平台发展迅速，极大地推动了地理信息的发展。目前常用的GIS软件平台包括：国内的MapGIS系列软件、SuperMap GIS软件；国外的ArcGIS系列软件、GeoMedia系列软件、MapInfo系统软件等。下面对几种软件作一个简单的分析说明。

（二）常用 GIS 平台比较

1. ArcGIS 系列软件

ArcGIS 是由 ESRI 出品的一个地理信息系统系列软件，桌面版本主要包括 ArcReader、ArcView、ArcEditor、ArcInfo 和 ArcGIS Extension 等。服务器端包括 ArcIMS、ArcGIS Server、ArcGIS Image Server 和 ArcSDE 等。移动 GIS 包括 ArcPad 等。ArcGIS 是目前功能最为完善、性能最为稳定的专业地理信息系统软件平台之一，也是最庞大的 GIS 软件。它一般用于部门级和企业级的大型地理信息系统的开发应用。该系列软件在各个行业都有广泛应用。其主要特点如下：

（1）支持多种系统平台，如 Windows、UNIX、SUN Solaris、SGI IRIX、IBM AIX 等，可方便地调用各种系统平台上的数据来应用。

（2）将最广泛的数据源集成到统一的环境下，如矢量（x、y 坐标）地图数据、栅格图像数据、CAD 数据、声像数据以及大量的 DBMS 表格数据等。

（3）具有地理数据和相关数据的自动化采集、管理、显示功能。

（4）具有强大的地理空间分析功能。ArcInfo 提供了各种分析工具，如拓扑地理叠置分析、buffer 分析、空间与逻辑查询、临近性分析等。

（5）建立了多种数据模型，如水文模型、网络模型、栅格模型、APDM 模型等。

（6）具有专业性和功能性非常强的 TIN 模块，可生成、显示、分析地表模型，同时进行地图晕暄、模拟飞行动画、通视分析、剖面提取及工程土方量计算等。

（7）提供了栅格分析功能，可进行栅格矢量一体化查询与叠加显示。

（8）开发了数据库管理模块，可管理大量的数据，并能进行工作数据的维护和动态更新。

（9）具有高效的图形显示功能。ArcInfo 开发了一个图形加速模块，可提高图形显示的速度。

（10）具有面向企业级的 SOA 的图形发布，能提供强大的 WebGIS 开发展示工具。

2. MapInfo 系列软件

MapInfo 是美国 MapInfo 公司 1986 年推出的桌面地图信息系统，至今已从最初的 MapInfo for DOS 1.0 发展到了 MapInfo Professional 9.0。MapInfo 产品定位在桌面地图信息系统上，与 ArcInfo 等大型 GIS 系统相比，MapInfo 图元数据不含拓扑结构，它的制图及空间分析能力相对较弱，但对大众化的 PC 桌面数据可视及信息地图化应用来说，MapInfo 小巧玲珑，易学易用，价位较低，是一个不错的产品。MapInfo 提供了自己的二次开发平台，用户可以在平台上开发各自的 GIS 应用。二次开发方法归结起来有三种：基于 MapBasic 开发、基于 OLE 自动化开发及利用 MapX 控件开发。该软件的特点如下：

（1）MapInfo 适用于桌面地图信息系统，易学易用，价位较低；

（2）能进行快速数据查询，高速屏幕刷新，使得用户界面具有良好的图形显示效果；

（3）集成能力强，能够根据数据的地理属性分析信息的应用开发工具，是功能强大的地图数据组织和显示软件包；

（4）数据可视化和数据分析能力较强，可以直接访问多种数据库的数据，如 Oracle、Microsoft Access、Informix、SQL Server、Dbase 等；

（5）专题地图制作方便，数据地图化方便；

（6）具有完整的 Client/Server 体系结构；

（7）具有完善的图形无缝连接技术；

（8）支持 OLE 2.0 标准，使得其他开发语言如 Visual Basic、Visual C++、PB、Dephi 等，能运用 Integrated Mapping 技术将 MapInfo 作为 OLE 对象进行开发。

3. MapGIS 系列软件

MapGIS 是中国地质大学信息工程学院开发的工具型地理信息系统软件。该软件产品在由国家科技部组织的国产地理信息系统软件测评中连续三年均名列前茅，是国家科技部向全国推荐的国产地理信息系统软件平台。以该软件为平台，开发出了用于城市规划、通信管网及配线、城镇供水、城镇煤气、综合管网、电力配网、地籍管理、土地详查、GPS 导航与监控、作战指挥、公安报警、环保监测、大众地理信息制作等一系列的应用系统。该软件的特点如下：

（1）采用分布式跨平台的多层多级体系结构，采用面向"服务"的设计思想。

（2）具有面向地理实体的空间数据模型，可描述任意复杂度的空间特征和非空间特征，完全表达空间、非空间、实体的空间共生性和多重性等关系。

（3）具备海量空间数据存储与管理能力，能进行矢量、栅格、影像、三维四位一体的海量数据存储，具有高效的空间索引。

（4）采用版本与增量相结合的时空数据处理模型，以及"元组级基态+增量修正法"的实施方案，可实现单个实体的时态演变。

（5）具有版本管理和冲突检测机制的版本与长事务处理机制。

（6）基于网络拓扑数据模型的工作流管理与控制引擎，实现业务的灵活调整和定制，解决 GIS 和 OA 的无缝集成。

（7）标准自适应的空间元数据管理系统，实现元数据的采集、存储、建库、查询和共享发布，支持 SRW 协议，具有分布检索能力。

（8）支持真三维建模与可视化，能进行三维海量数据的有效存储和管理、三维专业模型的快速建立、三维数据的综合可视化和融合分析。

（9）提供基于 SOAP 和 XML 的空间信息应用服务，遵循 OpenGIS 规范，支持 WMS、WFS、WCS、GLM3。支持互联网和无线互联网，支持各种智能移动终端。

4. SuperMap GIS 系列软件

SuperMap GIS 是北京超图软件股份有限公司开发的具有完全自主知识产权的大型地理信息系统软件平台，包括组件式 GIS 开发平台、服务式 GIS 开发平台、嵌入式 GIS 开发平台、桌面 GIS 平台、导航应用开发平台，以及相关的空间数据生产、加工和管理工具。经过发展，SuperMap GIS 已经成为产品门类较为齐全、功能较强大的 GIS 平台。目前该平台覆盖行业范围较为广泛，已被应用到国内多个行业。该软件的特点如下：

（1）具有相同的数据模型，SuperMap GIS 系列软件具有统一的地图配置。

（2）采用多源数据集成技术，支持多种数据格式转换，采用多源空间数据无缝集成技术，支持 XML。

（3）采用海量空间数据管理技术、多级混合空间索引技术、海量空间数据库引擎技术 SDX+、海量影像数据管理技术。

（4）具有较强的地图编辑功能：灵活的交互式地图编辑、超强智能捕捉功能、半自动跟踪矢量化、自动维护拓扑关系。

（5）具有较强的空间分析功能：最短及最佳路径分析、关键点和关键边分析、服务区分析、缓冲区分析等。

5. GeoMedia 系列软件

GeoMedia 系列软件是美国 Intergraph 公司的地理信息系统平台。Intergraph 成立于 1969 年，总部设在美国亚拉巴马州。该软件特点如下：

（1）基于 COM 的开发模式，使用户不必依赖某种平台。

（2）内嵌关系数据库引擎，可对 Oracle、SQL Server、Access 等专业数据库直接进行数据读写，不需要中间件。

（3）多源数据的无缝集成，可以将 ArcInfo、ArcView、MGE、MapInfo、CAD（包括 AutoCAD 和 MicroStation）、Access、Oracle、SQL Server 等多个 GIS 数据源的数据直接读取。

（4）数据仓库新技术和 OpenGIS 新概念的地理信息系统，管理数据、分析数据的能力大大加强，先进的数据库管理技术为 GIS 数据的安全性提供了保障。

（5）对开发者来说开发简单，易学易用。

6. 三维仿真系统

随着数字环保概念和虚拟现实技术的发展，三维仿真系统在环境业务领域的应用日益成为人们关注的焦点。三维仿真系统全方位、多角度、高效率的管理方法和技术特性奠定了其在环境业务领域的多方面应用优势。

三维仿真系统以直观、形象的可视化表达方式，真实展现三维环境要素，为环境监控、环境执法监察、环境影响评价（战略环评、规划环评、项目环评）、行政审批、环境应急、环境日常业务管理及环境生态领域提供良好的"所见即所得"的平台。

三维仿真系统运用的前沿的关键技术，主要包括三维地形制作、三维场景管理、三维模型编辑、目标属性管理、战场态势仿真、空间数据查询与分析、脚本编辑、特效等功能模块技术。

三维仿真系统技术体制如图 3-15 所示。

图 3-15　GIS 三维仿真系统技术

（三）环境应急空间数据库

环境应急空间数据库用于组织和存储环境应急所涉及对象的地理位置、地理分布和尺寸信息，此类对象又可以分为三类：与基础信息数据库相关联的对象、与安全信息数据库相关联的对象、只有地理信息的对象。环境应急空间数据库由多个图层（一组用于存储地理信息的数据表）组成。

　　环境应急空间数据库的基础地图应该根据重点污染源区域、城区、郊县城区等不同层次环境保护工作的需要，采用不同比例尺的基础地图数据。中心城区比例尺不小于1∶5000，市县城区不小于1∶10 000，辖区不小于1∶50 000。图层至少包括商场、宾馆酒店、餐饮场所、党政机关、医疗卫生机构、教育机构、企业、公共场所、交通设施、居民小区、地物、加油站、旅游景点、公路、大小河流、村庄等。基础地图数据应该采用基础地图和高分辨率遥感图像（如 QuickBird 影像，图3-16）相结合的方式，通过两种数据源的优势互补生成地图要素最全、最新的基础数据。

图 3-16　QuickBird 影像

　　（1）基础地理信息图层：用于描述城市的基本面貌。

　　（2）道路图层：用于存储城市的路段信息，类型为线图层。

　　（3）危险源图层：用于描述环境危险源的位置、形状、组成等信息，图层类型为面图层。

　　（4）重点防护和保卫目标图层：用于描述重点防护和保卫目标信息，图层类型为面图层。

　　（5）一般防护和保卫目标图层：用于描述一般防护和保卫目标信息，图层类型为点图层。

　　（6）应急救援力量图层：用于描述城市应急救援力量的分布情况，图层类型为点图层。

（7）应急救援力量辖区图层：用于描述城市应急救援力量的分布情况，图层类型为面图层。

（8）安全规划分区图层：用于描述城市安全规划分区情况，图层类型为点图层。

（9）事故地点图层：用于描述城市中事故发生地点的信息，图层类型为点图层。

本系统涉及信息量巨大，合理的分层管理是提高系统响应速度的关键。我们建议将数据分为以下几类，即基础底图数据、道路数据、点位数据、部门特殊需求数据。每一类数据根据详细程度再进行分级，一般为二到三级。根据地图显示的视野，系统能自动选择显示相应级别的数据。尽管在数据库里的图层很多，但要保证系统在任何时候显示的地图图层数量都控制在十层左右，从而有效地降低负载，保证系统的响应速度。

1. 基础底图数据

基础底图数据实际上是基础地形图数据，包括行政区域、湖泊、河流、居民区、公共建筑物等，它们主要是面类数据。

2. 道路数据

严格来讲，道路数据和点位数据也属于基础底图数据。但为了体现这两类数据在系统中的重要性，故需单独处理。道路数据包括路面数据和路网数据，特别是路网数据，要进行特殊的处理。路面数据是以面的形式所表现的道路，这种方式的优点在于美观和直观，但是不利于分析。对环境应急系统来说更重要的是路网数据，即道路要进行分段处理，形成路网。道路的属性包括道路等级、道路长度、宽度、线形、路面性质、道路编码、路段隔离设施、车道划分、设计车速、容量等。

3. 点位数据

点位数据在系统中占有很重要的位置，很多情况下点位数据是很重要的定位参考点。点位数据分为两大类：一类是公共性点位数据，如党政首脑机关、企事业单位、公共电/汽车站点、客货交通类（包括长途汽车站、火车站、航空港、货运站等）、大型公共建筑（包括体育场馆、医院、急救站）、标志性建筑（包括火车站、机场、天塔、大型商场、大型国家机关等）。另一类是特殊点位数据，这些数据可能不显示，但是对系统来说是重要的定位参考数据，如门牌号码地址分布点位、电话号码分布点位。这些数据的收集工作量非常大，但对系统来说是必不可少的，故也需要仔细规划。

如果条件允许，对重点监控管理的危险源还应制作三维地理信息系统，以弥补二维数据的不足，使应急工作更直观、有效。

三、MIS 系统平台

（一）MIS 平台概述

MIS 代表管理信息系统，是一个由人、计算机及其他外围设备等组成的能够对信息进行收集、传递、存储、加工、维护和使用的系统。它是一门新兴的科学，主要目的是最大限度地利用现代计算机及网络通信技术来加强企业的信息管理，通过对企业的人力、物力、财力、设备、技术等综合资源的调查了解，建立正确的中心数据，然后对数据进行加工、处理并生成各种管理人员所需要的信息资料，以便各层管理人员进行正确的决策，不断提高各层管理的管理水平和经济效益。随着我国与世界信息高速公路的接轨，环保部门办公自动化需求越来越强烈，MIS 便成为数字环保建设中必不可少的平台之一。

MIS 系统通过程序从各种相关的资源（部门外部和内部）收集相应的信息，为环保部门各个层次提供相应的功能，以便他们能够对自己所负责的各种计划、监测和控制活动等做出及时、有效的决策。MIS 的本质是一个关于内部和外部信息的数据库，这个数据库可以帮助环保部门各个层次作分析、决策、计划和设定控制目标。因此重点是如何使用这些信息，而不是如何形成这些信息。

最有效的 MIS 系统是能够随着时间的推移和程序的改变，反映外部情况的改变，也就是说，时间和内部条件改变是否会对外部产生影响。这就建立了一个强大而且有效的知识库，它可以帮助环保部门领导进行预测。虽然建立和维护一个MIS 系统是非常耗时和昂贵的，但是与其带来的潜在的利益和对决策准确性的提高相比较，这对任何环保部门来说是值得的。

（二）系统平台模式

MIS 系统平台模式目前主要是客户机/服务器模式和 Web 浏览器/服务器模式。

客户机/服务器模式主要由客户应用程序、中间件、服务器管理程序组成。客户应用程序主要负责系统中用户与数据的交互。中间件负责客户程序与服务器程序的连接协调，从而完成一个作业，以满足用户对数据的管理。服务器管理程序主要负责有效地管理系统中的资源，如管理一个数据库，其主要任务是当有多个浏览器并发请求服务器上的相同资源时，对这些资源进行最优、最合理的分配和管理。

Web 浏览器/服务器模式是以 Web 技术为基础的 MIS 系统平台模式。它把传统式客户机/服务器模式中的服务器部分进行分解，分解为数据服务器和应用服务器。

客户端程序负责用户与整个系统的交互。客户端的程序可以是一个通用的浏览器软件，如微软公司的 IE。浏览器将会把 HTML 代码转化成相应的网页，呈现给客户，允许客户在网页上输入必要的信息然后提交到后台，并且提出处理申请到后台。

Web 服务器主要是响应客户端提出的后台请求，对客户端提出的请求进行处理，将处理结果编成 HTML 代码，然后返回给客户机的浏览器。如果客户机提交的任务中有请求数据存储的任务，Web 服务器将会与数据库服务器通信，进行协同工作来完成这一任务。

数据库服务器主要负责数据的存储，接受和处理 Web 服务器发送过来的请求，对多个不同的 Web 服务器发送过来的请求进行协调，统一管理数据库。

1. 客户机/服务器模式的优势

第一，采用客户机/服务器模式能降低网络的通信量。Web 浏览器/服务器一般在逻辑上采用三层结构，但是物理上的网络结构还是原来的结构。这样每层之间的通信都要占用同一条网络线路。而客户机/服务器只有两层结构，网络通信量只存在于客户端和服务器端之间，这样效率和速度都会提高很多，所以当处理大量信息的时候，客户机/服务器模式的处理能力是 Web 浏览器/服务器模式无法比拟的。

第二，在安全方面客户机/服务器模式具有很好的处理方式。由于客户机/服务器是点对点的结构模式，采用了安全性比较好、适用于局域网的网络协议，所以安全性可以得到很好的保证。而 Web 浏览器/服务器采用的是单点对多点或者多点对多点的开放式的结构，并采用了 TCP/IP 的协议（用于 Internet 的开放性协议），所以它的安全性只能通过验证方法和数据服务器上数据库的访问密码来保证。但是现在的环保部门一般都需要开放的信息环境与外界进行联系，有的企业还需要在网上发布环境信息，这样就会使大多数企业的内部网与外界的互联网相连，所以 Web 浏览器/服务器模式的安全性难以得到保证。

第三，操作的交互性强是客户机/服务器的一大优点。在这种模式中，客户端将有完整的应用程序，可以在所有的子程序或者功能模块之间进行任意切换。Web 浏览器/服务器模式现在虽然通过 JavaScript、VBScript 脚本可以提供一定的交互能力，但是在切换方便性和效率方面与客户机/服务器模式的客户端相比，还有一定差距。

2. Web 浏览器/服务器模式的优势

首先，它简化了客户端的安装和部署。只是需要安装一个通用的浏览器软件即可。这样既可以节省客户机的硬盘空间与内存消耗，又使安装过程更加简便和灵活。

其次，这种方式降低了系统的开发和维护费用。系统的开发者无须再为不同级别的用户专门开发不同的客户端程序，只要使所有的功能都能在 Web 服务器上实现即可，设置不同的用户级别，不同的用户级别设置不同的功能权限。各个用户通过浏览器操作在权限范围内的不同功能模块，从而完成数据查询、修改、删除等操作。

再次，在操作的简单通用方面具有一大优点，对客户机/服务器模式，不同的客户有自己特定的要求，每个使用者需要专门的培训。而采用 Web 浏览器/服务器模式时，客户端就是一个简单易用的浏览器软件。无论是环保部门哪个层次的人员，都无需培训就可以直接使用浏览器访问系统，对系统进行操作。Web 浏览器/服务器模式的这种特性，使 MIS 系统的可维护性更高。

最后，Web 浏览器/服务器特别适用于网上发布信息。这是客户机/服务器模式无法实现的。而这种新增的扩展功能虽然在安全性方面有一些不足，但是它给环保部门带来的效益很大。

Web 浏览器/服务器已经逐渐成为一种流行的 MIS 系统平台。很多环保部门已经开始使用这种模式的系统，并且收到一定的成效。

（三）系统架构

随着信息化的发展和软件工程的发展，目前典型的分层架构是三层架构，即自底向上依次是数据访问层、业务层和表现层，结构图如图 3-17 所示。

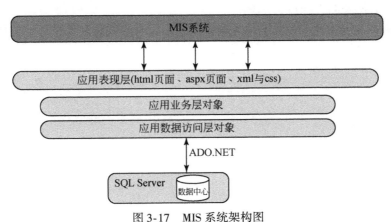

图 3-17　MIS 系统架构图

1. 表现层

表现层主要负责接收用户的输入，将输出数据呈现给用户，负责呈现的样式，对输出数据的正确性不负责，但是当数据不正确时负责相应的提示，是用户和系统之间的一个接口。

2. 业务层

业务层负责系统中所有业务的处理，负责系统中数据的生成、处理和转换。对输入的数据进行正确性和有效性的校正，对输出的数据及用户性数据不负责，不负责数据在用户面前的呈现方式。当设计业务层时，需要遵循以下原则：

（1）尽可能使用一个单独的业务层，这样就可以提高应用系统的可维护性。

（2）明确业务层的责任。业务层是用来处理那些复杂的业务规则，对数据的正确性和真实性进行验证，传送业务数据。

（3）重用公用的业务逻辑。通过使用公用的业务逻辑模块从而提高系统的重用性。

（4）确定业务层的使用者以帮助确定业务层的调用方式。

（5）当访问远程业务层时要尽量减少数据往返。

（6）层与层之间尽量不要使用紧耦合。

3. 数据访问层

数据访问层负责业务层与数据源的交互访问，负责数据的插入、修改、删除等操作。对插入数据的正确性和有效性不作检查，不负责任何业务过程的处理。目前设计数据访问层存在以下原则：

（1）使用面向对象特性。

（2）利用现有的基础结构。

（3）根据外部界面进行选择。

（4）抽象 . NET 框架组件数据提供程序。

第四章　环境应急基础信息管理系统

第一节　概　　述

目前，我国已经进入环境污染事故的高发期，形势十分严峻。环境应急管理已经成为研究的热点，其理念和技术正在不断发展。由于涉及人民身体健康及生命安全、社会稳定以及国家安全问题，环境应急管理在未来必将得到越来越多的重视，需要从管理理念、实现模式和技术手段等角度，对应急指挥、监督调查、应急监测等内容进行更多、更深入的研究。对此，我们要结合环境地理、工业结构及类型，总结环境污染物特征，针对可能引发环境风险的主要行业、重点地域和环境污染因子，防范和化解因环境污染问题引发的矛盾，并且要进行调研，整理出基础数据，研究环境应急管理系统中的数据结构，优化相关数据的共享机制，为突发环境污染事件应急指挥与决策支持系统的建立提供基础数据的保障。

第二节　环境应急数据中心

一、数据中心框架

环境应急数据中心将分散、零碎的资源信息进行及时有效地整合，确保资源的有效调度；通过建立国家环境应急平台数据中心的数据交换、共享系统及统一标准，为国家、省级、市（地）级环境应急平台，环境应急平台体系终端节点的数据交换与共享提供条件。

环境应急数据中心管理的数据包括空间数据、环境应急业务数据、其他环保业务数据和外部数据等内容，如图4-1所示。

环境应急数据中心是环境应急指挥和调度平台的核心，是实现灵活的数据挖掘、可靠的数据分析、快捷方便的数据可视化、快捷的数据检索、强大的空间分析的信息源泉。基础数据库的整理和合理构建是整个环境应急指挥体系建立的重中之重。

环境应急管理数据中心及基础数据库是应急管理的基础、应急决策的依据和提高应急管理水平的基础、应急决策的依据和提高应急管理水平的手段，是整个

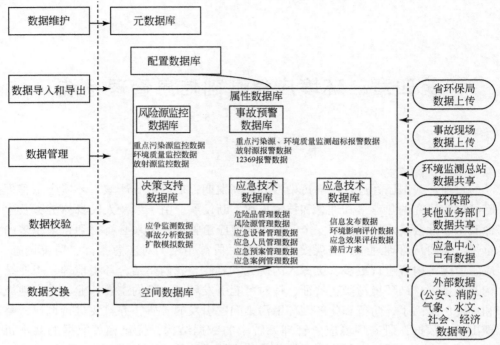

图 4-1 环境应急数据中心的数据内容

系统的基础。它能够为应急指挥提供决策数据依据和空间信息表现形式，为参加应急处置的各单位提供一个数据交流平台。

应急管理的数据库应该包括环境管理部门的管理数据和各环保业务部门的专业基础数据。这些数据库为各专业的应急工作提供相关的数据查询和检索服务，并通过数据中心进行数据的交换和共享。

数据交换平台在技术上提供一个标准化的平台，建立安全、高效的信息传递和管理体系，整合现有以及将来可能要出现的环保业务及政务信息资源，为环保局提供信息交换的主干道，实现各种应用系统、异构数据库、不同网络系统之间的信息交换。

在数据中心的数据管理过程中，应该通过合理的资源目录编制，对信息进行高效的分类、分层管理。

二、数据需求与数据预处理

（一）数据来源

（1）环保部门数据上传；

（2）事件现场数据上传；

（3）环境监测站数据共享；

（4）环保部门其他业务单位数据共享；

（5）应急中心已有数据；

（6）外部数据（通过国家应急平台，从其他部门应急平台获取的数据，如公安、消防、气象、水文数据等）。

（二）数据整理

数据类型既包括复杂的空间（图形、属性数据）数据，又包括庞杂的监控、监测管理数据（包括空气、水、噪声等）。因此，组织和整理这些数据是一项繁琐的工程，必须仔细分析各种数据的来源、格式、处理目标和方法等内容，建立满足项目要求的数据体系。

各级环保单位多年的环保信息化工作已经积累了大量的环境信息，这些数据一般都通过简单的数据库管理系统来存储。因此，在建设环境应急数据中心时，要考虑已建业务系统的数据结构。需要将已有的系统的数据抽取到数据中心的数据库中，在老的数据库结构、代码之上完善优化，以适应环境应急数据中心支撑环境应急业务的各种需求。因此，利用和管理原有数据资源是必须重视和解决的问题。为了实现环境应急数据中心对数据的管理与服务目标，数据中心应具有灵活的导入已有数据的功能，将以不同的格式存储在不同介质上的各类环境数据经过抽取、清洗、标准化后导入数据中心的数据库中，实现环境应急数据的整合。

为增强实用性，还需要具备调整数据结构、灵活组织数据内容的功能，即要求系统能支持对数据表的合理分解和对导入数据库的原始数据进行整合，并根据系统设计和用户的需要，对已有数据的数据结构进行灵活的适配，对数据进行重新组织与整合。

在整合和利用现有条件的基础上，采用现代信息先进技术，建立集通信、指挥和调度于一体，高度智能化的突发环境污染事件研究指挥调度系统，对社会和公众涉及环境安全的报警求助做出快速反应，提供有效服务，保障重大突发环境污染事件的指挥与部署，为环境管理和公共安全的科学决策提供信息和通信平台成为必须实施的一项环境数字工程。

环境应急数据中心包括环境重点污染监控企业信息数据库、有毒有害危险化学品信息库、放射性污染源信息库、突发环境污染事件应急预案。我们要结合水环境功能区划、水环境容量、生态调查等基础研究结果，应用 GIS 技术，建立水污染扩散模型和空气污染扩散模型，对环境污染事件进行污染扩散预测。同时要结合各种通信技术、污染源在线监控系统、视频会议系统，为环境行政主管部门提供新的技术手段。

(三) 数据需求

环境应急涉及内容广泛的环境空间数据、属性数据和统计数据,如图4-2所示。

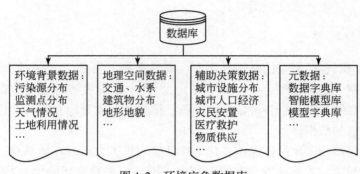

图 4-2 环境应急数据库

其主要数据内容及其分类如下。

1. 基础地理信息数据

基础地理信息数据内容包括地形、水系、植被、交通、行政区域、居民地等。

2. 环境污染事件应急系统相关的设备、设施地理空间数据

环境污染事件应急系统相关的设备、设施地理空间数据内容包括环境污染治理设备设施、消防设施、应急监测设施、环境监测设施等。

3. 环境背景空间数据

环境背景空间数据内容包括风险源危险品、企业污水排污口、企业废气排污口、环境功能区划等。

4. 风险源数据

风险源数据包括风险源基本情况数据和风险源危险品数据。

风险源基本情况数据内容包括申报登记号、单位代码、单位名称、主管部门、所属行业、行政区划、单位地址、电话号码、经度、纬度、厂区平面图等。

风险源危险品数据内容包括单位代码、单位名称、主管部门、行政区划、危险品代码、危险品状态、火险分级、量纲、日使用量、年使用量、车间存放量、目前库存量、最大库存能力、用途代码、存储方式代码、储存地点代码、运输方式代码、来源途径代码、防护措施、应急监测等。

5. 危险品数据

危险品数据内容包括危险品代码、危险品名称、危险品别名、危险品分子式、危险品分子量、爆炸下限、爆炸条件、现状、颜色、味道、熔点、沸点、闪点、自然温度、临界温度、相对密度、临界压力、饱和蒸汽压、对应温度、环境影响（健康危害、侵入途径、慢性影响、毒性、急毒性、刺激性、危险特性）、环境标准、应急处理处置（泄漏应急处置、防护措施、呼吸系统防护、眼睛防护、身体防护、手防护、急救措施、皮肤接触急救措施、眼睛接触、吸入、食入、灭火方法等）。

6. 监测分析方法数据

采样方法数据：采样方法编码、采样方法名称、采样设备等。

分析方法数据：分析方法编码、分析方法名称、分析检测项目、监测要素代码、分析地点代码、分析手段代码、水汽分析方法编码等。

应急监测方法数据：监测要素代码、危险品代码、分析地点代码、分析手段代码、方法代码、采样仪器编码、采样方法代码、分析仪器编码、分析方法代码、水汽分析方法编码等。

分析地点代码数据：分析地点代码、分析地点名称。

分析手段代码数据：分析手段代码、分析手段名称。

监测要素代码数据：监测要素代码、监测要素名称。

7. 应急监测设备、设施数据

应急监测设备、设施数据内容包括设备编号、设备型号、设备名称、设备数量、生产厂家、监测项目和技术指标、设备功能、应急监测防护设备等。

8. 应急监测数据

应急监测数据包括样品信息、样品分析方法、样品分析结果、监测分析报告等。

9. 应急监测预案数据

应急监测预案数据内容包括风险源基本情况、危险品种类、危险品用途、危险品用量/产量、单位平面图、危险品存放位置、风险源周围环境、风险源所在地区的环境背景分析（包括位置、气象条件等）、企业生产基本流程、风险源危险品评估、不同情况下的应急监测预案、应急监测的组织实施。

10. 环境污染事件应急预警分析模型数据

环境污染事件应急预警分析模型数据内容包括空间分析模型（缓冲区分析、网格分析等）、污染物扩散模型（一维水质污染物扩散模型、二维水质污染物扩散模型、大气污染物扩散模型等）。

数据类型既包括复杂的空间（图形、属性）数据，又包括庞杂的监控、监测管理数据（包含空气、水、噪声等）。因此，组织和整理这些数据是一项繁杂的工程，必须仔细分析各种数据的来源、格式、处理目标和方法等内容。

多年的环境保护工作已经积累了大量的环境信息，这些数据一般都通过简单的数据库管理系统来存储，需要将已有环境空间数据导入统一的数据库中，在老的数据结构、代码之上完善优化，以适应新功能需求。因此，利用和管理原有数据资源是整体设计必须重视和解决的问题。

（四）数据分类编码

环境应急数据中心数据库建立的首要问题是信息分类、编码和标准化，这是对数据进行有效管理的重要依据。系统的分类编码规则应严格遵照国家标准局颁布的国家执行标准。尚无国家标准的尽可能参照国家环境保护总局推荐的专业分类和编码标准，参照国家环保总局编写的《环境信息标准化手册（1、2、3卷）》中"环境信息编码技术导则"进行。

（五）系统数据流程分析

为了系统的全面性和可扩充性，将企业的排污标准及申报/监测、重大环境事故应急处理等外围系统也考虑进来，这些外围系统通过系统接口与环境总量监测、环境综合统计等现有软件进行集成。具体须根据用户的实际需要适当的增删，如图4-3所示。

三、环境应急数据中心数据库内容

（一）元数据

存储的元数据是关于数据的描述性数据信息，方便于用户对数据集的准确、高效与充分的开发与利用。通过元数据可以检索、访问数据库，可以有效利用计算机的系统资源。

环境数据资源建设内容主要包括环境系统特有的长序列监测数据、重大调查或普查活动的成果数据等。数据资源的建设以长时间序列、基础数据库为主，采用标准数据集的方式组织，以元数据为管理主线，数据资源获取主要通过元数据、目录体系、数据搜索等实现。基于标准数据集和元数据的数据资源建设思路，如图4-4所示。

（二）配置数据

主要针对数据中心所支撑的各个平台的相应系统配置作数据支撑，包括空间数据库发布配置、业务查询配置、业务界面定制、工作流程配置等。

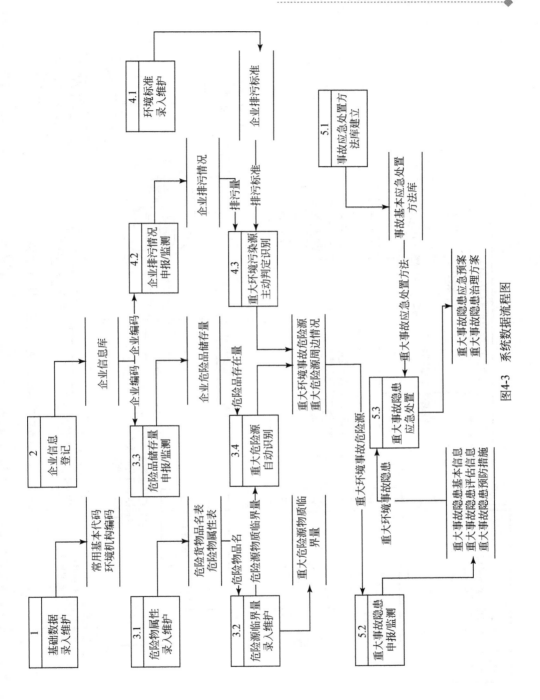

图4-3　系统数据流程图

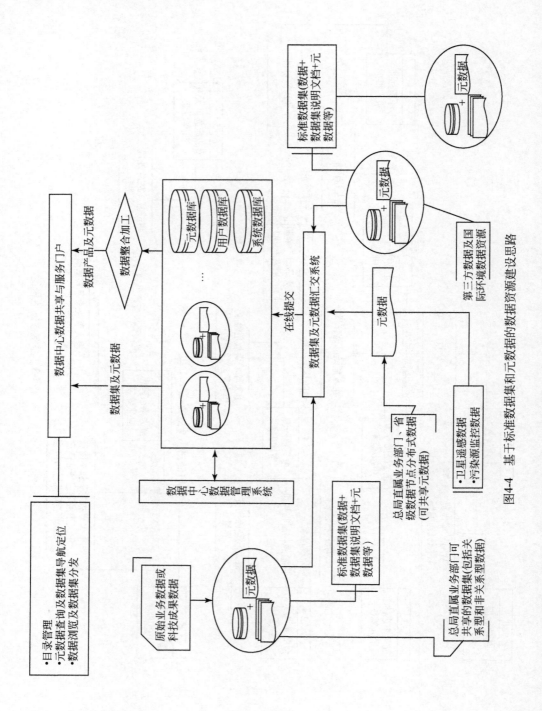

图4-4 基于标准数据集和元数据的数据资源建设思路

（三）属性数据

属性数据库主要包括环境风险源监控数据库、事件预警数据库、现场处置数据库、指挥调度数据库、决策支持数据库、事故后评估数据库等。

（四）空间数据

环境事件应急处理专家系统将采用分布式数据库与集中式数据库相结合的部署方式，对环境监测数据与基础地理数据分开处理，同时调用。空间数据库包括基础空间数据库和专题空间数据库，如大比例尺的电子地图集、街镇界图、行政区界图、行政区背景图、体育设施、建筑物、高架路、绿地、植被、道路附属设施、地铁、铁路、道路面、面状水系、河涌湖泊、道路标注等空间分布及基本情况。

专题空间数据库包括重要单位和设施、风险源及敏感带、各监测站和值班人员、协作单位、风险源、企业、居民生活区、教育机构、政府机关、应急救援中心、消防队、加油站、医疗机构、应急监测分析人员空间位置及联系方式、应急监测分析专家空间位置及联系方式、取水口、自来水厂、物资救援单位、环境专家、空气自动检测站、河涌水闸分布、环境空气质量功能区划、饮用水源保护区、道路中心线、重点污染源企业、排污口等空间分布及基本情况，如图 4-5 所示。

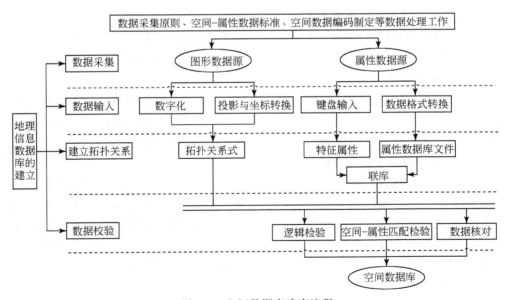

图 4-5　空间数据库建库流程

四、环境应急基础数据库设计

环境应急基础数据具有明显的多源异构、空间性、时间性、动态性，数据的构成和格式非常复杂。环境应急基础数据类型多样，因此环境应急基础数据库主要包括企业信息数据字典、危险物属性数据字典、重大危险源数据库、重大环境事故隐患管理信息、环境标准库、环境总量监测数据字典、基础信息表、辅助信息基础库、汇总统计等功能。下面分别介绍各个功能主要涵盖的内容。

1. 企业信息数据字典

企业信息数据字典主要包括如下内容：单位基本信息表、单位危险品生产基本表、原料表、副产品表、主产品表、排污单位基本情况表。

2. 危险物属性数据字典

危险物属性数据字典主要包括如下内容：危险货物品名表、常用化学危险品储存、化学品安全技术说明。

3. 重大危险源数据库

重大危险源数据库主要包括如下数据表类：爆炸性物质名称及临界量表、单位危险品储存量登记表、重大危险源基本情况表、重大危险源周边情况数据表、危险单元情况表、易燃物质名称及临界量表、活性化学物质名称及临界量表、有毒物质名称及临界量表。

4. 重大环境事故隐患管理

重大环境事故隐患管理主要包括如下内容：事故隐患基本信息、事故隐患评估信息、事故隐患预防措施、事故隐患应急预案、事故隐患治理方案。

5. 环境标准库

参照国家环境应急相关标准，建立环境标准库。环境标准列表如下：环境质量标准表、环境污染物排放标准表、环境污染物分析方法表、单位环境污染物排放实际情况表、环境基础标准、清洁生产标准、其他环境标准。

6. 环境总量监测数据字典

环境总量监测数据主要包含如下内容：排污单位总量核定表、排污单位总量核定明细表、废水排污口情况表、废气排污口情况表、废水污染物月报、废水污染物月报明细、大气污染物季报、大气污染物季报明细、废水污染物监督监测季报、废水污染物监督监测季报明细、大气污染物监督监测年报、废水污染物监督监测年报明细、无组织大气排放情况表、无组织大气排放情况表明细。

7. 基础信息表单

地区的基础信息表单如下：地区代码表、经济类型表、行业代码表、隶属关系代码表、企业规模代码表、企业类别代码表、主管部门代码表、废水污染物代码表、废气污染物代码表、监测方法代码表、水功能区代码表、水系代码表、重大危险源分类表、危险源类别表、危险源级别表、危险品类别表、隐患类型表、隐患级别表、治理情况表、灾害形式表、环境污染类别表、环境污染源类别表。

8. 辅助信息基础库

辅助信息基础库表单内容包括：组织机构人员信息表、监测点位信息表、应急知识库、应急物资表、救援物资表、应急预案表、专家库、医院表、车辆信息。

9. 汇总统计

按给定的条件进行汇总统计，生成相应的汇总报表。汇总类型包括如下：按危险品类别汇总、按危险源类型汇总、按危险源级别汇总、按灾害形式汇总、按所在地区汇总、按隐患类型汇总、按隐患级别汇总、按治理情况汇总。

第三节　危险化学品信息管理

危险品是突发环境事故中最小、最基础的元素，化学品由于可观的产量和使用量，在遭遇机械故障、碰撞或受地震、雷击等外部因素以及其他人为因素的影响时，往往会在运输、生产、储存中引发泄漏、燃烧、爆炸等突发事故。在环境突发事故应急响应中，需要快速查询有关环境污染因子的特征以及对不明污染物做出判断和分析，快速提取结果，为应急监测工作提供依据。因此危险品管理在整个突发环境事故应急响应系统中处于基础地位，直接影响到了应急对策的制定，所以要对危险品的相关的空间数据、属性数据以及行为特征进行系统的管理。危险品信息，如图4-6所示。

在整个突发环境事故应急响应系统中危化品管理处于基础位置。危化品包括爆炸品、压缩气体和液化气体、易燃液体、易燃固体、自燃物品和遇湿易燃物品、氧化剂和有机过氧化物、有毒品、腐蚀品、不明危害性物质等。

危险化学品信息管理主要包括以下几点：

（1）危险品理化情况，主要描述危险品的标识和理化情况。

（2）危险品应急处理处置方法，主要描述危险品的详细处理处置方法。

（3）危险品环境影响，主要描述危险品对周围环境的不良影响。

（4）危险品环境标准，主要描述国内外颁布的环境标准，包括水、气等方面。

（5）危险品监测方法，包括危险品现场监测方法和实验室监测方法。

（6）危险品空间信息，危险品的空间粒度可以细化到危险品所属的风险源、危险品存在位置（风险源的库区或车间）。

危险品管理如图4-7、图4-8、图4-9所示。

主要功能如下：

图 4-6　危险品信息

图 4-7　危化品分类查询

（1）危化品信息编辑。实现对危化品理化性质、环境影响、应急处理处置方法、应急监测方法、分析方法、环境标准、空间信息等信息的增加、修改、删除等。

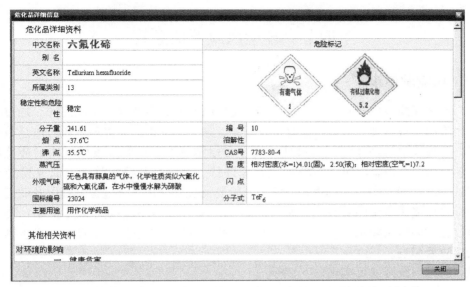

图 4-8　危险品信息查询

图 4-9　化学危险品录入

（2）危化品信息查询和统计。通过危化品国际编号、危化品代码、危化品
名称等关键信息来实现对危化品信息的查询，并提供多种统计分析和专题制图的
功能。也可查询出危化品所在危险源的空间信息。

第四节　环境风险源信息管理

一、风险源申报

环境风险源申报管理系统解决了环境风险源的类型及分布状况问题。通过环境风险源申报管理，对风险信息进行汇总、加工、分析，完善环境风险信息数据库，环境风险管理部门（各级环保局）可以掌握不同空间尺度区域内的环境风险源分布及其风险状况，为环境风险源评价、分级、监控和管理（日常防范管理、应急管理）提供基础数据，实现风险源的优先管理、全过程管理以及动态管理，将环境风险源的管理纳入环境行政管理中。各类环境风险源（企业）要明确自己的环境风险水平，实现安全生产的社会责任并采取措施降低事故发生频率及事故后影响。

通过系统开发可实现以下目标：

（1）掌握各类环境风险源的来源、类型、分布、危害等信息资料，建立健全的环境风险源档案；

（2）建立环境风险源申报、登记、评价、分级监察管理体系，指导存在环境风险源的企（事）业单位建立和完善环境风险源监控管理系统，在此基础上建立企业、县（区）、地市与省环境风险源监控信息管理系统，实现对环境风险源的动态监控、有效监控，预防环境事件的发生；

（3）建立和完善有关突发环境事件应急救援体系，促进环境风险源监控管理的科学化、制度化和规范化，加强对重、特大环境事故的有效控制。

重点行业环境风险源申报是各级政府环境风险管理的重要依据，也是环境风险管理制度的实施基础。只有通过对本辖区环境风险源状况与风险因子进行分析，政府才能科学制定防范环境污染事故的对策。集 B/S 技术、GIS 技术、计算机技术于一身的环境风险源申报管理系统不仅具有数据记录的功能，还能够协助完成风险源评价、风险源分级、历史事故统计分析等。因此，环境风险源申报是各级政府做出环境风险决策管理的重要基础依据。

环境风险源申报数据库为单位记录了各个环境风险源全面的环境风险信息，可以为建设项目管理、污染限期治理、污染强制淘汰、"双高"产品淘汰、环境风险信息公开、环境统计、环境风险评价、现场监督检查、污染事故报告、环境风险责任保险、产业结构升级等各项工作提供全面的依据。

（一）申报流程

环境风险源申报管理系统具有信息输入、信息查询、信息审核、数据分析、结果输出与可视化功能。首先各级风险源通过风险源申报管理系统的客户端可以完成信息的输入，将单元内环境风险源属性信息录入系统中。各级环境保护部门通过风险源申报管理系统的管理端可以查询各个风险源属性信息，明确单元内环境风险源的风险性质及种类，在此基础上结合风险源日常监管以及历年风险源申报情况对申报信息进行审核，通过审核的风险源信息将直接保存入系统数据库，未能通过审核的风险源信息将返回至申报系统的客户端，并以电话、传真的方式通知申报单位进行风险源信息的再申报。风险源申报信息包含风险源空间分布信息，可实现风险源信息的可视化。

（二）行业分类

根据《国民经济行业分类》（GB/T 4754—2002）及各行业生产特点、特征污染物排放情况，将环境风险源申报主体进行如图4-10的分类。

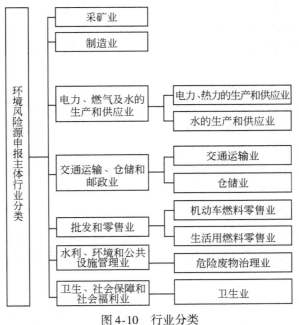

图4-10　行业分类

根据环境风险源申报主体的行业类型、行业环境风险类型及风险特点，提取企业基本信息及环境风险属性信息，编制环境风险源申报表单，能够实现对各类环境风险源信息的全面获取。

环境风险源申报表单包括：

（1）采矿业环境风险源申报表单；

（2）仓储业环境风险源申报表单；

（3）电力、热力的生产和供应业环境风险源申报表单；

（4）废物治理业环境风险源申报表单；

（5）机动车、生活用燃料、零售业环境风险源申报表单；

（6）交通运输业环境风险源申报表单；

（7）水的生产和供应业环境风险源申报表单；

（8）卫生业环境风险源申报表单；

（9）制造业环境风险源申报表单。

（三）系统功能

系统分为申报端和管理端两个登陆端口。申报用户通过使用赋予权限的用户名与密码登录系统，填写各种申报表单，进行环境风险源的填报工作。环保管理人员在管理端对企业用户申报的信息进行审核，以保证信息的准确性。所有信息在经过审核后，都将实时存储入库，与其他业务系统可进行交互，可调取企业相关信息，包括企业基本信息、存储区信息、工艺流程、危化品信息、人员信息、应急资源信息等。

主要包括以下功能模块：

1. 企业信息申报

针对企业行业类型不同，企业用户使用环保局分配的用户名与密码登录申报系统，填写相关申报表单。表单中各字段项会自动进行信息验证，包括文字数字类型判别、数据明显不合理项判别、数据范围判断等。所有用户填报信息皆可进行保存，方便用户下次填报之前未完成项。

2. 企业信息审核

针对环保局管理用户，可根据权限不同，对企业相关信息进行审查，对存在问题的企业填报项，发送信息通知，指出问题所在，指导其进行纠正。企业用户填写完成后再提交。

3. 系统管理

系统管理功能主要是对各类用户进行权限管理，有系统管理员进行用户注册、删除、修改等操作的管理，所有用户信息存入权限控制中心，再分别对角色、用户进行管理。

二、环境风险源管理

系统能够汇总各类环境风险源信息，形成完备的环境风险源基础信息数据库，实现风险源属性信息的查询、维护、统计分析，如图4-11所示。

图 4-11　环境风险源查询分析

　　建立重点环境风险源的厂区三维模拟图，重点实现对环境风险单元、危险品储存设备、应急设备的模拟。实现环境风险源、环境应急资源属性信息与空间信息的准确关联，为环境风险源的精细管理提供依据，如图 4-12、图 4-13 所示。

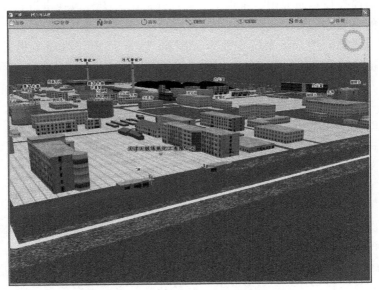

图 4-12　重点环境风险源厂区三维模拟图一

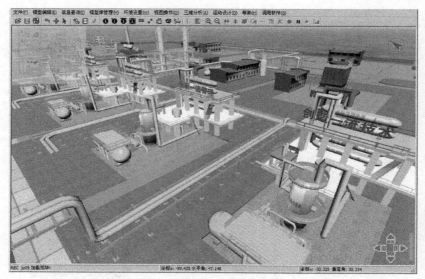

图 4-13　重点环境风险源厂区三维模拟图二

三、环境风险源分类分级系统

目前，我国对环境风险源的研究尚处于起步阶段，在针对环境风险源管理的环境风险源识别、分类与分级等方面，在国家"863 计划"重大环境污染事件风险源识别与监控技术研究中，重点对环境风险源的分类分级技术进行了研究，取得了一定的突破性进展。

环境风险源分类分级系统主要针对国家"863 计划"科研成果进行转化应用，将环境风险源分类分级技术软件化、信息化、可视化，通过输入环境风险源相关信息，按照分级技术算法进行各项参数的混合运算，对分级技术，以企业单元、区域、企业三个层面为对象进行计算，并针对相关标准进行分级，针对不同级别的风险提出相应的管理措施，降低风险。

系统环境风险源分类分级流程为：信息填报→源初筛→事故概率→事故后果→风险水平→源管理。具体如图 4-14 所示。

（一）数据库建设

环境风险源分类分级数据库建设主要包括物质基础信息数据库、企业信息数据库、周边基础信息数据库、模型数据库几部分。

1. 物质基础信息数据库

物质对象为环境污染危险化学品。危险化学品主要来自于《重大环境风险源筛选范围》、《重大危险源申报范围》、《高毒物品目录》、《常用危险化学品的分

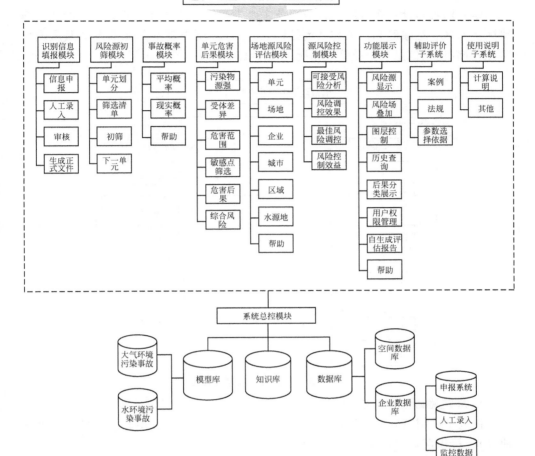

图 4-14 分级思路

类及标志》、化学品安全数据表 MSDS 等，如氨、氯、碳酰氯、二氧化硫、三氧化硫、硫化氢、羰基硫、氯化氢、砷化氢、磷化氢、乙硼烷、硒化氢、六氟化硒、氰化氢、乙撑亚胺、二硫化碳、氟、二氟化氧、三氟化氯、三氯化磷、氧氯化磷、二氯化硫、硫酸二甲酯、氯甲酸甲酯、八氟异丁烯、氯乙烯、2-氯-1,3-丁二烯、三氯乙烯、六氟丙烯、3-氯丙烯、甲苯、2,4-二异氰酸酯、异氰酸甲酯、丙烯腈、乙腈、烯丙醇、丙烯醛、甲基苯、烷基、类、铅、羰基镍、四氯化碳、氯甲烷、溴甲烷、一甲胺、二甲胺、N,N-二甲基甲胺、三氟化硼、溴、丙酮氰醇、3-氨基丙烯、甲醛、戊硼烷、3-氯-1,2-环氧丙烷、氯甲基甲醚、苯、一氧化碳、氟化氢、锑化氢、六氟化碲、氯化氰、氮氧化物、二甲苯等。

2. 企业信息数据库

信息内容包括：企业所属行业、各主要生产场所信息（主要分为生产区、储罐区、库区、运输区和污染物处理处置区）、各场所内基本单元的设备及风险化学品存储/使用信息、企业管理情况（图4-15）。

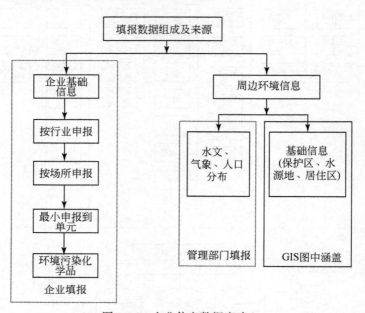

图4-15 企业信息数据库建立

3. 周边基础信息数据库

在电子地图基础上，识别环境敏感点（学校、居住区、医院、保护区、水源地等），标识区域气象和水利条件基础信息。

4. 模型数据库

模型包括大气扩散模型、水扩散模型等，存储模型公示各项参数，可对模型因子权重进行编辑修改。

（二）系统主要功能

1. 风险源管理

主要对企业信息进行管理、维护，与环境风险源申报系统进行数据关联，根据企业信息对风险源进行分级计算与管理，如图4-16所示。

2. 敏感点管理

对企业周边敏感点（学校、医院、居民区、村庄、水系、湖泊、交通要道等）进行信息管理维护以及 GIS 展示，如图4-17与图4-18所示。

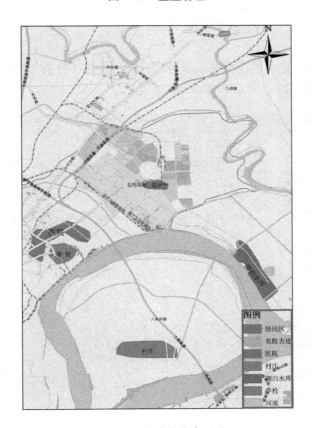

图 4-16　企业管理

图 4-17　敏感点分布展示

— 161 —

图 4-18　敏感点缓冲分析

3. 分类分级

分类分级功能模块根据分级步骤进行计算，在每个计算步骤都可查看当前的计算结果，如图 4-19、图 4-20 和图 4-21 所示。

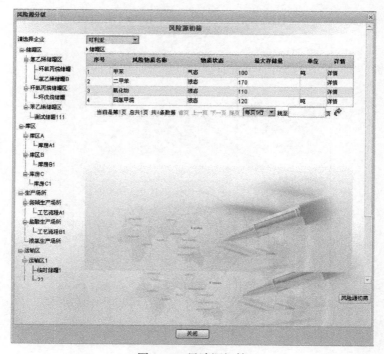

图 4-19　风险源初筛

图 4-20 风险源分类结果

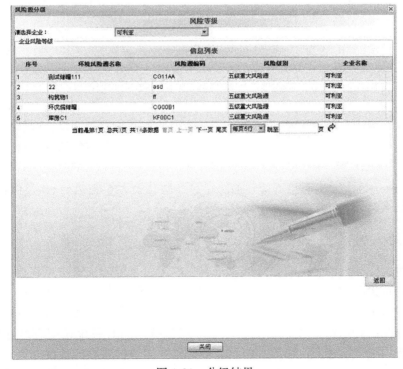

图 4-21 分级结果

4. 评估报告

对环境风险源分类分级结果进行评估，自动生成评估报告，报告可支持在线

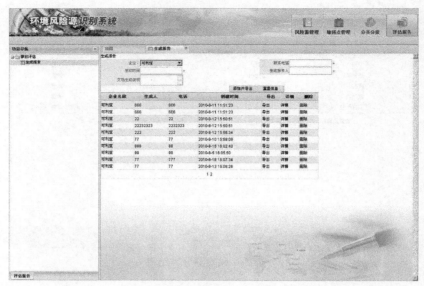

图 4-22　生成评估报告

查看、下载、删除等功能，如图 4-22 所示。

第五节　环境应急资源管理

建立环境应急资源数据库，基于环境地理信息系统进行开发，能够实现对于各类环境应急资源的空间分布和相关信息的管理。应急资源包括环境应急监测仪器设备、应急通信资源、应急救援人力资源、交通运输应急资源、工程抢险资源（特种车辆/船）、卫生应急资源、消防资源、防化资源、救援器材、环境应急处理处置物质等。

一、应急人员管理

快速反应和现场辅助决策是突发环境事故应急系统的主要特点之一，因此当接到事故报警时要求系统能够迅速地对所涉及的有关专家、值班人员、监测人员、现场人员、分析人员等进行查询和调度，以保证第一时间有关人员能够到达现场，及时进行污染处置、事故处理和现场指挥。同时系统还应直观显示与公安、消防、医疗、交通、传媒、民政、社区资源等单位联动的情况和能力。由于突发环境事故的突发性，发生事故的时间和地点往往不确定，应急人员管理需要把有关人员的位置呈现在电子地图上，通过空间分析技术来管理和组织人员。

应急人员管理的数据主要有：应急监测人员信息，包括紧急联系方式和定位等信息；应急监测值班人员信息；相关专家信息，包括紧急联系方式和定位、专业领域、优先级等信息，如图 4-23 和图 4-24 所示。

图 4-23　专家库

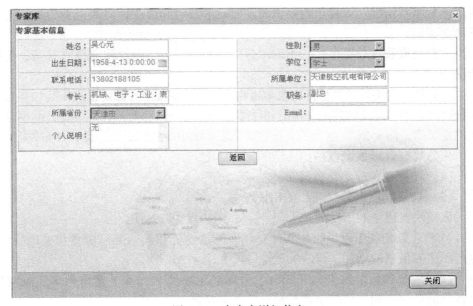

图 4-24　专家库详细信息

应急人员管理的数据构成主要包括：

（1）应急监测人员信息，包括紧急联系方式和定位等信息。

（2）应急监测值班人员信息。

（3）相关专家信息，包括紧急联系方式和定位、专业领域、优先级等信息。

应急人员管理主要包括以下功能：

（1）应急人员信息编辑。实现对应急专家以及环保局、危险源企业单位的负责人等信息的增加、修改、删除等。

（2）应急人员信息查询和统计。根据危险品和地区等信息来实现对应急人员信息的查询，并提供多种统计分析和专题制图的功能。

（3）应急人员空间分析。提供应急专家以及环保局、危险源企业单位的负责人的地理位置信息的缓冲区分析和最短路径分析，实现人员的空间查询和路径设计。

二、应急物资管理

在突发环境事故发生时能否及时知道物资数量，及时将物资发配到需要的人员手中关系到人民的生命安全，对突发环境事故的应急处置工作意义重大。而要做到这些就必须做好日常的应急物资管理工作。应急物资的管理不光是管理环保局内的应急物资，还包括其他部门的应急物资，如果有条件还应知道临近城市的应急物资基本情况，以便市内物资短缺时能够及时知道应该向哪里借物资，向哪里申请帮助。

应急物资管理数据包括：不同单位应急物资清单，应急物资存放时间、使用情况。

应急物资是突发公共事件应急救援和处置的重要物质支撑。系统需要加强对应急物资的管理，提高物资统一调配和保障能力，为预防和处置各类突发公共事件提供重要保障，图 4-25 中显示了应急物资管理系统中应急物资的分类及分布数据。

应急物资管理数据包括：

（1）不同单位应急物资清单；

（2）应急物资存放时间、使用情况等。

该模块实现了如下功能：

（1）应急物资信息编辑。实现对环保应急物资和其他部门应急物资的数量、生产厂家等信息的增加、修改、删除等，如图 4-26 所示。

（2）应急物资信息查询和统计。根据应急物资名称等关键信息来实现对应急物资信息的查询，并提供多种统计分析等功能。

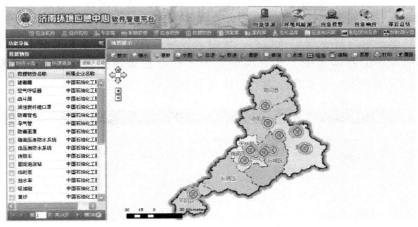

图 4-25　救援物资 GIS 分布

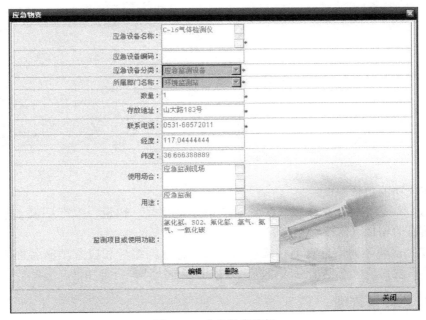

图 4-26　应急物资编辑

三、应急监察车辆管理

　　应急时对现场的处置或指挥工作都需要应急车辆，因此应急监察车辆也必须做好日常管理工作，保证车辆在出现突发环境事故时能及时调用，不出现意外故障情况。应急监察车辆的管理数据包括：应急车辆使用情况、应急车辆维修状况、应急车辆上物资配备情况。

应急车辆可与环保局进行数据、语音、视频双向互通，为领导及时提供环境污染事故现场的基本情况，并对现场处理实施全程录像，获取事故现场监测数据，取得现场的第一手资料，为专家决策提供依据，如图 4-27 所示。

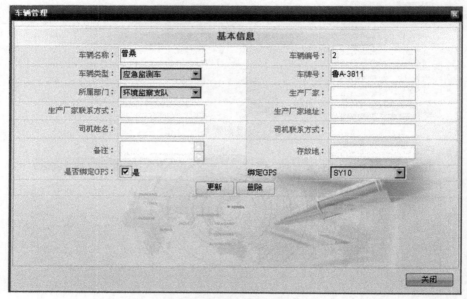

图 4-27　应急车辆管理

主要功能包括两点：

（1）应急车辆信息编辑。实现对应急车辆型号、数量、生产厂家、车辆图片等信息的增加、修改、删除等。

（2）应急车辆信息查询和统计。根据应急车辆编号和应急车辆名称等关键信息来实现对应急车辆信息的查询，并提供多种统计分析等功能。

四、应急设备管理

应急监测涉及多种仪器和设备，系统需要对其进行有效管理，以提高仪器设备使用的正确率和提高应急情况下的工作效率。系统要管理的数据主要是应急监测仪器装备和应急监测仪器功能数据。

环境应急监测涉及多种仪器和设备，系统通过应急设备管理模块对环境应急所涉及的相关设备进行有效管理，进而提高仪器设备使用的正确率和应急情况下的工作效率。

系统主要实现了对应急监测仪器装备和应急监测仪器功能的数据管理。应急监测设备应能快速鉴定、鉴别污染物的种类，并能给出定性或半定量直至定量的检测结果，直接读数，使用方便，易于携带，对样品的前处理要求低。一般包括应急监测仪器设备、防护与急救器材、通信器材等。

（1）应急监测设备信息编辑。实现对应急监测设备型号、数量、生产厂家、有效期、设备图片等信息的增加、修改、删除等。

（2）应急监测设备信息查询和统计。根据应急监测设备编号和应急监测设备名称等关键信息来实现对应急监测设备信息的查询，并提供多种统计分析的功能。

应急设备管理如图 4-28 所示，应急设备基本信息如图 4-29 所示。

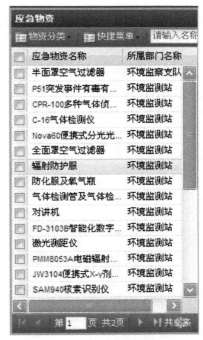

图 4-28　应急设备管理

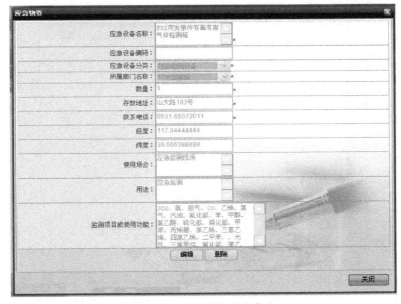

图 4-29　应急设备基本信息

第六节　环境应急预案管理

应急预案管理是建立在危险品管理、风险源管理、应急监测方案管理的基础上的，预案可以通过参照案例的解决问题流程，自动、半自动生成预案，为突发环境事故应急提供辅助决策支持。

应急管理系统应具备隐患分析和风险评估的功能，采用科学的分析方法对危险源进行分析和风险评估，确定危险程度和危险级别，包括分析事故发生的概率、影响方式、影响范围、持续时间、危害程度等。这些功能的实现需要依靠科学的研判系统。

科学预判基于基础地理信息、公共安全信息等基础数据，利用从信息采集与报送系统获取的突发公共事件现场及周边环境信息，采用信息识别与提取模型、事件发展与影响后果模型、人群疏散与预警分级模型等进行模拟预测，综合预测预警、预案库、案例库的调用分析，结合专家分析得出可信的事态发展趋势和危险性预测，确定事件等级和启动预案的级别，为制订处置方案提供可靠的依据。

科学预判建设的目标是在处置环境突发事件的决策过程中，依据以往的处置案例、专业知识和平时监管积累的数据，辅助决策人员进行决策，较快地形成可行的处置方案。

应急预案生成如图4-30所示。

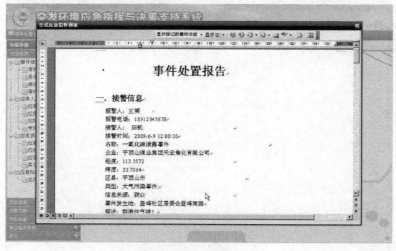

图4-30　应急预案生成

环境事故的处置预案是针对突发事件，为保证迅速、有序、有效地开展应急与救援行动，降低事故损失而预先制订的有关计划和方案。数字化预案系统建立在地理信息数据库、应急信息数据库、模型库系统、决策技术库系统和预案库系统之上，根据各类公共安全事件的不同特性和对应的文本预案，根据监测监控系统得到的事件场景数据，利用事件分析模型，对事件的发生发展进行模拟预测预警，进行应急救援力量的调派部署和应急救援物资的调配，并利用计算机技术（包括大型数据库技术、地理信息技术、虚拟现实技术、卫星定位技术、网络通信技术等）将预案内容进行组织表现。

数字化预案包括三大部分内容，即基本情况、事件设定和应急行动。基本情况包括基本地理信息、公共安全信息、应急救援力量数据、应急救援装备/设施信息、应急组织机构、监测监控体系等内容。不同类型的专项应急预案的基本情况部分包含的内容有所不同，是整个数据库数据集合中的一个与本类事件相关的功能子集。事件的设定依预案类别不同，根据危险源调查和危险性分析结果，设定突发事件场景。利用各种分析模型，分析事件发生发展的趋势和影响范围以及影响程度，根据预警分级原则确定不同区域的不同危险等级，作为制定应急决策、采取应急行动的参考依据。依此要采取应急行动，根据事件设定环节设定突发事件发生发展情况以及危险等级，考虑基本环节提供的基础地理信息和公共安全信息、应急救援力量和应急救援装备/设施信息，按照应急预案的应急响应原则、应急启动流程和行动流程、各类工作规划和各类注意事项制定出一套应急行动流程。它是应急响应的行动指南和进行应急响应演练的计划方案。

由于预案是预先制定的，必然包含某些假设，与实际的灾害发生发展情况存在一定的差别，因此，有必要根据实时的灾害监控信息和气象条件，在原预案的基础上对各项行动和处置等进行优化调整，形成具有具体指导意义的数字化动态预案。

应急预案管理的数据主要有：

（1）风险源基本情况数据。

（2）风险源预案数据。

（3）风险源危险品情况数据。

（4）风险源危险品目标情况数据。

（5）应急监测预案数据。

（6）应急监测人员及值班人员数据。

应急预案是针对具体某一种事件类型，有一定适用范围的（按照事故和危险源的分布范围），有针对该类型事件的处理流程。应急预案管理是建立在危化品管理、环境应急资源管理等基础上的，对已经制定的与环境事件应急有关的预案进行相应管理。

应急预案是在贯彻预防为主的前提下，针对风险源可能出现的事故，为及时控制其危害、抢救受害人员、指导居民防护和组织撤离、消除危害而组织的污染事故处理和救援活动的预想方案。系统提供了对预案的浏览、资源配备、联系人信息、预案启动和执行流程等的管理。

应急预案包括预案名称、预案适用的应急事件类型、预案适用的范围、危险源基本情况、危险品种类、危险品用途、危险品产量、单位平面图、危险品存放位置、危险源周围环境、企业生产基本流程、不同情况下应急监测预案、应急救援和处置方案、组织实施等。事件类型和适用的地区以列表的形式列出，可以多选，如图4-31所示。

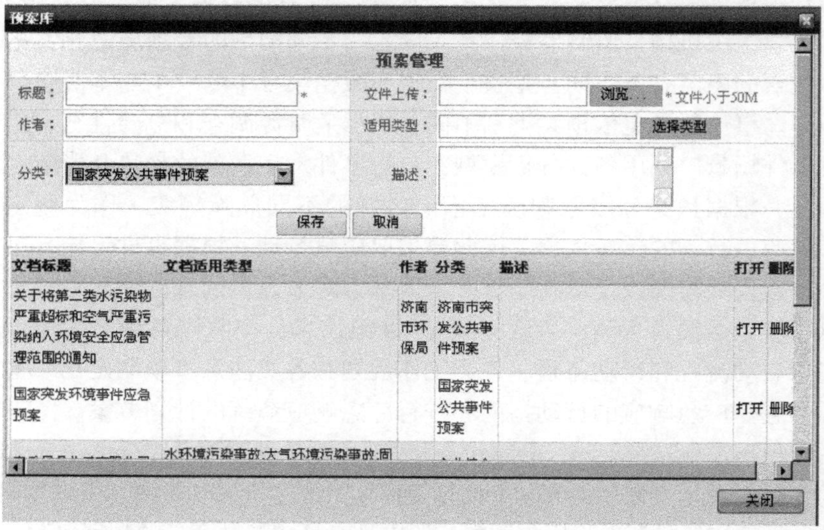

图4-31 预案管理

通过参照案例的解决问题流程，预案可以通过自动或者半自动的方式生成，为突发环境事故应急提供辅助决策支持和参考依据。

具体功能主要包括三点：

（1）应急预案编辑。实现对应急预案的增加、修改、删除。

（2）应急预案查询和统计。按照危险源和各种关键词查询应急预案，并提供多种统计分析和专题制图的功能。

（3）应急预案模版管理。从大量预案中抽取出一个预案的基本框架，并从预案框架中抽取主要的数据，把它储存在数据库中，可供用户随时调用。

第七节 环境应急案例管理

案例是某种决策成功与否的例子，是对以往经验知识的归纳整理，是为达到某种目标所需要借鉴知识的记录，应具有内容的真实性、决策的可借鉴性及处理问题的启发性等特点。应急案例管理具有一般案例管理的特点，同时也有案例管理的行业特色。应急案例管理是对处理突发性事故的总结。与传统的用纸质文档管理案例不同，系统利用案例推理和规则推理的方法来构建突发环境事故应急案例管理系统，并通过数据挖掘技术从案例库中提出有价值的信息为环境应急服务。应急案例管理可为污染事故处理决策和分析提供迅速、有力、优化的辅助支持。

应急案例管理如图 4-32 所示。

图 4-32　应急案例管理

案例是事件处理完成之后形成的，包括事件的基本信息、事件的整个处置过程以及处置结果。

在案例管理页面中，可通过案例名称、案例类型进行查询，查询结果在案例管理页面的列表中显示，点击"案例名称"（超链接）将转入案例详情页面，在详情页面中可分别查看该案例对应事件的详情及事件处置结果。

1. 事件信息查看

在案例管理页面中，选择一条案例记录，点击"详情"按钮进入案例详情页面，案例详情页面有该案例对应的事件详情链接，可以点击超链接进行查看。

2. 事件处置结果查看

在案例详情页面中，有该案例的对应的处置结果报告，包括事件名称、主要处置单位、参与单位与人员、调用物资、处置结果及事后的总结评价等信息。

主要包括两点：

（1）历史事故库：将处理结束的事故存入历史事故库，进行备案。

（2）参考案例库：收集国内外重大环境污染事故的案例，总结经验，这具有借鉴性。

案例查询如图 4-33 所示。

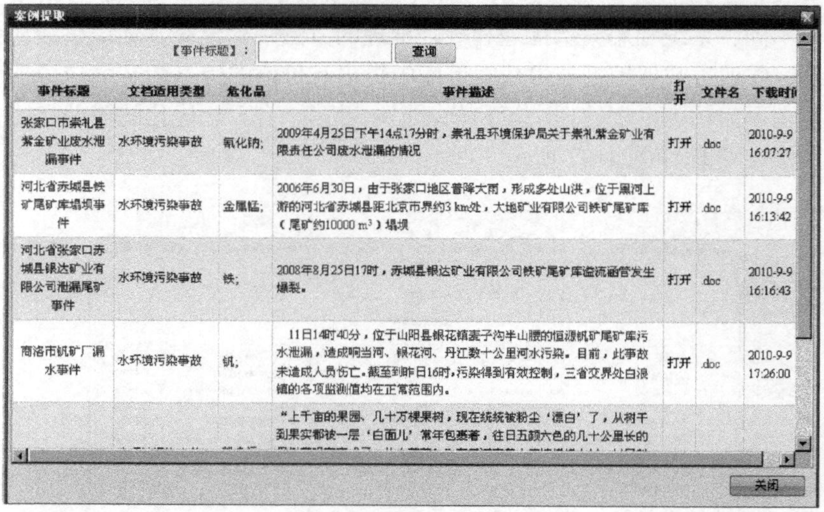

图 4-33　案例查询

第八节　环境应急决策支持管理

环境应急决策支持管理系统以数据中心的应急信息、空间信息和实时监控信息为基础，以各业务应用系统、下级平台提供的数据和服务为支撑，利用预测预警、预案库、案例库的调用分析，通过数据（数据驱动）、模型（模型驱动）和知识（知识驱动）提供专家咨询和辅助决策，对预案中的应对流程、组织和措施进行评估和优化。通过应用人机交互的辅助决策系统为领导制订处置方案提供科学依据。

传统的决策依靠决策者个人的经验，凭个体直觉判断。随着社会经济的高速发展，决策的影响因素愈来愈复杂，管理决策问题数量多且复杂程度高。心理学家的研究表明，在制定决策时，决策者本人同时考虑 10 个以上的变动因素或相互矛盾的因素将十分困难。而在突发事件应急决策中，经常需要根据几十个、上百个决策因素及其相互关系进行决策。在这种情况下，以决策者的洞察力、理智和经验为基础的传统决策方法就远远不能满足日益复杂的管理决策的需要，现代管理迫切需求决策科学化。

目前人们普遍把决策分成三种类型：结构化决策、非结构化决策以及半结构化决策。应急管理系统的决策库系统主要指决策技术库系统，针对半结构化的决策问题，以管理科学、运筹学、控制论和行为科学为基础，以计算机技术、仿真技术和信息技术为手段，以 GIS 强大的空间数据处理、显示表达和制图输出功能为载体，支持决策活动的具有智能作用的人机系统。

决策支持系统必须支持物质危险性识别和综合评价、液体和气体扩散模拟、应急救援路径规划、疏散指挥决策等功能。

第九节　环境应急指挥调度管理

环境应急指挥调度系统主要实现了应急决策指挥数据的指令发布、实时语音、图像和数据信息的反馈及态势显示、分级式决策指挥、协同指挥、资源调度配置、相关指挥文书与专题图的自动生成和发布。应急指挥系统可为决策人员提供一个便利的、交互式的指挥平台。

应急指挥调度系统建设的目的是建设一个应急指挥中心和一套指挥信息系统，用于应急领导小组协调指挥环境突发事件应急办公室、技术专家组、现场处置组、专家咨询委员会、应急监测组、后勤保障组以及相关机构与部门。其子系统主要包括应急指挥中心、应急指挥信息平台、应急视频指挥系统、应急监控调度信息系统和应急监控工作报警平台等。

第十节　现场处置和反馈管理

环境事故现场处置是指挥调度目标的实现，由此产生的新信息的反馈则影响预案和决策的调整，进而影响指挥调度的内容。因此现场处置和反馈系统在应急管理系统中起到一个链接桥梁的作用。它对速度和机动性能要求较高。

应急处置和反馈系统将为尽快到达突发事件现场提供必要的工具，实现现场的调度指挥和通信，配置必要的应急监测仪器和设备，实施应急监测，确定污染的物质、范围和程度，提供有效快捷的处置技术支持。

第十一节　灾后评估管理

环境事故的灾后评估系统从社会、经济和生态环境三个方面开展对危险化学品污染灾害损失的定性和定量研究。

针对危化品污染发生的不确定性以及灾害影响空间范围大，危害主题涉及人群、生态系统等多要素问题，要开展灾害直接经济损失的货币化方法与评估理论的研究，提出灾害的分级评价原理与损失补偿机制。

该系统通过监测监控手段，建立自然生态环境（饮用水源、水生态功能、特种生物多样性等）、经济生产（渔业、工业生产、农业生产、旅游业等）和社会活动（城市供水、人体健康等）三大子系统对危险化学品污染灾害的响应机制；采用基于不确定性理论的生态响应模型及评估指标体系进行灾后评估；采用污染灾害损失定量化评估理论与货币化方法进行量化评估；采用污染灾害的分级与损失补偿机制进行灾害后评估分级及制定补偿机制。

第十二节　培训演练系统

模拟训练和培训的功能是使应急平台操作人员和其他应急相关人员通过模拟实际情况的训练和演习，实现相关责任人熟悉应急管理职责和协作流程并发现存在的问题等目标。

应急模拟训练和培训系统主要是面向应急专业人员，在应急反应活动中进行应急管理、事件监测监控、事件预测预警、应急决策指挥、救援力量和资源的调派调配、应急通信的管理等。模拟训练和培训系统从这几个方面着手，实现对应急处置中相关人员的训练。新用户可以通过培训系统了解应急救援决策指挥的各项功能和使用方法，老用户可以通过模拟训练系统进一步熟悉各自的岗位职责，通过完成应急活动演练，相关人员可以深入了解自身在整个应急救援活动中所处的位置，增强与整个应急体系的协作。

第五章　环境应急指挥调度系统

第一节　系统概述

环境应急指挥调度系统，承担着根据应急响应的工作流程（图5-1），进行突发环境事件及相关信息的处理、分析、发布和应急反应的调度工作。它具有强大的信息化处理能力、完备的通信指挥能力，以及全面的综合保障能力。由于业务需要，该系统应是一个处于24小时待命，并能机动调整系统状态的综合性应急平台。通过该系统决策者可以根据突发环境事件的信息来源和影响范围，明确各单位的分工，建立信息报送体系，并接入相关业务信息，对参与应急指挥系统的组织单位进行指派。在简短的信息输入后，可以得到一个专门用于当前事件的应急指挥处理方案。该系统中的各业务单位有机地分工协作，对事件信息进行采集、处理和传递，既能概要地向决策者反应事件的进展状态，也可以根据需要观察各组织单位的工作情况。决策者还可以随着事件的进展对系统的组织结构进行动态调整。

第二节　应急接警与信息发布

一、应急接警

（一）准备工作

要求组织好现场应急监测工作的一切准备工作，主要包括接警情况记录、事故地理位置查询并定位、企业及危险源信息查询等。

1. 接警情况记录

接警情况记录是指值班人员接到事故应急监测的指示或要求应急监测的报告，它可以是上级下达的应急监测任务，也可以是企业内部人员或群众的举报。接警情况记录是实施应急监测工作的第一步，对应急监测工作的顺利开展起着重要的作用。接警人员在接到事故报警后，应详细向报警人询问事故信息，并及时向应急监测领导小组汇报。记录信息应尽可能包括：报警人姓名及联系电话，事

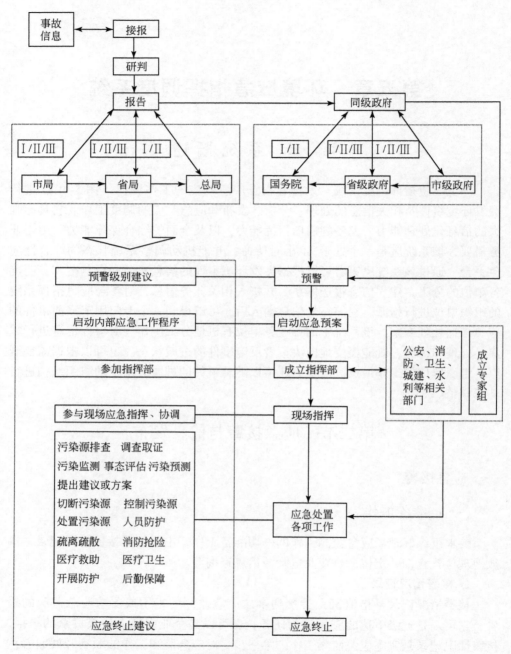

图 5-1　突发环境事件应急响应工作流程

故发生时间、地点，企业名称，事故类型（泄露、爆炸、火灾等），气象状况（如风速、风向、晴天或阴天等），危害涉及范围和程度，物质的泄漏量，有无人员伤亡。需要设计接警情况记录表。

2. 事故地理位置查询并定位

应急监测领导小组了解到事故信息后，应迅速查询电子地图，定位事故发生地点。风险源分为固定风险源和移动风险源，固定风险源根据企业位置信息直接定位，移动风险源需要在地图上动态标注，并根据事故发生位置，在电子地图上查找危险源附近的其他企业（敏感点）。

3. 企业及危险源信息查询

通过动态连接企业基本信息表、企业危险源基本信息表、危险源危险品基本信息表，查询企业内生产、使用、储存危险化学品的基本情况，再根据所了解的事故信息，初步确认引发事故的污染物，估计可能泄露的量，并对报警信息进行确认，如果有差错，需要进一步确认。

通过动态连接危险品危险性质表、危险品监测方案表、急救防护措施表、环境质量标准表、实验室监测方法表，查询危险物质特性库，了解物质的理化性质、危险特性、处理处置方法、防护措施等。

接警人员在接警过程中应问清事故发生的时间、地点、原因，污染物种类、性质、数量，污染范围，影响程度及事发地地理概况等情况，并立即向应急监测总指挥汇报，具体流程如图5-2所示。

应急联动中心的接警员接取警情的事件内容、时间和准确地址等信息，并将事件分派给不同调度中心的调度机进行调度处理。计算机辅助系统自动将打入的报警电话送至空闲的接警员处，该接警员与报警人通话。同时，计算机自动识别报警人的电话号码及其所在位置。可以通过WEB方式进行事故举报，通过各自的通道将事故信息输入，终端电脑自动生成并存储标准化的事件记录。系统在接收事故信息的同时，驱动应急指挥过程进入现场指挥模块。

应急接警信息的自动生成界面如图5-3所示。

（二）实时监控预警

实时监控报警可分为两种类型：设备异常报警、环境安全报警。当发生污染治理设备关闭、在线监测设备运行异常、通信网络中断等事件时，系统会产生设备异常报警。当重点环境风险源、重点污染源、放射源等监测项目的浓度、流量、温度等值超过设定的标准值时，系统会产生环境安全报警。系统通过声音报警和短信报警等方式通知相关人员，并进行应急联动。

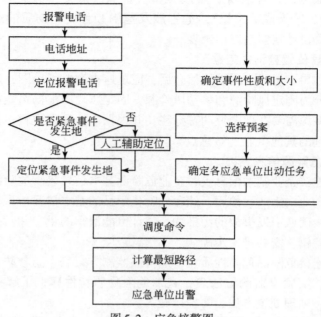

图 5-2　应急接警图

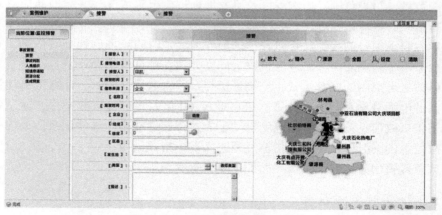

图 5-3　应急接警信息的自动生成

（三）"12369"预警

在监控中心设置专用应急事件紧急呼叫接警电话，它具有电话通话录音功能。群众以及出现紧急事件的企业可拨打专用接警电话进行报警。报警信息生成系统界面如图 5-4 所示。

值班人员接到报警电话后，立即输入报警地名、报警类型等，监控计算机立

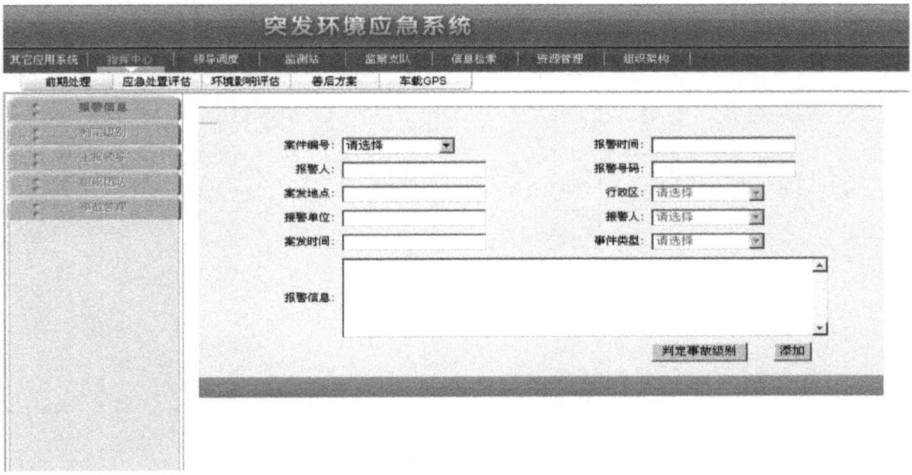

图 5-4 报警信息生成

即在城区电子地图显示报警位置、报警类型、联动紧急事件处理流程和紧急预案。系统将记录整个接警、出警方式的过程和反应时间。

问清事故发生的时间、地点、原因，污染物种类、性质、数量，污染范围，影响程度及事发地地理概况等情况，并立即向应急监测总指挥汇报。

"12369"环保举报热线是环保部门直接面对人民群众的"绿色通道"。近年来，全国各级环保部门积极推进，在强基建制、规范管理、提高效率等方面取得了一定成效。

应急中心的接警员接取"12369"环保热线报警的事件内容、时间和准确地址等信息，计算机自动识别报警人的电话号码及其所在位置，终端电脑自动生成并存储标准化的事件记录，并进行应急联动。

将"12369"环保热线和环境风险源监控、环境质量在线监测、污染源监控系统关联起来，可通过 GPS 定位、视频监控和地理信息查询功能对举报地点及其周边环保部门和执法车辆进行搜索定位，在监控指挥中心电子地图上以醒目标志显示报警位置，指挥中心值班人员根据监控大屏幕上显示的报警位置，查询显示执法车辆位置信息。同时接警人员要准确、详细地记录接警信息，确定事件发生的时间、地点、单位、原因、性质、现场危害情况、范围等，快速、高效地通知救援队伍并上报相关单位，根据事件发生的态势决定是否上报或公开发布信息。

1）接警信息维护

实现接警信息的录入、编辑、删除、查看，如图 5-5 所示。

2）接警信息检索

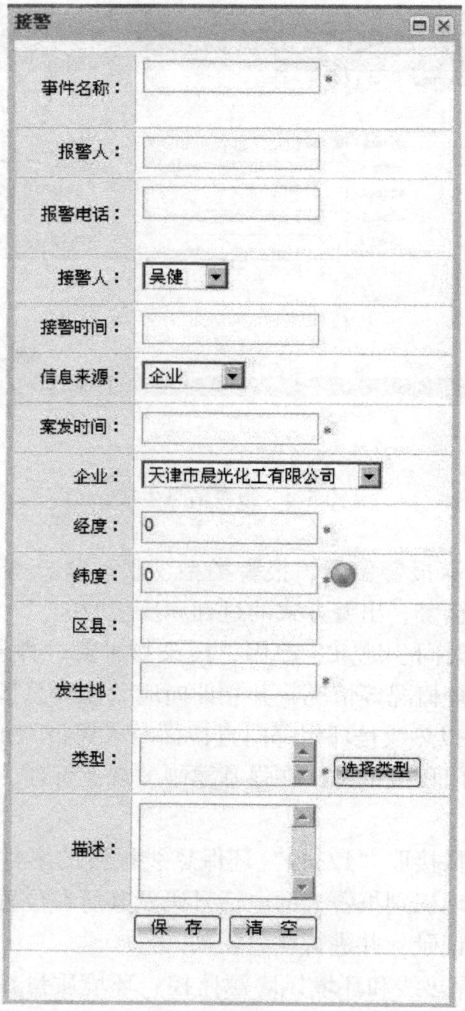

图 5-5　接警维护

实现接警信息的基本查询与高级查询。

3）事件位置检索

实现对接警事件位置的 GIS 定位。

4）事件管理

实现对环境污染事件报警信息的管理，如图 5-6 所示。

图 5-6　事件管理

（四）整合其他系统

系统将现有的"12369"系统、"12345"系统、"12319"系统，进行应用架构和界面集成管理单点登录，统一调度使用。建立界面、用户集成接口。根据分级权限管理需求，提供"一站式登录"的接口方案，不管是新开发的还是现有的系统，不管是哪家厂商，不管采用何种技术架构开发，都需要进行集成和整合，实现"一次登录，全网通行"的单点登录（SSO），并实现统一的 CA 认证。

系统建设采用集中的页面展现形式，采用当前主流的 PORTEL 技术实现界面、用户的集成，统一了页面，达到了展现形式的集成。

二、事件初报

突发性环境污染事故的报告分为初报、续报和处理结果报告三类。初报要在发现事件后立即上报；续报在查清有关基本情况后随时上报；处理结果报告在事件处理完毕后立即上报。

初报可用电话直接报告，主要内容包含环境事故的类型、发生时间、地点、污染源、主要污染物质、人员受害情况、事件潜在的危害程度、转化方式趋向等初步情况。

系统动态生成环境污染事件初报文档，实现编辑、打印、导出。

三、短信通信

实现基于通信技术的短信群发、语音呼叫。根据功能需要，语音呼叫可以基于 GIS 地理信息系统进行关联操作。

（一）短信群发

1. 发送功能

对发送对象可进行单发、群发、连号发、导入发送、定时发送等，并可接收对象回复的信息，显示回复者姓名。并有强大的接收信息管理回复功能，系统可自动回复接收信息。

2. 管理功能

让用户方便地建组分群，设置权限管理，建立起企业的通信地址本，地址可以按各种方式进行分类和查询。

3. 信息查询

用户可随时查询已发送或接收的信息内容和统计信息收发的情况，并可导出打印。

4. 导入导出

对企业单位原有的员工客户手机号码资源可直接导入系统，对所有的发送接收信息情况导出保存。

（二）语音呼叫

语音呼叫从根本上克服了以往人工接待投诉不能录音、及时查号等缺点，以高起点、高规格的原则，利用现代电话通信技术、计算机技术、CTI 技术、无线通信技术及地理信息系统的优势，可快速反应，及时处理投诉和报警事件，并进行定位以及基于 GIS 地理信息系统进行关联操作。它的建成对改善人们的生存空间、改善政府与市民关系、改善地区形象等具有重大的意义。

一方面，可以向社会及时公开有关法律、法规、标准、政策以及审批、验收、收费和使用规则等信息；另一方面实现电话语音系统对环境在线监测参数的查询，如废水、废气等环境参数。

同时快捷而有效的查询和管理功能，使领导移动办公的响应速度增加，能及时了解环境监测的状态，及时听取民意报告，提高工作效率，确保上通下达，政令畅通。

四、信息发布

对接到的报警进行短信通知，可通过短信群发的方式通知各部门相关人员。

系统提供网络信息在线发布功能，可通过信息发布的方式进行事件信息的实时共享以及应急事件的管理与上报。

1）短信通知

对接警信息实现短消息通知。

2）网络信息在线发布

实现接警信息的网络信息发布，进行四级预警，预警级别由低到高，颜色依次为蓝色、黄色、橙色、红色。对预警颜色进行升级、降级或解除。

3）应急事件管理与上报

对应急事件进行维护管理，包括信息的增加、删除、修改与查看，同时实现应急事件的初报、续报以及总结报告。

4）事故最新动态

事故最新动态是指在应急事件处理和应急计划实施中，及时收集各方面的情况（如经费使用、物资消耗、现场情况和工作人员的供求情况等），及时发布；在发生突发环境事件后，对处理突发环境事件所需掌握的资料（包括事件发生地点、周围环境情况、事态严重程度、涉及人群数量、扩散趋势、事件处理所需各类资源情况、环保行政部门人员情况等信息）必须能够在第一时间准确地显示于系统中，为环保局领导了解事件的真实情况提供第一手资料，这便于事件的快速处理。

第三节　应急指挥调度

系统提供应急指挥与调度系统中指挥命令的传输功能，可以在指挥中心和其他的各个机构之间传递信息。环境应急系统设计将重点考虑与市应急办及公安、消防、质监等跨部门的应急联动问题，通过功能和接口扩展，实现应急联动处理跟踪功能。环保局参与事件处理的部门人员和现场指挥人员，可以随时将应急事件的最新处理情况和事件现场最新动态通过应急联动网或固定电话、移动电话等方式上报监控指挥中心会议室。通过跟踪系统可以方便地获得各个部门和处理小组，甚至个人的工作状态、现场状态、指令状态。

一、应急资源调配

包括主要物资分配、应急车辆调度、应急设备分配、应急防护设施分配、应急救援设施调度指令，如图 5-7 所示。

系统实现了基于 GIS 地理信息平台的应用开发，实现了对应急车辆和监察车辆在应急管理中的可视化调度管理，便于及时调度就近的执法车辆、人员，使其第

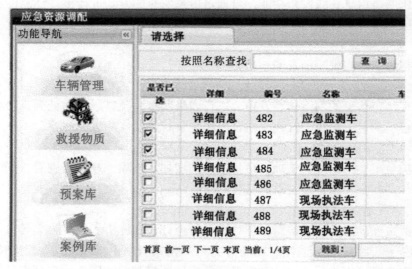

图 5-7　应急资源调配

一时间赶赴现场，进行快速处置。它由 GPS 空间卫星网、车载移动智能终端、通信网络传输平台、指挥控制中心、系统软件、GIS 地理信息系统软件等部分组成。

车载智能终端中的 GPS 接收机可以接收到卫星发送的定位信号，经处理后可以获得该车的坐标、速度、航向及跟踪卫星状态等各种数据信息，摄像机获取的经压缩编码处理后的图像信息数据，以及遇险告警信息，通过微处理器数据打包，由通信模块（手机）发送，经无线移动通信网络（或再经过 Internet 网）上传到指挥控制中心，在与 GIS 系统信息进行数据处理后存储，并送到大屏幕同电子地图叠加标定显示，上述信息也可在车载终端的显示屏上显示。指挥控制中心发布的信息和调度指令，下传到有关的车载移动智能终端并加以显示。指挥中心与车载台、车载台与车载台之间可双向通话。

二、应急组织管理

显示各组织机构领导名单及专家成员名单，并可选定成立环保系统内应急领导组、应急监测组、应急监察组、应急保障组、应急专家组。输出名单及联络方式，可用手机短信通知各成员，同时通过回复信息加以确认。

系统可以实现对环境应急组织机构联系表的日常管理和维护，包括对姓名、所属部门（单位）、职务、移动电话、办公电话、传真、电子邮件地址（并不限于 OA 邮件）、性别、年龄、专业、学历、参训经历等信息的增加、删除、修改与查看操作。

三、应急指令传达

实时指挥调度模块提供应急指挥与调度系统中指挥命令的传输功能，通过网络向指挥大厅和辅助大厅的指挥工作终端提供信息和处理信息功能，可以在指挥中心和其他的各个机构之间传递信息。包括以下几种方式的信息传输：指令传输、文书传输、传真传输和邮件传输。

应急指挥命令系统如图5-8所示。

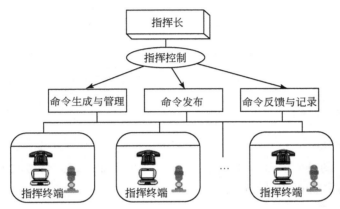

图5-8　应急指挥命令系统示意图

（一）指令传输

1. 指令下达

指令下达模块提供指令录入界面和接收单位列表，系统操作人员首先录入指令的相关内容，然后选择发送对象并进行发送。

2. 指令查询

提供按照查询条件进行指令的查询功能。通过该查询模块，可以根据用户要求定制查询条件。

3. 指令反馈

指令反馈模块提供指令反馈录入界面，用以记录下达指令的反馈结果。并提供指令反馈的查询界面，可以根据用户要求定制查询条件，查询到用户所需要的结果。

4. 指令管理

提供对指令基本属性的维护管理，包括指令的增加、指令的修改、删除等操作，并可以把操作的结果存入数据库中，如图5-9所示。

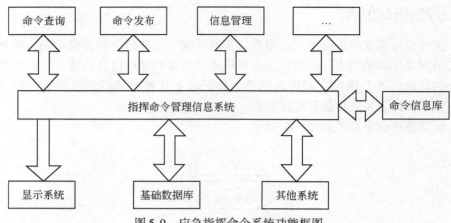

图 5-9 应急指挥命令系统功能框图

（二）文书传输

1. 文书拟制

提供文书的录入界面，可以进行新建文书的拟制。可以将拟制人、文书内容等相关资料在数据库中进行保存。

2. 文书发送

提供文书的发送界面，选择发送对象进行发送，可将该文书发送到发送对象所在机器，并可以将发送地址、接收地址、发送内容等相关资料在数据库中进行保存。

3. 文书接收

提供文书的接收界面，可以接收到发送到本机的文书。

4. 文书查询

文书查询模块中，提供列表显示已经发送和接收到的文书。可以根据用户要求定制查询条件，查询已有的文书。

（三）传真传输

1. 传真发送

提供传真录入界面，用户可以在其中录入传真内容。系统提供列表显示发送单位，操作人员可以从中选择需要发送的单位进行群发或者单发。之后将该传真对应的内容、发送单位以及发送时间等主要内容保存到数据库中。

2. 传真接收

传真接收模块提供接收传真功能，并显示传真内容。同时将接收到的传真内容以及接收时间等信息保存到数据库中。

3. 传真查询

在传真查询模块中，系统对接收和发送的邮件进行列表显示。用户可以通过查询条件，查询需要的传真并显示传真内容。

（四）邮件传输

1. 邮件发送

提供邮件录入界面，用户可以在其中录入邮件内容。系统提供列表显示发送单位，操作人员可以从中选择需要发送的单位进行群发或者单发。之后将该邮件对应的内容、发送单位以及发送时间等主要内容保存到数据库中。

2. 邮件接收

邮件接收模块提供接收邮件功能，并显示邮件内容。同时将接收到的邮件内容以及接收时间等信息保存到数据库中。

3. 邮件查询

在邮件查询模块中，系统对接收和发送的邮件进行列表显示。用户可以通过查询条件，查询需要的邮件并显示邮件内容。

四、应急视频指挥

该系统与视频监控系统（配套软、硬件）实现无缝连接。在监控系统中，前端网络摄像设备只是系统的硬件基础，其核心部分在于后端的监控软件，视频监控模块可以实时查看现场的实时情况图像（图5-10）。

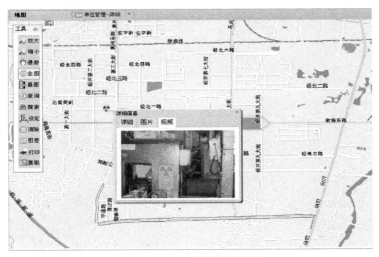

图 5-10　GIS 整合视频监控

环保视频监控管理的功能设计如下：

（1）多画面功能：多路同屏显示（1、4、8、9、16路），支持多画面轮巡；

（2）带宽调节：手动限制网络带宽及自适应网络带宽；

（3）图像质量可选：支持D1、CIF、QCIF、SQCIF；

（4）锁定监控界面：防止外来人员对监控画面进行操作；

（5）权限分级管理：设置三级权限，不同权限功能不同；

（6）数据库统一管理：系统摄像机属性数据统一管理，一次性输入摄像机IP地址，永久记忆，适用于大规模的网络监控系统；

（7）群组管理：摄像机进行自由分组，使用者可以直接打开每组的所有摄像机；

（8）告警功能：移动侦测告警，报警触发，电平输入输出报警，支持连动报警，监控主机同时在监控画面显示报警提示及发声；

（9）远程管理：具有权限的用户可远程调整视频参数、画面设置等；

（10）电子地图：电子地图目录索引管理，设置布防点；

（11）多种储蓄策略：一次录像性策略、长期录像策略、预警录像策略、手动录像、定时录像、存储容量管理，录像、录音同步进行；

（12）录像回放：录像资料查询方便，支持MEDIA PLAY回放，可以查看放射源的历史视频，历史视频信息可根据时间、通道、报警类型等进行联合查询，播放器可实现快进、快退、逐帧回放、循环播放、鼠标拖拉等操作。

第六章　环境应急决策支持

第一节　应急监测

环境污染事故应急监测是突发性环境污染事件处置处理过程中的首要环节，是指在发生突发性环境污染事故的情况下，环境监测人员在最短的时间内，为查明环境污染的范围、程度和种类等而采取的一种环境监测手段和判断过程，目的是使环境污染事故得到及时处理，降低事故危害，是制订处理方案的根本依据。当突发性环境污染事件发生后，环境监测人员将立即赶到现场，通过各种快捷的测定仪器和设备，在最短的时间内得出关于突发性环境污染事故的污染物类别、影响范围、数量以及发展态势等的重要的现场动态资料信息，为突发性环境污染事故的及时处理争取宝贵的时间。

环境污染事故应急监测的特点在于需要监测人员在尽可能短的时间内，根据现场情况，确定出污染物的种类、浓度、扩散范围和模式等。现场监测过程分为定量应急监测和定性应急监测两种，定量应急监测是指确定现场不同环境中污染物质的浓度和分布情况，对定量应急监测的精度不作要求。而定性应急监测是指查明在事故现场造成污染的污染物质的类别，一般在对突发性环境污染事故应急监测的发生阶段进行。

根据环境污染事故现场的具体状况，可将污染事故应急监测归类为四种情况。

（1）在污染物质来源和污染物质种类都已知的情况下，对污染物质的污染范围和程度进行调查。

（2）在污染物质种类已知，而污染来源未知的情况下，对污染源、污染程度和污染物质范围进行调查。

（3）在污染物质种类和污染物质来源都未知的情况下，对污染物类别、源头、环境污染程度和污染物污染范围进行调查。

（4）在污染物污染来源已知，而污染物质类别未知的情况下，对污染类别、污染程度和污染物污染范围进行调查。

在第一种情况中，可简单快速地直接测定出污染物质排放的数量和浓度。在第二种情况中，可先测定其浓度和污染范围，结合现场周围情况判定出具体的污染源情况。在第三种情况下，国内目前还没有相关的监测规范和方法，需要应急监测人员具备丰富的经验，且要投入巨大的人力、物力。在第四种情况下我们可以从污染物的污染源头开始，依据污染源所用原料等找出可能产生的污染物，并进一步分析和监测。

由于突发性大气环境污染事故发生时，污染物的分布极不均匀，时空变化大，对各环境要素的污染程度各不相同，因此采样点位的选择对于准确判断污染物的浓度分布、污染范围与程度等级极为重要，一般采样点的确定应考虑以下因素：

（1）事故的类型（泄露、爆炸等）、严重程度与影响范围，采样点要分布在整个事故影响区；

（2）事故发生时的天气情况，尤其是风向、风速及其变化情况，在风速较大、主导风向较明显的情况下，扩散的下风向为主要监测范围，同时泄漏源的上风向应布设少量采样点作为对照；

（3）事故危险区各个分区采样点不须均匀分布，毒物浓度高的（如致死区、重伤区）采样点要布置多一些、密一些，毒物密度低的（如轻伤区）采样点布置得少一些、疏一些；

（4）事故影响范围内的敏感区（如工业密集的城区、居民住宅区、学校、水源地等）要加设采样点；

（5）由于泄漏事故的应急监测是研究污染物对人的影响，所以采样点高度应设在离地面 1.5~2.0m 处；

（6）采样点应设在开阔地带，避免高大建筑物及树木等的遮挡。

一、现场应急监测

由于有毒有害和危险化学品种类繁多、性质复杂，环境突发事件的类型多种多样，建立全面覆盖的环境应急监测项目是很不现实的。在考虑环保能力建设资金、应急监测车空间和监测仪器水平等制约条件基础上，按照环境突发事件应急监测的一般特征，重点实现以下两大目标：

（1）能够尽快到达事件现场，具备快速的应急反应能力；

（2）能够分析污染物种类和性质，识别污染源，确定影响范围，具备一定的现场监测水平。

与常规环境监测设备相比，应急监测设备应具有如下性能：

（1）分析方法应快速，分析结果应直观、易判断，最好具有快速扫描功能，具有较好的灵敏度、准确度和再现性，分析方法的选择性和抗干扰能力要好；

（2）监测器材轻便，易于携带，分析操作方法简单，试剂用量少，稳定性好，不需电源或可用电池供电。

（一）应急监测向导

根据初步确定的监测项目，系统自动从专家知识库里选定监测分析方法，从监测仪器数据库中确定相应的监测仪器和采样设备，从应急专家库中选择针对该监测项目的应急专家，从应急监测人员数据库中调出应急监测仪器维护人员的联系方式，快速生成应急监测指导书（图6-1）。

应急措施

一、急救措施
　　立即脱离现场至空气新鲜处，保持安静及保暖。注意发现早期病情变化，必要时作胸部X线检查，及时处理。出现刺激反应者，至少观察12h；中毒患者应卧床休息，避免活动后病情加重。必要时作心电图检查以供治疗参考。

二、泄露处置
　　迅速撤离泄漏污染区人员至上风向，并隔离直至气体散尽。应急处理人员戴正压自给式呼吸器，穿化学防护服（完全隔离）。避免与乙炔、松节油、乙醚等物质接触。合理通风，切断气源，喷雾状水稀释、溶解，抽排（室内）或强力通风（室外）。如有可能，用管道将泄漏物导入还原剂（酸式硫酸钠或酸式碳酸钠）溶液。或将残余气或漏出气用排风机送至水洗塔或与塔相连的通风橱内。也可以将漏气钢瓶置于石灰乳液中。漏气容器不能再使用，且要经过技术处理以清除可能剩余的气体。

三、消防方法
　　不燃。切断气源。喷水冷却容器。将容器从火

环境监测方法
　　快速方法：检气管法 检出范围：1~30mg/m³ 国标方法：甲基橙分光光度法 HJ/L30--1999 检出范围：0.03~20mg/m³ 碘量法 检出限：0.35mg/m³ 氰化物 GB11896--89 硝酸银滴定法 检出限：10mG/L

三、应急监测专家

专家姓名	胡志鲜	性别	女
出生日期	1950-12	学历	
专业	河南科技学院化工分析专业	专业职称	高级工程师
所在单位	河南科技学院环境工程学院	单位电话	020-21548745
家庭电话	037366	移动电话	13703317599
专家姓名	白天雄	性别	男
出生日期	1954-4	学历	
专业	河北化工学院化工分析专业	专业职称	高级工程师

图6-1　应急监测指导书

（二）现场周边分析

根据中心系统文字屏上显示相应警情的发生地，在图形屏上显示起警点位置及周围一定范围内的详细地图，如500m以内的详细地图，对敏感点要在图形屏上突出显示，支持地图打印功能。联机打印事件地周边的详细地图，用于指导事件应急监测。

（三）应急监测布点

根据污染情况初步确定监测点位的布设，在地图上标出应急现场监测点的布置情况，确定采样方式和频次，如图6-2所示。

云合山风景名胜区
中马村矿
李贵作
空气模型计算
选取河流
河流上游
河流下游
海河监测点
焦作市
小墙北
中原路
墙北
解放大道
501m

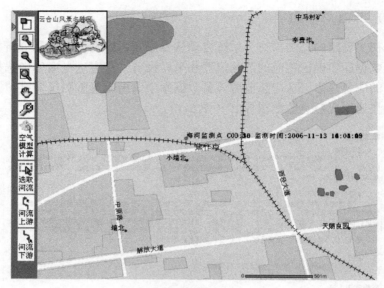

图 6-2　现场布点

（四）应急监测数据分析

将现场采集回来的数据录入系统中。对能够支持自动监测和实施数据传输的仪器设备监测的数据，进行实时采集、存储和展示。可在系统电子地图上标示出监测点，并查看实时监测的值。以浓度变化折线图预测污染物浓度变化的趋势，对多点的同步监测数据，可以实时生成污染物浓度分布图，如图 6-3 和图 6-4 所示。

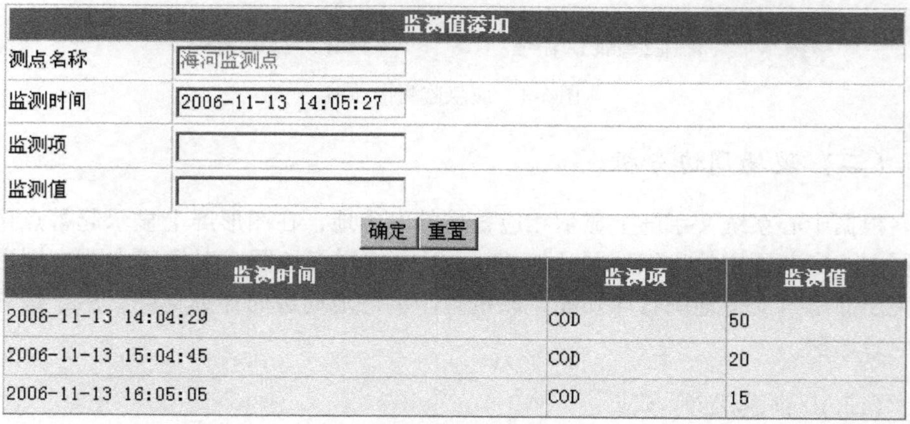

监测值添加
测点名称
海河监测点
监测时间
2006-11-13 14:05:27
监测项
监测值
确定
重置
监测时间
监测项
监测值
2006-11-13 14:04:29
COD
50
2006-11-13 15:04:45
COD
20
2006-11-13 16:05:05
COD
15

图 6-3　现场监测数据录入

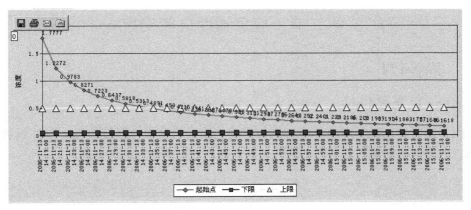

图 6-4　监测点浓度变化趋势图

（五）应急监测报告生成

事件完毕后根据现场采集的数据和人员调度情况，生成应急监测报告书。

二、现场视频监控

指挥中心最需要了解的不仅是发生突发环境事件的各种环境数据，更需要现场视频和语音的相互沟通。使用无线视频设备，传送视频、音频以及数据信息，能使指挥中心在第一时间掌握第一手材料，使领导和专家做出快速判断，争取时间下达指示，如图 6-5 所示。

图 6-5　应急监控终端监控

第二节 应急辅助决策支持

一、事件研判

（一）事件判别

根据报警信息，对事件类别进行自动判断，确认事件报警信息。事件判别界面，如图 6-6 所示。

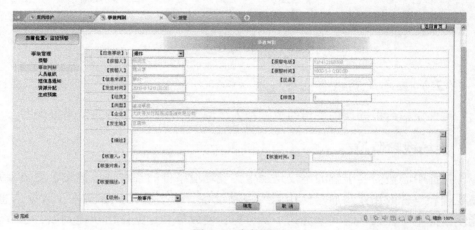

图 6-6 事件判别

（二）事故相关信息自动提取

应急事件发生后，将自动根据事故信息运用 GIS 缓冲区分析等技术手段来自动提取事故周边地点的重点保护区、危险源、应急物资、应急人员等的分布情况，在 GIS 电子地图上显示出这些重点信息的分布状况。

二、模型分析

根据基本资源环境状况和环保基础设施建设及环保设备生产的基本数据，分析研究我国突发环境事件发生的一般规律、国家处理突发环境事件的潜在能力，为制定科学合理的环保基础设施建设发展规划提供支持。以专家知识和环境保护科学研究成果为基础，开发各种突发环境事件控制与预防的模型系统。

专家知识和专业模型分析系统可以被看做一个专家系统。系统首先需要建立起一个专家知识库和一个专业模型库，并且把相应的专家知识和专业模型输入到这两个数据库中。

而专家知识库和专业模型库分析系统则对这两个数据库的内容进行管理、分析。一旦发生问题，首先用户会查询专家知识库，分析可能的原因，并且通过查询专业模型库，分析可能的解决方案。

所以整个分析系统具有如下功能接口：

（1）专家知识的录入；

（2）专业模型的录入；

（3）事件情况的录入；

（4）专家知识的分析结果输出；

（5）专业模型的分析方案输出；

系统设计过程包括以下几个方面。

（一）专家知识库和专业模型库的建立

计算机管理从事务处理阶段、系统处理阶段发展到了支持决策和综合服务阶段，技术的进步、管理模式的改变引发系统升级、软件改版等。这使管理信息系统一直处在变化中，但人们最终达成了一个共识，那就是信息是信息系统中最重要、最有价值的部分。于是，资源数据库的建设，成了所有大型信息系统建设中一项重要的建设内容。

同样，专家知识库和专业模型库分析系统也必须有专家知识库和专业模型库的支持，只有这样才能把各种情况的信息保存起来以便工作人员查询、查看，整个情况记录作为一个历史记录也是需要保存下来的，并且通过这些数据信息对其他决策系统提供基础的支持。

专家知识库和专业模型库的信息范围涵盖了环保领域所涉及的所有知识和模型，包括平常业务知识、模型，突发环境事件知识、模型等。

由于管理的需要和突发环境事件应急指挥与决策系统信息化发展的需要，现阶段专家知识和专业模型数据的存储将采用集中的模式，这样既能满足数据管理的要求，又能实现数据的共享。

（二）数据库系统的建设

对数据库系统的建设，我们坚持与业务紧密挂钩的原则。在充分调研业务需求的基础上，通过数据抽象，提炼出数据模型，再通过专业人员对数据模型进行数据库系统的设计，所有主观臆测的数据结构都是不合理的。只有这样建立起来的数据库才既能符合业务的需要，又能提供最好的服务。

（三）GIS 专业模型分析

GIS 空间分析子模块是在地址匹配、制图输出、信息标绘等模块的基础上，提供更高级的空间分析的模块，因此也是面向高级用户使用的模块。该模块具备的功能包括以下几点。

1. 影响范围分析

影响范围分析主要是指通过 GIS 的缓冲区分析和空间叠加分析功能，分析突发环境事件或其他因素在空间上的影响范围。例如，可以分析某一河流污染可能对周围多少居民造成影响。

应急事故影响范围分析界面如图 6-7 所示。

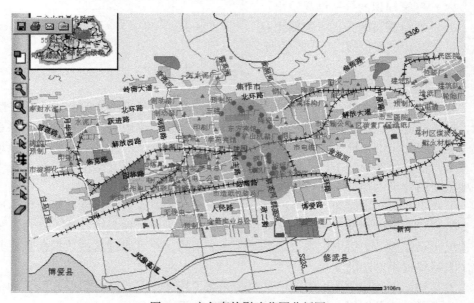

图 6-7　应急事故影响范围分析图

2. 空间聚集度分析

空间聚集度分析用于分析离散的突发环境事件点或环境污染分布在空间上的聚集性。用户可以通过输入一系列的代表突发环境事件地点的离散空间点数据，通过设置进行空间聚集度分析。通过分析的结果，可以判断突发环境事件在空间上的分布是一种随机的分布，还是具有某种聚集性。

3. 空间趋势分析

此功能用于分析突发环境事件等在时间和空间上的发展变化趋势。

对指定区域和时间范围内的具有时间和空间特征的突发环境事件，从整体上分析并图形化展示以下内容：

（1）突发环境事件在时间上的变化过程；

（2）突发环境事件在空间上的变化过程；

（3）突发环境事件微观发展变化和趋势分析。

针对某些重大的突发环境事件，可以从微观的角度（如特定地区、时间、特定危险品、措施等）分析并图形化展示突发环境事件及相关因素在时间和空间上的变化过程。

4. 应急调度分析

利用 GIS 分析应急资源的分布和可调度情况，主要包括以下内容：

（1）制作应急资源分布图；

（2）根据应急资源分配模型计算资源的盈亏值；

（3）根据模型进行资源的自动平差，生成资源的最佳调度方案。

在进行资源调度的流程中：

首先，通过 GIS 获取所需要的资源的空间位置，解决"在哪儿"的问题；

其次，通过 GIS 的网络分析获取调度的最短路径或者最优路径，解决"如何到达"的问题；

最后，根据系统的动态信息输入，可全程监控物资的流动，解决"如何执行"的问题，实现可视化的动态反馈。

5. 模型分析

随着 GIS 技术在分析功能中的深入应用，系统将发展用于环境应急分析的专用模型。系统预留模型分析接口，供外部模型进行调用。

6. 地图保存和发布

在以上分析过程中产生的中间结果、最终结果、效果图等，都可以保存成地图，并登记到综合信息服务系统来发布。

（四）环境模型分析

建立地图数据与环境污染数据库的关联，将环境污染数据与其空间位置相联系，实现环境污染数据的地图化、可视化，结合地图数据进行环境污染数据的检索、查询、分析，依据污染事件爆发点情况，生成扩散模型，分析污染扩散模式，输出周边高危影响（范围）分析信息。

1. 高架烟囱污染源仿真模型

利用大气扩散模型（高斯）对大气污染事故进行模拟，并运用 GIS 平台及可视化编辑，实现污染浓度分布、曲线以及趋势分析，为管理、领导决策作参考。

当污染扩散发生时，根据当地的气象条件（如风速、风向，河流流速、流量等）进行多个时间段的模拟，在地图上显示污染扩散各个时段结果，并动画显示污染扩散过程。

高斯烟羽模型，考虑了不同大气稳定度和与泄漏源的轴线距离对扩散系数的影响，确定了气体扩散浓度分布的计算模型，并运用 GIS 平台的强大的绘图功能，以及可视化编辑，进行了高斯烟羽模型的数值模拟界面化，具备了绘制气体浓度分布立体图、等浓度曲线、某高度上轴线浓度变化曲线的功能，以及计算气体泄漏流量、给定距离计算浓度、给定浓度计算距离等功能，操作界面方便，计算效率高，可以大大提高评价工作的效率和准确性。根据大气环境情况，以及输入泄漏物质的名称、源强、事故地点来计算，还要结合当前气象和地理信息，如风向、风速、温度、湿度、地面粗糙度等相关参数。计算输出结果主要包括下风向随时间、距离的变化而产生的泄漏物质浓度变化，并在 GIS 地图上动态显示。这样能够彩色打印环境应急扩散模型底图。

设置环境变量，如大气稳定度、近年来空气环境状况、选择地区概况，完成对大气环境质量的模拟，如图 6-8 所示。

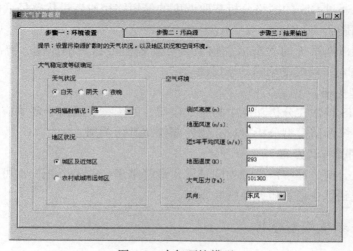

图 6-8　大气环境模型

完成对污染源的基本信息以及污染排放信息的设置，在上图中可以添加污染源，删除污染源，以及进行地图显示（显示污染源所在的位置）。设置完成后单击"步骤三：结果输出"，可以对多个污染源进行叠置分析，如图 6-9 所示。

污染源输出结果为 X、Y、Z 的临时变量，可以以文本文件、数据库表存放或直接调用。

等值线反映了污染源下游大气扩散模拟情况，如图 6-10 所示。

等差面图反映了污染源下游大气扩散等差间距，如图 6-11 所示。

运用地理信息平台，通过对离散的大气扩散点进行插值，生成彩云图，如图 6-12 所示，与影像叠置分析如图 6-13 所示。

仿真模拟结果与影像叠置分析，如图 6-13 所示。

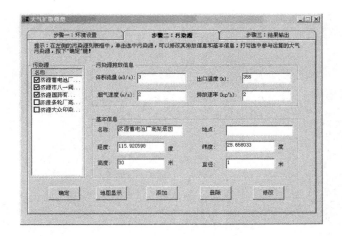

图 6-9　大气环境模型设置

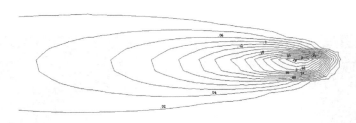

图 6-10　等值线图

图 6-11　等差面图

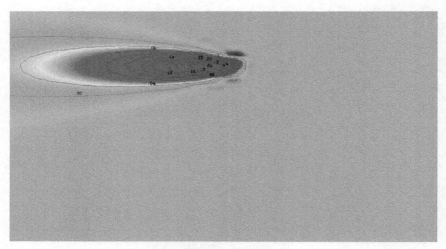

图 6-12　彩云图

图 6-13　与影像叠置分析

2. 毒气泄漏仿真模型

根据已知危险源的位置、扩散模式、扩散速度以及当地大气条件等因素，可计算出扩散源周围地区特定点处的气体浓度，并可在此基础上进行气体浓度分布，以及气体传播路径、影响范围、影响人口等空间分析，从而为工作人员判断疏散人群的范围、附近的救援机构、周边的地理环境等，提供辅助决策。

1）键盘输入

在弹出窗口中，用户通过键盘输入气体毒性（致死或非致死）、扩散模式（瞬时泄漏或持续泄露）、扩散量 Q（瞬时泄漏时，单位：kg，系统演示默认 500kg）、扩散速率 Q（持续泄漏时，单位：kg，系统演示默认 10kg/s）、风速 u（风级，0～12，系统默认 2）、风向（东、西、南、北、东北、东南、西北、西南，系统默认西北）、开始泄漏时的时刻 t_0（格式：hh：mm，采用 24h 制）、分析时刻 t_1（格式：hh：mm，采用 24h 制）、所关心的气体浓度 C_0（可选，单位：mg/m³，对致死气体系统演示默认值 1，非致死气体系统演示默认值 20）。其中气体毒性、扩散模式、风向、风速的输入提供下拉菜单，其余直接录入数字。扩散量和扩散速率根据扩散模式选其一，系统自动选择。

2）鼠标输入

在基础地理底图上，用户通过鼠标点击选取泄漏源位置，然后在输入窗口中输入上述参数，得到相应的结果显示。

瞬时扩散，如图 6-14 所示。

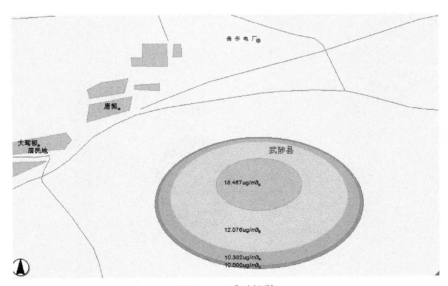

图 6-14　瞬时扩散

稳态扩散，如图 6-15 所示。
静风条件下扩散，如图 6-16 所示。

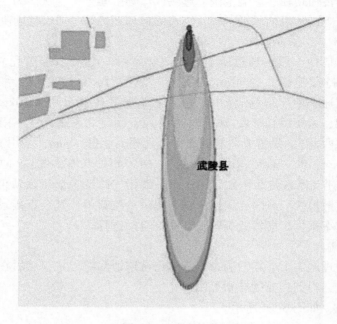

图 6-15 稳态扩散

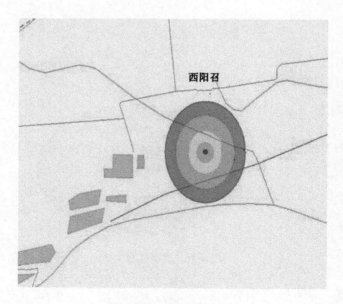

图 6-16 静风条件下

扩散时间演变，如图6-17所示。

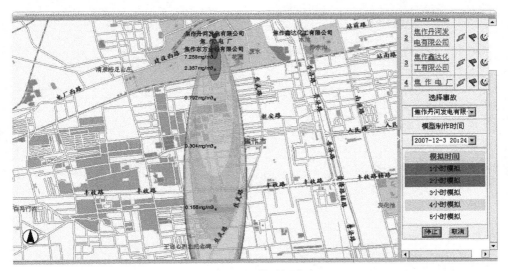

图6-17　扩散时间演变

3. 水环境质量仿真模型

1）一维扩散

河流模型即根据紧急事故的影响的情况而定。如果是水域河流湖泊等方面的污染，根据参数指标计算出污染趋势、范围等情况，参数不同，其影响的范围就不一样，以方便对此事故做出合理的应对处理。

对于河流而言，一维模型假定污染物浓度仅在河流纵向上发生变化，主要适用于同时满足以下条件的河段：①宽浅河段；②污染物在较短的时间内基本能混合均匀；③污染物浓度在断面横向方向变化不大，横向和垂向的污染物浓度梯度可以忽略。

选择单线水系，设定观测起始点、终点。输入水污染扩散模型参数，如排放量、扩散系数、断面面积等。扩散参数输入界面和模型模拟结果，如图6-18和图6-19所示。

2）二维扩散

选择面状水系，输入参数，如图6-20～图6-23所示。

3）湖泊水环境质量仿真模型

污染物守恒情况。

经历时间 t 后，用质量平衡方程求出浓度 C（mg/L）：

$$C = \frac{W_0 + C_p Q_p}{Q_h} + \left(C_0 - \frac{W_0 + C_p Q_p}{Q_h}\right) \exp\left(-\frac{Q_h}{V}t\right)$$

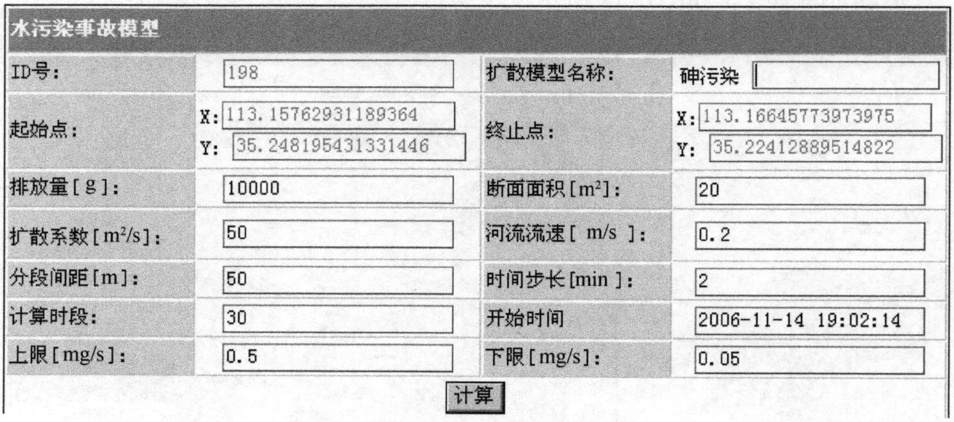

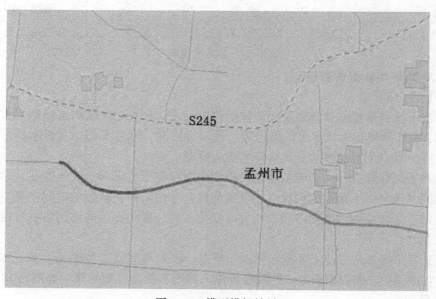

图 6-18　扩散参数输入界面

图 6-19　模型模拟结果

式中，W_0 为湖（库）中现有污染物（除 Q_p 带进湖泊的污染物外）的负荷量（g/d）；Q_p 为流进湖泊的污水排放量（m³/d）；Q_h 为流出湖泊的污水排放量（m³/d）；C_0 为湖（库）中污染物现状浓度（mg/L）；C_p 为流进湖泊的污水排放浓度（mg/L）；V 为湖水体积（m³）。

在稳定的情况下，当时间趋于无穷时，达到平衡浓度：

图 6-20　输入参数界面 1

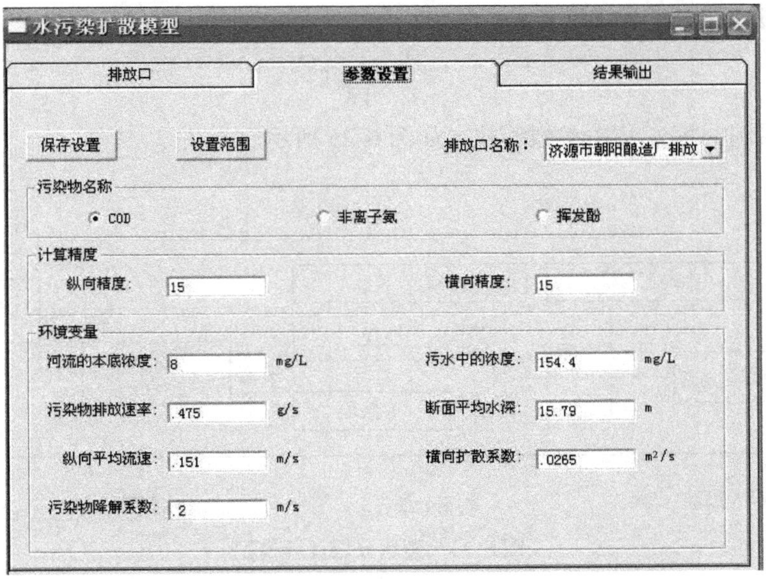

图 6-21　输入参数界面 2

图 6-22　等值线图

$$C = \frac{W_0 + C_p Q_p}{Q_h}$$

对非守恒物质，经历时间 t 后，湖泊内污染物浓度 C（mg/L）可以用完全混合衰减方程表示：

$$C = \frac{W_0 + C_p Q_p}{V K_h} + \left(C_0 - \frac{W_0 + C_p Q_p}{V K_h} \right) \exp(-K_h t)$$

$$K_h = (Q_h / V) + k_1$$

在湖泊、水库的出流、入流流量及污染物质输入稳定的情况下，当时间趋于无穷时，达到平衡浓度：

$$C = \frac{W_0 + C_p Q_p}{V K_h}$$

分层湖（库）集中参数模式，如图 6-23 所示。

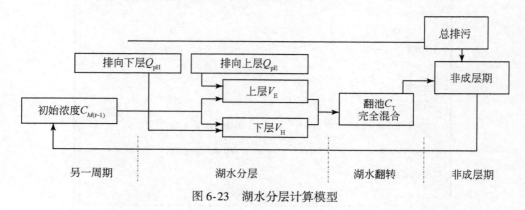

图 6-23　湖水分层计算模型

4. 爆炸气体冲击波模型

1）模型描述

爆炸性气体以液态形式储存，如果瞬间泄漏后遇到延迟点火或气态储存时泄漏到空气中，遇到火源，则可能发生蒸气云爆炸。导致蒸气云形成的力来自容器内含有的能量或可燃物含有的内能，或两者兼而有之。"能"的主要形式是压缩能、化学能和热能。一般来说，只有压缩能和热能能单独导致蒸气云。

根据荷兰应用科研院（TNO，1979）的建议，可按下式预测蒸气云爆炸产生的冲击波的损害半径：

$$R = Cs(NE)1/3$$

式中，R 为损害半径（m）；E 为爆炸能量（kJ），$E = V\,Hc$；V 为参与反应的可燃气体的体积（m³）；Hc 为可燃气体的高燃烧热值（kJ/m³）；N 为效率因子，其值与燃烧浓度持续展开所造成损耗的比例和燃料燃烧所得机械能的数量有关，一般取 $N = 1096$；Cs 为经验常数，取决于损害等级。

设计本程序的主要目的是实现蒸气云爆炸的冲击波伤害、破坏半径的计算，进而评估出影响范围。

2）程序功能

计算在死亡、严重破坏、轻微破坏三种情况下冲击波的破坏半径，根据计算出的破坏半径，运用 GIS 的叠置分析出影响的敏感点。

3）输入项

（1）输入手动参数为：

模拟事故名：Name

爆炸气体名称：Gas-Name

密闭容器内液体质量：M（Kg）

（2）输入经验参数为：

常压下气体密度：D（kg/m³）（Auto）

气体燃烧比率：Per（0~100%，默认 50%）

效率因子：N（默认 1096）

可燃气体的高燃烧热值：Hc（kJ/m³）（Auto）

（3）输入隐式参数为：

损害等级：Cs（Auto）

4）输出项

R_1：死亡半径

R_2：重伤半径

R_3：轻伤半径

输出根据 R_1、R_2、R_3 绘制的圆形 shp 面。

5）算法

$$R = Cs(N\,M\,Per\,Hc/D) \times \frac{1}{3}$$

用例：存储 2000kg 的液态 CO 发生爆炸泄漏，燃烧气体约占总量的 50%。

N：1096

M：2000（kg）

Per：0.5

Hc：17 250

D：1.25（kg/M^3）

计算：

$Cs_1 = 0.03$　　$R_1 = 68$（m）死亡

$Cs_2 = 0.06$　　$R_2 = 136$（m）重伤

$Cs_3 = 0.15$　　$R_3 = 340$（m）轻伤

6）流程逻辑

流程逻辑，如图 6-24 所示。

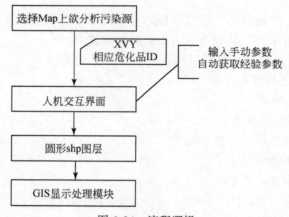

图 6-24　流程逻辑

5. 爆炸气体毒害区模型

1）模型描述

液化介质在容器破裂时会发生蒸气爆炸。当液化介质为有毒物质，如液氯、液氨、二氧化硫、硫化氢、氢氰酸等时，爆炸后若不燃烧，会造成大面积的毒害区域。

设有毒液化氧质量为 W（kg），容器破裂前器内介质温度为 t（℃），液体介质比热为 C［kJ/（kg·℃）］。当容器破裂时，器内压力降至大气压，处于过热状态的液化气温度迅速降至标准沸点 t_0（℃），此时全部液体所放出的热量为

$$Q = W \cdot C(t - t_0)$$

设这些热量全部用于器内液体的蒸发，如它的汽化热为 g（kJ/kg），则其蒸

发量：

$$W' = \frac{Q}{q} = \frac{W C(t - t_0)}{q}$$

如介质的分子量为 M，则在沸点下蒸发蒸气的体积 V_g（m^3）为

$$V_g = \frac{22.4W}{M} \times \frac{273 + t_0}{273} = \frac{22.4W C(t - t_0)}{M_q} \times \frac{273 + t_0}{273}$$

2）程序功能

计算吸入 5～10min 致死的浓度半径、吸入 30～60min 致死的浓度半径、吸入 30～60 min 致重病的浓度半径，根据计算出的浓度半径运用 GIS 的叠置分析出影响的敏感点。

3）输入项

（1）输入手动参数为：

模拟事故名：Name

爆炸气体名称：Gas-Name

密闭容器内液体质量：W（kg）

（2）输入经验参数为：

介质温度：T（℃）

沸点：T_0（℃）（Auto）

液体平均比热：C ［kJ/（kg·℃）］（Auto）

汽化热：q（kJ/kg）

分子量：M（Auto）

（3）输入隐式参数为：

有毒介质在空气中的危险浓度值：Cs（%）

4）输出项

输出项说明：

R_1：吸入 5～10min 致死的浓度半径

R_2：吸入 30～60min 致死的浓度半径

R_3：吸入 30～60min 致重病的浓度半径

输出根据 R_1、R_2、R_3 绘制的圆形 shp 面。

5）算法

$$V_g = \frac{22.4W}{M} \times \frac{273 + T_0}{273} = \frac{22.4W C(T - T_0)}{M \times q} \times \frac{273 + T_0}{273}$$

式中，W 为有毒液化氧质量（kg）；T 为容器破裂前器内介质温度（℃）；C 为液体介质比热 ［kJ/（kg·℃）］；T_0 为沸点（℃）；q 为汽化热（kJ/kg）；M 为介质分子量。

$$R = \sqrt[3]{\frac{V_g/Cs}{\frac{1}{2} \times \frac{4}{3}\pi}}$$

式中，R 为有毒气体的半径（m）；V_g 为有毒介质的蒸气体积m³；Cs 为有毒介质在空气中的危险浓度值（%）。

三、优化分析

人群疏散是减少人员伤亡的关键，要对疏散的紧急情况、预防性疏散准备、疏散区域、疏散距离、疏散路线、疏散运输工具、安全庇护场所及回迁等做出细致的规定和准备，要考虑疏散人群的数量、所需要的时间及可利用的时间、环境变化等问题，对已实施临时疏散的人群，要做好临时安置。

可以对到达应急事故点进行最短最优路径网络分析，并建立人员疏散模型。制定合理的疏散路线，并进行疏散模拟，尽可能避免拥塞，保证人员生命安全，如图 6-25 所示。

图 6-25　事发点、应急资源分布与路径分析

四、预案支持

要完全杜绝环境污染事故是不可能的，但做好应对准备，可在事故发生时有效减轻其危害，因而制定一个好的预案是做好应急处置的关键，而预案的落实要靠健全的组织机构和科学合理的运作机制，还要通过演练检验预案的完备性，通

过教育和培训把事故应急知识灌输给相关的每个人。

（一）预案的制定

预案的生成是通过内建的预案库和用户的操作来完成的。首先系统取得内建的预案，提供给用户。用户根据自己的需要，组合各个阶段的实施细则，最后组合成真正实施的预案。整个过程采用向导的方式、可视化的界面，以方便用户生成预案。

一旦预案制定完毕，系统就会保存用户制定的预案，同时把这个新生成的预案加入到预案库中，实现预案库的自动学习，自动扩充。

突发环境事件应急系统的预案可以分为以下几个方面：

（1）总则；

（2）组织指挥与职责；

（3）预防和预警；

（4）应急响应；

（5）应急保障；

（6）后期处置。

（二）预案管理

预案管理主要实现分类管理预案，跟踪并记录预案落实情况，提供预案审批、启动的管理流程。

预案管理主要是为预案的制作、调阅、审批等工作提供计算机方式的实现手段。为了规范预案的内容，提供了预案模版管理的功能。在预案制作时可以提供事件的相关信息、环境资源信息、专家信息、法律法规信息等相关资源信息查看的功能，辅助预案的制作。

突发环境事件应急预案应当包括以下主要内容：

（1）突发环境事件应急处理指挥部的组成和相关部门的职责；

（2）突发环境事件的监测与预警；

（3）突发环境事件信息的收集、分析、报告、通报制度；

（4）突发环境事件应急处理技术和监测机构及其任务；

（5）突发环境事件的分级和应急处理工作方案；

（6）突发环境事件预防、现场控制，应急设施、设备、救治药品和医疗器械以及其他物资和技术的储备与调度。

环境污染事故应急预案是整个事故应急管理工作的具体反映，我们可以将事故应急管理的过程划分成预防、预备、响应和恢复四个阶段。然后根据此过程归纳确定应急预案的各项要素，动态生成环境污染事故应急预案。

五、应急对策知识库

在污染事故发生后，通过应急对策知识库，能快速地确定事故污染物，查询监测方法与防护措施，查询相应应急专家，快速合理布设监测点位，从而为应急监测提供技术支持。

化学危险品信息管理，包括化学危险品的理化性质、毒性、防护措施等。根据输入条件的不同进行查询，同时系统还支持化学危险品信息的添加、删除、编辑。

化学危险品录入界面如图6-26所示。

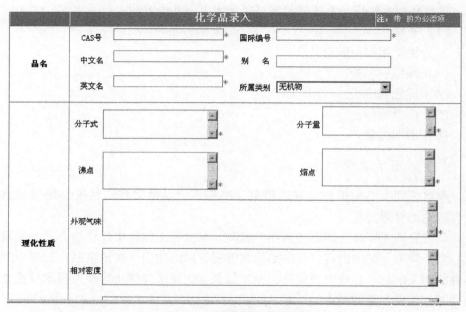

图6-26　化学危险品录入

1. 潜在危险源管理

包括对潜在危险源位置、环境风险等级、化学危险品种类及使用存储量的管理。

2. 监测方法管理

包括现场应急监测方法、设备，实验室分析方法、取样方法、取样设备等的管理。

3. 监测力量管理

包括对应急监测组织结构、车辆、监测人员、设备、应急预案等信息的管理。

4. 应急监测专家管理

包括对应急监测专家的联系方式、特长等信息的管理。

5. 通讯录管理

包括对环保局、重点污染源企业的联系方式的管理。

6. 环境标准管理

包括对国内外的室内外标准、车间环境标准等的管理。

7. 敏感单位与重点区域管理

包括对学校、机关、医院、居民点、水源地等相关信息的管理，这些敏感点分层存储，可以利用系统提供的交互工具查阅这些敏感点的信息。在发生环境污染事故之后，通过系统提供的预案生成工具，可以自动检索出事故周围设定距离范围内的敏感点，为事故处置方案的制订及敏感点的防护提供帮助。

8. 风险源的管理

通过条件查询、地图交互查询等方式查询风险源的位置、电话等基本信息，还可以查询到企业的应急处置预案、应急平面图等。

第三节　应急处理处置

事故处置、救援应急响应具体表现为以下几个方面。

第一，事故发生后，事故现场应急专业组人员应立即开展工作，及时发出报警信号，互相帮助，积极组织自救；在事故现场及存在危险物资的重大危险源内外，采取紧急救援措施，特别是突发事件发生初期能采取的各种紧急措施，如紧急断电、组织撤离、救助伤员、现场保护等；及时向项目部安全领导小组报告，必要时向相邻可依托力量求救，事故现场内外人员应积极参加援救。

第二，事故现场由项目部安全领导小组组长现场指挥，全面负责事故的控制、处理工作。项目部安全领导小组组长接到报警后，应立即赶赴事故现场，不能及时赶赴事故现场的，必须委派一名项目部安全领导小组成员或事故现场管理人员，及时启动应急系统，控制事态发展。

第三，各应急专业组人员，要接受项目部安全领导小组的统一指挥，立即按照各自岗位职责采取措施，开展工作。

（1）事故现场抢险组，应根据事故特点，采用相应的应急救援物资、设备开展事故现场的紧急抢险工作，抢险过程中首先要注重人员的救援、事故现场内外易燃易爆等危险品的封存及转移等，其次是贵重物资设备的抢救，随时与项目部安全领导小组、保护组、救护组、通信组保持联络。

（2）事故现场救护组，应开展事故现场的紧急救护工作，及时组织救治及护送受伤人员到医疗急救中心医治，随时与项目部安全领导小组、抢险组、救护组、通信组保持联络。

（3）事故现场保护组，应开展保护事故现场、人员的疏散及清点工作。现场保护组人员应指引无关人员撤到安全区，指定专人记录所有到达安全区的人员，并根据现场员工名单表、各宿舍人员登记表，经事发现场人员的证实，确定事发现场人员名单，并与到达安全区的人员进行核对，判断是否有被困人员，随时与项目部安全领导小组、抢险组、救护组、通信组保持联络。

（4）事故现场通信组，应保证现场内与其相关单位及应急救援机构的通信畅通，随时与项目部安全领导小组、抢险组、救护组、通信组保持联络。

第四，项目部安全领导小组接到报告后，应立即向上级安全领导小组报告。对发生的工伤、损失在 10 000 元以上的重大机械设备事故，必须及时向公司安全生产领导小组报告。报告内容包括发生事故的单位、时间、地点，伤者人数、姓名、性别、年龄、受伤程度，事故简要过程和发生事故的原因。不得以任何借口隐瞒不报、谎报、拖报，随时接受上级安全领导机构的指令。

第五，项目部安全领导小组，应根据事故程度确定工程施工的停运，对危险源现场实施交通管制，并提防相应事故造成的伤害；根据事故现场的报告，立即判断是否需要应急服务机构帮助，确需应急服务机构的帮助时，应立即向应急服务机构和相邻可依托力量求救，同时在应急服务机构到来前，做好救援准备工作，如道路疏通、现场无关人员撤离、提供必要的照明等。在应急服务机构到来后，积极做好配合工作。

1. 处理处置方法

建立环境事件处理处置方法库，实现事件信息与处理处置方法的自动匹配，包括大气环境污染事件风险源控制与处置方法和环境污染事件液态污染物快速处理处置方法等。

2. 处理处置方案

可实现处理处置方案的自动生成，如人员组织管理、救援物资及车辆调配等信息，从而为决策人员提供有效的参考依据，便于事后对处理处置的效果进行预评估，如图 6-27 所示。

3. 事件续报

续报可通过网络或书面完成，在初报的基础上报告有关确切数据，包括事件发生的原因、过程、进展情况及采取的应急措施等基本情况。

系统动态生成环境污染事件续报文档，能实现对文档的编辑、打印、导出。

图 6-27　应急预案

第四节　应 急 终 止

一、应急终止条件

符合下列条件之一的，即满足应急终止条件。

（1）事件现场得到控制，事件条件已经消除；

（2）污染源的泄漏或释放已降至规定限值以内；

（3）事件所造成的危害已经被彻底消除，无继发可能；

（4）事件现场的各种专业应急处置行动已无继续的必要；

（5）采取了必要的防护措施以保护公众免受再次危害，并使事件可能引起的中、长期影响趋于合理且尽量低的水平。

二、应急终止程序

（1）现场救援指挥部确认终止时机，或由事件责任单位提出，经现场救援指挥部批准；

（2）现场救援指挥部向所属各专业应急救援队伍下达应急终止命令；

（3）应急状态终止后，应根据有关指示和实际情况，继续进行环境监测和评价工作。

三、应急终止后行动

（1）突发性环境污染事故应急处理工作结束后，应组织相关部门认真总结、分析，吸取事故教训，及时进行整改；

（2）组织各专业组对应急计划和实施程序的有效性、应急装备的可行性、应急人员的素质和反应速度等做出评价，并提出对应急预案的修改意见；

（3）参加应急行动的部门负责组织、指导环境应急队伍维护和保养应急仪器设备，使之始终保持良好的技术状态。

四、处理结果报告

采用书面报告：在初报和续报的基础上，报告处理事件的措施、过程和结果，以及事件潜在或间接的危害、社会影响、处理后的遗留问题和参加处理工作的有关部门和工作内容。

第七章　环境应急模拟及演练平台

第一节　系统概述、指导思想与目的

(一) 系统概述

近年来，随着社会经济发展及生产企业的不断发展，环境突发应急事件的事故类型、事故模式也在不断变化，为保证在环境突发应急事件发生时，能够在最短的时间内实现对应急事件的响应并及时处理处置，必须进行环境应急模拟及演练，这是环境应急中必不可少的组成部分，通过以环境应急模拟及演练为主体的支撑平台，可以为突发环境应急事件的快速响应及处理提供理论支持及决策依据。

环境应急模拟及演练平台是通过直观的二维、三维 GIS 平台及可视化的应急演练流程，进而开展突发环境应急事件的模拟演练及培训工作。通过平台的脚本配置工具，直观、真实地表现应急事件中各部门的职责及响应决策，为突发环境应急事件的快速处理及上报提供全面的保障及支撑。

(二) 应急模拟及演练指导思想

贯彻落实《中华人民共和国突发事件应对法》、《国务院关于全面加强应急管理工作的意见》精神，检验各省、市政府部门及重点污染源企业预案的实施效果和环保系统环境应急处置的执行能力，坚持"预防为主、常备不懈"的指导方针，打造保障环境安全的现代化管理队伍，实现环境应急管理科学化、现代化、信息化，增强环保系统和辖区内企业的消患减灾意识，切实维护城市环境安全和社会稳定。

(三) 应急模拟及演练目的

环境应急模拟及演练平台主要满足环境应急指挥平台在非应急状态下的日常模拟和演练工作需要，通过对典型突发环境事件的模拟推演及培训、国内外灾害事件汇总分析、预警准备、突发事件管理、预案管理、知识库管理、方法库管理等，达到预测、预防突发公共事件的目的。

系统应提供基于二维、三维的仿真模拟演练的功能，通过仿真演习对应急队伍进行培训和演练。系统能够通过直观的事件过程推演及决策，为应急指挥工作人员加强专业技能培训，为广大的民众提供应对突发公共事件的基础知识。通过培训教育，提高工作人员指挥分析能力，提供应急工作人员对突发公共事件的应对能力。模拟训练和培训的功能是使得应急平台操作人员和其他应急相关人员通过模拟实际情况的训练和演习，实现相关责任人熟悉应急管理职责和协作流程并发现存在问题等目标。

环境应急管理体系体现了平战结合的思想，保证在战时能够满足环境应急联动及决策支持应用。在平时，能够以环境应急演练平台为基础，通过日常的应急模拟、应急演练，评估应急队伍重大应急事故的应急能力，识别资源需求，明确相关单位和人员的应急职责，保证在重大环境应急事故时，能够快速响应，有效协调各部门协同响应。

加深应急响应人员对应急预案、应急响应流程的熟悉程度，评估应急培训效果，分析培训需求。同时作为一种直观的培训手段，它能通过不断对各类应急事件的不断模拟及演练，进一步提高应急响应人员的业务素质和业务能力。

检验、完善环保部门"突发环境应急预案"，提高应急预案的实用性和可操作性。

检查环保系统应对突发环境事件所需应急队伍、物资、装备、技术等方面的准备情况，发现不足及时予以调整补充，做好各项应急准备工作。

增强环保系统对应急预案程序的熟悉程序，提高其应急处置能力。

进一步明确各相关单位和人员的应急职责，理顺工作关系，增强上下协调联动的实战能力。

普及相关应急知识，提高全民风险防范意识，推动公众参与环境保护。

第二节　应急演练组织体系

为保证环境应急演练的有效及决策性，环保系统应成立环境应急演练领导小组（演练总指挥部），下设办公室（综合导调组）、专家组、应急处置组、应急监测组、宣传组、后勤保障组。

一、演练领导小组职责

领导小组职责：负责统一组织，总体推进本次演练工作，审定演练实施方案，解决各参演单位职责分工问题，研究确定演练活动中的重大事项。

组长职责：通过协商进行任务分工，负责实施分管范围内应急演练工作的组织、协调、指挥工作。

总指挥长职责：启动应急演练，指挥和监督整个演练过程，下达环境应急终止等命令。

二、演练领导小组办公室职责

负责演练方案和脚本的编制和修订；负责演练总结报告等文字材料的编撰、整理和上报；负责演练领导小组的日常组织、调度、管理工作，拟定相关决定、建议，传达和落实小组指令；协调、指导各专项工作组开展相关工作；在领导小组组长（总指挥长）的直接领导下，负责演练过程的控制与管理，统一调配和协调各参演单位参加具体演练；完成演练领导小组交办的其他任务。

三、演练各专业工作组职责

环境应急演练活动领导小组下设 5 个专业工作组。

1. 专家组

负责演练方案、脚本的评审，演练过程的观察记录，对现场报告的情况进行综合分析和研判，对事件的处置及环境安全提供建议，为领导小组的决策提供支持，并在演练结束后对整个演练过程进行评估。

2. 应急处置组

在演练领导小组的统一指挥下，负责演练现场处置的指挥、协调工作，负责事故的调查、取证，负责对模拟演练事件现场的污染源控制，采取措施防止污染的扩散，组织对污染物进行有效处置，组织人员的疏散和防护。负责执行领导小组的决策，随时向领导小组汇报现场处置情况。负责演练结束后的现场恢复工作。

3. 应急监测组

负责编制《应急监测方案》、《应急监测报告》和《应急监测专项总结报告》并及时上报，参与设计演练模拟污染事件的场景，负责对省环境监测中心随机配发的监测盲样进行监测分析，对污染发展趋势和可能的范围进行预测，为领导小组提供决策依据。

4. 宣传组

负责演练宣传报道工作实施方案的制订，演练活动的宣传报道，演练全过程专题片的制作和编辑，现场解说员的确定，实景直播的总体策划、编导和摄制，媒体接洽和新闻发布等。

5. 后勤保障组

负责演练过程的后勤保障和安全保卫工作，演练经费预算和所需物资购置，人身财产保险，演练模型、道具、场景的制作和布置，设备的调试和维护，演练期间现场导调和视频信号传输的保障。

第三节 演练前期准备

一、演练动员与培训

在演练开始前要进行演练动员和培训，确保所有演练参与人员掌握演练规则、演练情景和各自在演练中的任务。

所有演练参与人员都要经过应急基本知识、演练基本概念、演练现场规则等方面的培训。对控制人员要进行岗位职责、演练过程控制和管理等方面的培训；对评估人员要进行岗位职责、演练评估方法、工具使用等方面的培训；对参演人员要进行应急预案、应急技能及个体防护装备使用等方面的培训。

二、演练保障

1. 经费保障

演练经费预算由环保系统财务部门负责编制并落实，根据演练需要及时拨付到位，并确保演练经费专款专用，节约高效。

2. 装备、物资保障

市环保局演练筹备领导小组相关成员要充分发挥各自的职能作用，在积极发挥现有监测、应急、处置作用的基础上，根据演练需要提交所需设备申请报告，并由局办公室负责采购落实。

3. 人员保障

在演练的准备过程中，各参演单位应合理安排工作，保证参演人员参与演练活动的时间；通过组织观摩学习和培训，提高演练人员素质和技能。

4. 场地保障

由市环境应急与事故调查中心负责勘察选址，局办公室负责与当地相关部门沟通落实。演练场地应有足够的空间，良好的交通、生活、卫生和安全条件，尽量避免干扰公共生产生活。

第四节 应急模拟及演练平台支撑

环境应急事件模拟及演练平台是应急模拟培训中必不可少的支撑及决策支持，通过可视化平台及仿真模型的应用，实现对突发应急事件全过程的推演及管理，通过相应仿真验证培训标准及规范体系的支撑及验证，以直观、准确的表达方式，展示突发环境应急事件的全过程以及环保部门相应的处理处置措施，为应急工作人员提供决策支持及应急响应依据，提高应急工作人员的技术水平。

一、系统总体架构

针对目前突发公共事件的难预测、难应对、难恢复及影响范围大等特点，应急模拟及演练平台可以更好地服务于环保部门各级应急办，为领导针对突发事件制订高效的处置方案提供强有力的保证。在实施过程中，我们将以环境应急为中心，验证和展现工作成果。从技术架构上（图7-1）主要分为以下几层。

环保三维应急演练平台

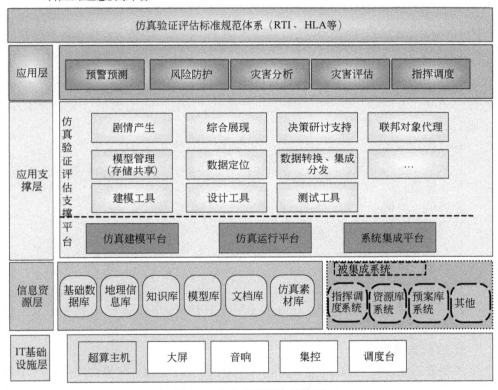

图7-1　应急演练平台架构图

1. IT 基础设施层

应急行业的仿真需求离不开高性能的主机和硬件设备。这类包括超算主机、显示大屏、仿真过程用到的音响以及调度涉及的服务手段。

2. 信息资源层

包括支撑平台运行的所有信息资源。

（1）基础数据库包括行政区划 、人口、应急资源、防护目标、危险源等；

（2）地理信息库包括仿真展现需要的二维、三维数据；

（3）知识库包括应急和相关行业的专业知识，如预案、应急常识等，本部门开发的政府应急管理平台将以服务的方式提供使用；

（4）模型库包括决策仿真模型涉及的内容，这部分主要来源于高校和科研院所，依托本部门开发的政府应急管理平台建设模型库，通过服务的方式使用；

（5）文档库包括仿真过程需要的文档信息；

（6）仿真素材库包括几何素材和与之对应的属性信息，主要包括：

①人物：民众、专家、警察、消防人员、军队、专家、空军、陆军、海军、公安、领导、驾驶员；

②生活品：衣被、粮食、饮用水、食用油、帐篷、药品；

③自然物：森林、草原、山、树木、土壤；

④动物：宠物、野生动物、虫、渔业、畜牧业；

⑤建筑物：房屋、街道、教室、工厂、加油站、锅炉、煤矿、油田、银行、金库、水闸、水电站、发电厂、核电厂、医院、公园、压力容器、大堤、水库、实验室；

⑥机构：国务院、政府、应急办、指挥部、文教办、卫生所；

⑦交通：车辆、船、火车、汽车、地铁、飞机、道路、桥梁、隧道、轨道、救护车、隧道；

⑧通信：电话、电脑、卫星、信箱、电台、车载通信装置；

⑨危险品：枪支、弹药、爆竹、毒品、化学品；

⑩天气：雨、雪、冰雹、霜、雷、闪电、霜冻、沙尘暴、风浪、潮水、台风、龙卷风、寒潮；

⑪环境：地形、大气层、海洋；

（7）文件系统/已有系统：仿真需要的数据有些从真实系统中获取（或是模拟真实系统）。

3. 应用支撑层

主要通过建设仿真验证评估支撑平台来集成相关功能。在平台层面包括仿真建模平台、仿真运行平台和系统集成平台；在工具层面包括建模工具、设计工具和测试工具；在公共服务层面包括：模型管理（存储、共享）、数据定位、数据转换、集成分发、联邦对象代理、剧情产生、综合展现、决策研讨支持。

4. 应用层

根据业务场景包括预警预测、风险防护、灾害分析、灾害评估、指挥调度功能，针对具体场景编写剧情，依托专业模型生成评估数据，辅助决策分析。

整个仿真验证评估支撑平台及原型系统符合 HLA（高层体系结构）相关标准。

二、系统拓扑图

服务平台由一系列的应用和子平台构成，以一个整体的形式对外提供服务，协同用户终端访问平台，完成协同模拟演练和辅助决策，系统如图 7-2 所示。

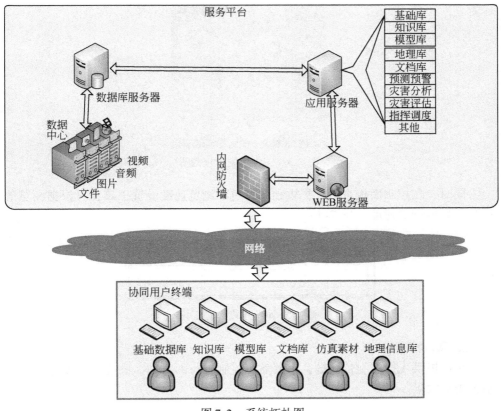

图 7-2　系统拓扑图

三、平台功能介绍

（一）基本应用

三维展示平台提供漫游、飞行、滚动、转动、缩放完整的三维影像浏览功能，并提供漫游速度选项，可根据当时视图不同的比例尺，调整漫游及飞行速度。

漫游控制决定三维电子地图演示的效果，通常漫游软件均提供了多种漫游方式。本平台在基本漫游方式的前提下，提供自定义设定的路线，并为路径命名。通过点击不同的路径名称，实现场景的自动漫游。在漫游过程中，点击 F4，将会停止自动漫游。

1. 三维控制面板

三维控制面板提供向上、下、左、右方向移动以及仰视、俯视、放大、缩小等功能，保证通过控制面板操作，实现三维电子沙盘系统的浏览及漫游（图7-3）。

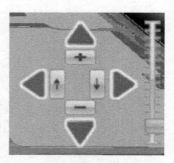

图7-3　三维控制面板截图

同时，在控制面板右侧，提供独具特色的浏览速度设置工具，可根据浏览的视角，调整浏览速度（图7-4）。

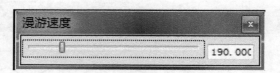

图7-4　浏览速度设置工具

2. 飞行控制

平台提供飞行控制快捷键，根据需要控制飞行的方向、高度、角度等，提供多种浏览效果。

（二）三维模型综合应用

1. 定位管理

在系统平台中，当漫游到重点关注地点或模型位置时，可将位置保存为定位信息，在后续应用中，定位管理时可直接点击对应定位信息的名称，自动跳转到保存的位置（图7-5）。

2. 屏幕快照

屏幕快照功能为将当前屏幕内容根据渲染配置好的位置、分辨率等信息，自动保存，以便后续查看（图7-6）。

图 7-5　定位管理模块图　　　　　　图 7-6　屏幕快照功能模块图

（三）环境应急模拟脚本制作

近年来，突发环境应急事件的类型及发生模式在不断变化，为保证在应急事件发生时，环保部门能够在第一时间实现应急响应及处置，必须选择典型案例，这是应急模拟培训的关键。通过对典型案例的选型及演练脚本的制作，确定演练的具体内容及事件推演信息。

在完成突发应急事件选型及演练脚本的制作后，将演练内容配置到 UniGlobe 三维虚拟仿真平台中，通过平台脚本管理功能，使突发环境应急事件的一系列信息按设置好的动作及时间间隔运行，通过与动态标绘及注记结合，可全过程、直观、动态展示应急模拟培训的信息制作及应用脚本、管理功能如图 7-7 所示。

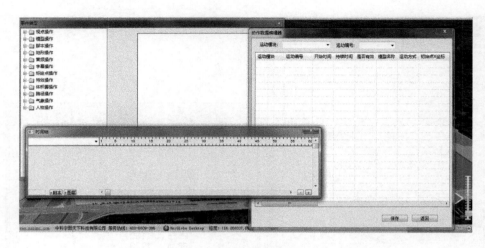

图 7-7　脚本、管理模块图

脚本制作可分为事件类型设计、动作数据编辑、时间轴设计三部分，通过将演练时间分为多个事件（包括添加移动、增加人员时间、增加文字等），并对不同的动作进行设计及编辑，同时将不同动作及事件按连续的时间点编辑，完成整个脚本设计（图 7-8 ~ 图 7-11）。

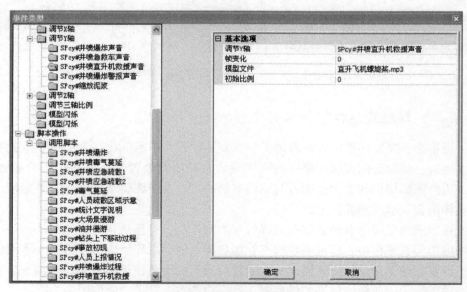

图 7-8　脚本、制作模块 1

选取	开始时间	持续时间	事件或模型名称	终点X坐标	终点Y坐标
□	0	1	SPcy#掩藏扩散	0.000	0.000
□	0	1	SPcy#毒气莫延视点	0.000	0.000
□	0	1	SPcy#设置人物状态1	0.000	0.000
□	1	1	SPcy#创建毒气1	0.000	0.000
□	2	300	SPcy#设置扩散范围	0.000	0.000
□	2	1	SPcy#设置扩散	0.000	0.000
□	2	600	SPcy#设置毒气扩散速度	0.000	0.000
□	2	1	SPcy#设置毒气颜色	0.000	0.000
□	50	1	SPcy#人员疏散全景视点	0.000	0.000
□	60	1	SPcy#毒气莫延1字幕	0.000	0.000
□	60	0	蓝箭头.nhp	32068114.000	369.849
□	70	1	SPcy#毒气莫延2字幕	0.000	0.000
□	70	200	SPcy#毒气莫延蓝箭头	0.000	0.000
□	70	1	SPcy#毒气莫延蓝箭头视点	0.000	0.000
□	70	10	蓝箭头.nhp	32068114.000	569.849
□	270	10	蓝箭头.nhp	32068114.000	369.849
□	270	1	SPcy#毒气慢慢消失比例	0.000	0.000
□	280	1	SPcy#人员疏散视点	0.000	0.000
□	290	1	SPcy#创建人员疏散1	0.000	0.000
□	300	1	SPcy#人员疏散1路径	0.000	0.000
□	301	1	SPcy#人员疏散路径开始	0.000	0.000
□	310	1	SPcy#毒气莫延3字幕	0.000	0.000
□	320	1	SPcy#毒气莫延4字幕	0.000	0.000

图 7-9　脚本、制作模块 2

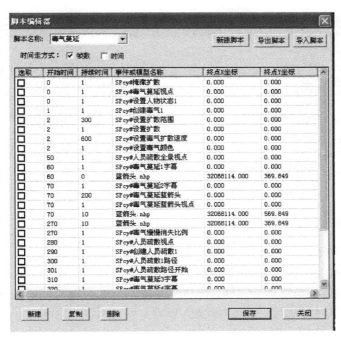

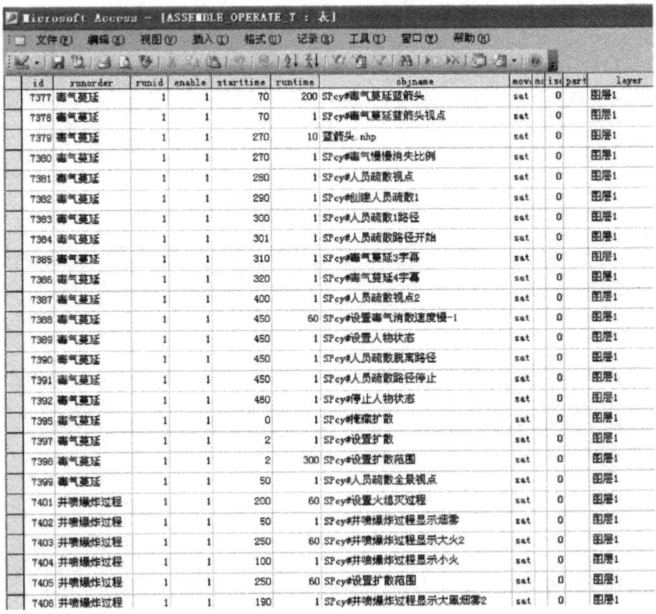

id	runorder	runid	enable	starttime	runtime	objname	mov	m	is	part	layer
7377	毒气莫延	1	1	70	200	SPcy#毒气莫延蓝箭头	sat		0		图层1
7378	毒气莫延	1	1	70	1	SPcy#毒气莫延蓝箭头视点	sat		0		图层1
7379	毒气莫延	1	1	270	10	蓝箭头.nhp	sat		0		图层1
7380	毒气莫延	1	1	270	1	SPcy#毒气慢慢消失比例	sat		0		图层1
7381	毒气莫延	1	1	280	1	SPcy#人员疏散视点	sat		0		图层1
7382	毒气莫延	1	1	290	1	SPcy#创建人员疏散1	sat		0		图层1
7383	毒气莫延	1	1	300	1	SPcy#人员疏散1路径	sat		0		图层1
7384	毒气莫延	1	1	301	1	SPcy#人员疏散路径开始	sat		0		图层1
7385	毒气莫延	1	1	310	1	SPcy#毒气莫延3字幕	sat		0		图层1
7386	毒气莫延	1	1	320	1	SPcy#毒气莫延4字幕	sat		0		图层1
7387	毒气莫延	1	1	400	1	SPcy#人员疏散视点2	sat		0		图层1
7388	毒气莫延	1	1	450	60	SPcy#设置毒气消散速度慢-1	sat		0		图层1
7389	毒气莫延	1	1	450	1	SPcy#设置人物状态	sat		0		图层1
7390	毒气莫延	1	1	450	1	SPcy#人员疏散脱离路径	sat		0		图层1
7391	毒气莫延	1	1	450	1	SPcy#人员疏散路径停止	sat		0		图层1
7392	毒气莫延	1	1	480	1	SPcy#停止人物状态	sat		0		图层1
7395	毒气莫延	1	1	0	1	SPcy#掩藏扩散	sat		0		图层1
7397	毒气莫延	1	1	2	1	SPcy#设置扩散	sat		0		图层1
7398	毒气莫延	1	1	2	300	SPcy#设置扩散范围	sat		0		图层1
7399	毒气莫延	1	1	50	1	SPcy#人员疏散全景视点	sat		0		图层1
7401	井喷爆炸过程	1	1	200	60	SPcy#设置火焰灭过程	sat		0		图层1
7402	井喷爆炸过程	1	1	50	1	SPcy#井喷爆炸过程显示烟雾	sat		0		图层1
7403	井喷爆炸过程	1	1	250	60	SPcy#井喷爆炸过程显示大火2	sat		0		图层1
7404	井喷爆炸过程	1	1	100	1	SPcy#井喷爆炸过程显示小火	sat		0		图层1
7405	井喷爆炸过程	1	1	250	60	SPcy#设置扩散范围	sat		0		图层1
7406	井喷爆炸过程	1	1	190	1	SPcy#井喷爆炸过程显示大黑烟雾2	sat		0		图层1

图 7-10　脚本、制作模块 3

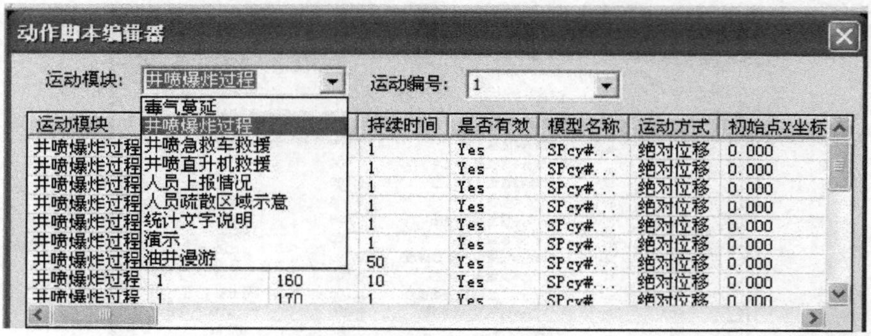

图 7-11　脚本、制作模块 4

（四）模拟及培训支撑

1. 目标管理

目标管理模块是针对业务管理中的重点关注目标进行管理，提供重点目标的定位、重点目标资源管理等功能，提供的主要功能有重点监控视频管理、应急资源管理、多媒体信息管理、动态预案管理等。

1）重点监控视频管理

提供重点监控视频管理工具，提供对监控视频地址、坐标、登录用户、密码等信息管理，并与重点目标管理关联。

2）应急资源管理

提供应急资源录入及管理工具，可录入应急资源相关信息，包括应急资源类别、名称、数量、坐标等信息，并与地图专题关联，可通过地图直接查询应急资源分布。

3）多媒体信息管理

提供多媒体信息管理功能，可将多媒体信息、图片等关联到三维地图模型中，可在地图中进行查询。

4）动态预案管理

针对每类重点目标，提供动态预案信息的管理，包括对预案信息的查询、展示等的管理。提供预案管理工具，实现对预案信息的录入、编辑、删除等。

2. 专题信息展示

1）重点视频监控专题展示

选中重点视频监控专题，直接可在三维地图中展示重点视频监控分布情况，点击视频名称，可直接查看实时监控视频。

2）应急资源专题展示

在三维地图中以不同符号，展示监测范围内应急资源分布情况，点击应急资源名称，可查看应急资源信息、数量、使用情况等。

3）报警点及警情专题展示

根据获取的报警信息，在三维地图中以特殊符号实时标示报警点位置信息，可查看对应报警信息。

3. 动态标绘

1）标绘管理

平台提供图形标绘管理界面，可制作多种样式的标绘信息，包括直线、矩形、圆、箭头、缓冲线、球、柱状等。针对不同类样式，可设置标绘颜色、透明度等。界面样式如图7-12所示。

设置名称、样式、颜色等信息后，可点击"添加"，将标绘信息增加到地图中。

在对应类型的标绘类别下，右键点击"标绘名称"，可定位、删除标绘信息，如图7-13所示。

2）添加注记

平台提供在三维地图中增加不同类型注记信息的功能，与标绘信息

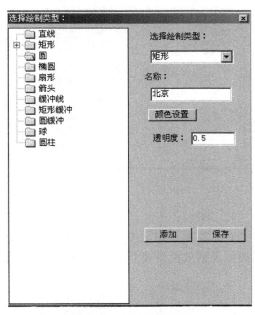

图7-12　标绘管理界面

相结合，可绘制应急疏散、警力分布等部署图，为领导决策提供直观的依据。注记

图7-13　标绘名称显示图

符号库可根据不同业务不断更新及维护,满足日常业务应用的需求,如图 7-14 所示。

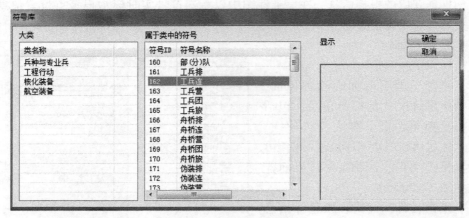

图 7-14　添加注记模块

3）编辑注记

对已添加到地图中的注记进行编辑管理,包括移动、放大、缩小等,为部署图提供灵活的配置及管理。编辑界面样式如图 7-15 所示。

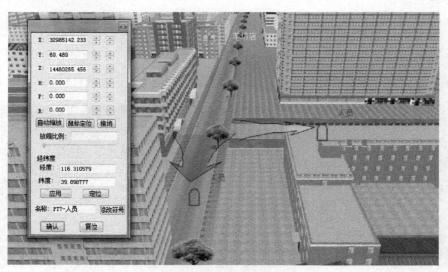

图 7-15　编辑注记界面

4）删除标绘

对已完成绘制的注记进行删除操纵。

（五）三维分析

1. 量算分析

系统提供基于三维的量算分析功能，包括平面距离量算、三维距离量算、面积量算、高程测量等，满足三维中基本分析应用的需求（图7-16、图7-17）。

图7-16 平面距离量算

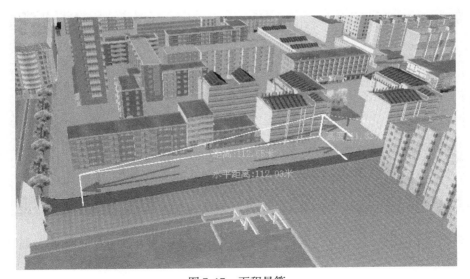

图7-17 面积量算

2. 查询统计分析

系统提供对三维空间中任意对象的相关属性、当前地形点参数、对象空间信息、属性等的查询。通过不同的查询条件，将查询的结果高亮显示在地图中（图7-18）。

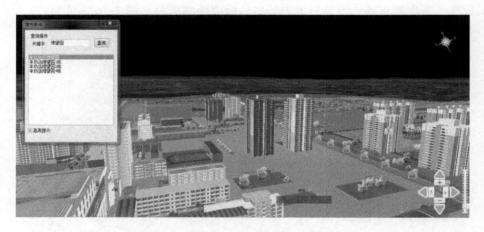

图7-18　查询统计模块

3. 三维水淹分析

平台提供三维水淹分析功能，可选定任意区域，输入水位，平台会自动计算出选定区域内水淹没区域，以蓝色符号表示，如下图7-19所示。

图7-19　三维水淹分析模块

4. 地表高程分析

提供地表高程分析，选定分析范围，可计算出范围内的高程，并以等高线形式表现在三维地图中，直观地显示区域内地形情况（图7-20）。

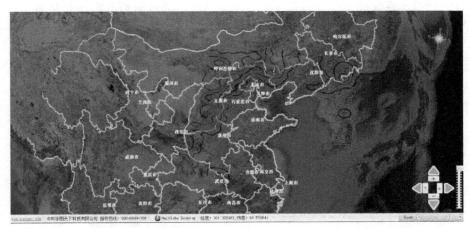

图7-20　地表高程分析模块

第五节　应急模拟演练及培训

应急模拟演练和培训系统主要是面向应急专业人员的，在应急反应活动中进行应急管理、事件监测监控、事件预测预警、应急决策指挥、救援力量和资源的调派调配、应急通信的管理等。模拟演练和培训系统从这几个方面着手，实现对应急处置中相关人员的训练。新用户可以通过培训系统了解应急救援决策指挥的各项功能和使用方法，老用户可以通过模拟训练系统进一步熟悉各自的岗位职责，通过完成应急活动演练，相关人员可以深入了解自身在整个应急救援活动中所处的位置，增强与整个应急体系的协作。

一、应急模拟培训场景

在模拟演练及培训平台中，将以钻井平台发生井喷事故为原型，分析事故发生的原因，模拟应急事故影响范围及影响程度，模拟并设计应急救援队伍救援路线及救援物资分配情况。通过三维平台直观的可视化设计，展示人员疏散路线等信息，全面展示突发应急事故的全过程控制理念及仿真信息，实现对应急部门工作人员的全面培训及演练。

（一）事故发生期

在事故发生期，平台动态展示事故点周边环境，模拟动态环境信息、作业信息等，通过三维模拟演练平台直观展示周边情况。通过对事故的模拟仿真，展示事故初现过程（图 7-21 ~ 图 7-23）。

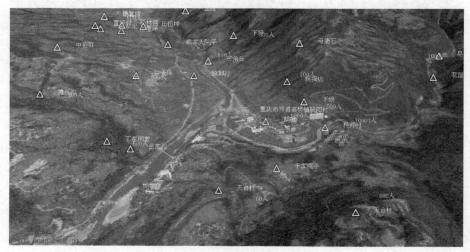

图 7-21　事故初现三维模拟演练图 1

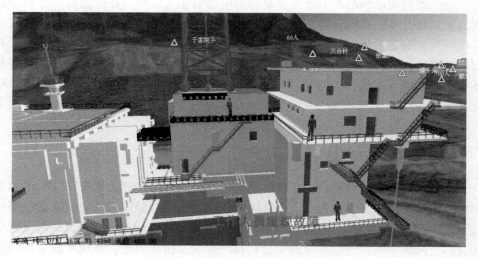

图 7-22　事故初现三维模拟演练图 2

1. 周边场景设计

包括突发应急事件场景设计及展示、场景周边工作人员生活区展示。

图 7-23　事故初现三维模拟演练图 3

在钻井平台周边 40km 内村庄及城镇中，应依据地形和实际地理影像布置，并在各村庄和城镇所在地标示人口数量，人口数量总和约 6 万人。

2. 作业模拟

钻井钻头上下移动，模拟钻井地上地下工作效果，显示钻井截面。

3. 事故初现

出现溢流，钻杆接地地面小区域内溢流泥浆。

钻井记录员用对讲机向司钻报告溢流情况，模拟对讲机说话，显示说话内容字幕。

工作人员立即拉响警铃，发布警报。

（二）应急接警及事件判别

事件发生时，环保系统应急部门会第一时间接到报警信息。通过对应急事件信息录入，建立应急接警信息档案，实现对突发环境应急事件信息的全过程管理及应急后续工作的进展管理（图 7-24）。

（三）事故扩展期（事故模拟、应急报告）

1. 井喷爆炸

钻杆周围猛烈喷出大量泥浆，模拟泥浆猛烈喷出。

事故影响模拟分析，展示有毒有害气体扩散范围。

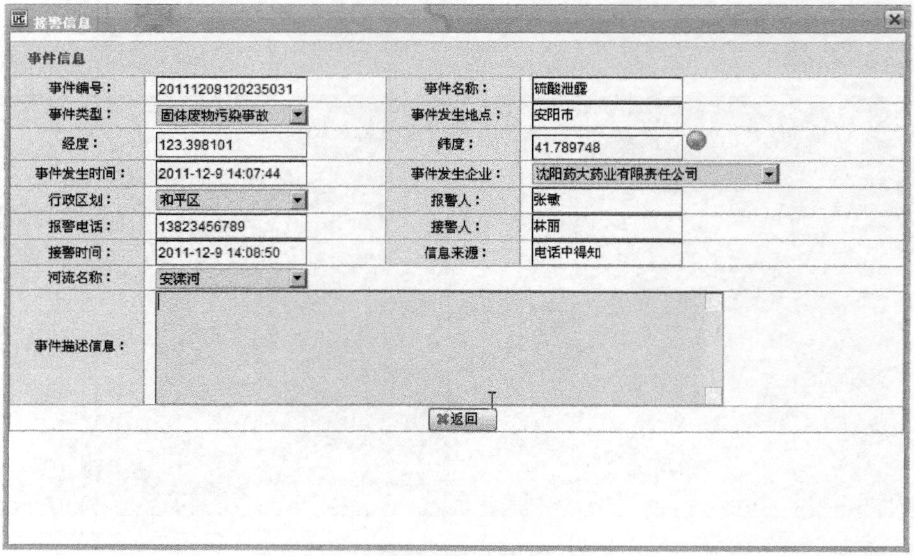

图 7-24　接警信息档案模块

随着一声闷响，发生了爆炸，钻杆顶处起火，但很快喷出的泥浆将火熄灭（图 7-25）。

图 7-25　模拟爆炸过程

2. 毒气扩散

喷出的泥浆携带大量硫化氢有毒气体，毒气慢慢向外扩散（图 7-26）。

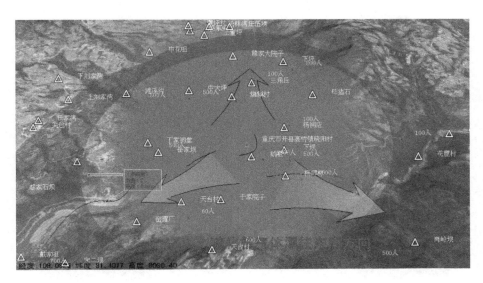

图 7-26　有毒气体、扩散分布图

现场有工作人员因吸入毒气而晕倒（图 7-27、图 7-28）。

图 7-27　有毒气体扩散现场 1

3. 应急报告

钻井队向上级报告，请求应急救援，用手机模拟报告和救援请求。

向当地政府报告，请求人员疏散。

图 7-28　有毒气体扩散现场 2

（四）应急响应及处理处置

1. 人员疏散

毒气慢慢扩散到周边村庄，村庄人员开始疏散。

根据风向和风速（风向和风速参数），动态计算需要疏散的村庄和城镇，并划定疏散区域和人员疏散到的区域，用示意性箭标或不规则图形圈出疏散区域、安全避难区域，在行进方向上疏散（图 7-29）。

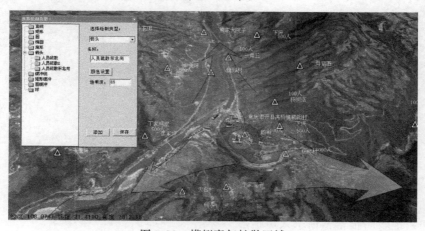

图 7-29　模拟毒气扩散区域

2. 救援和物资调配

模拟带防毒面罩的专业救援队员列队整装出发，并显示救援队到达事故现场的预计时间（图7-30）。

图 7-30　救援模拟

模拟医疗人员对吸入毒气人员进行抢救，用担架抬受伤人员上救护车。

用示意性箭标，动态标出井喷救援人员赶往井喷现场的行进过程。

3. 突发应急事件处置

专业救援人员赶到井喷现场，并在井喷位置点火，点燃硫化氢毒气。整个钻井平台立即燃起熊熊大火。

毒气扩散减缓，毒气云慢慢消失。

井喷柱慢慢缩小，火慢慢变小，井喷停止，钻井平台变成一堆废墟（图7-31）。

（五）事故总结及统计

通过事件模拟及演练，将突发应急事件全过程直观地展现在三维平台中，应急模拟演练结束后，要及时进行评估，总结工作；认真做好应急预案的动态管理和修订更新，及时改进预案内容，完善应急预案体系，提高应急管理工作的质量和水平；对暴露出的问题和薄弱环节，及时向政府有关部门汇报，加强环境安全管理，健全企业、专业救援队伍和政府部门应急联动机制，提高全社会应对突发事故的能力。

图 7-31　井喷爆炸现场

　　在模拟演练平台中，实现对事件的统计及总结，并在平台中直观展示本次事件的总结信息（图 7-32）。

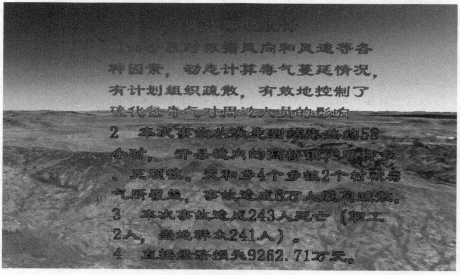

图 7-32　事故总结信息显示

二、演练视频制作及分发

　　通过三维虚拟仿真平台视频录制及制作工具，可将应急模拟培训的全过程自动录制为视频文件，并自动保存到设定好的位置。把它作为应急模拟培训的资料进行管理，并可作为培训教材等分发给相关部门及应急工作人员，以此作为学习及后续培训使用（图7-33）。

图7-33　视频录制及制作工具

第六节　评估及总结

一、培训及演练评估

针对模拟培训及演练，专家评估组将在全面分析培训及演练记录及相关资料的基础上，对比参演人员表现与培训目标要求，对模拟培训及演练活动、组织过程做出客观评价，并编写评估报告。

评估报告的主要内容包括模拟培训及演练执行情况、预案的合理性与可操作性、应急指挥人员的指挥协调能力、参演人员的处置能力、演练所用设备装备的适用性、演练目标的实现情况、演练的成本效益分析、对完善预案的建议等。

二、培训及演练总结

演练总结可分为现场总结和事后总结。

（1）现场总结。在演练的一个或所有阶段结束后，由演练总指挥长、专家评估组长等在演练现场有针对性地进行讲评和总结。内容主要包括本阶段的演练目标、参演队伍及人员的表现、演练中暴露的问题、解决问题的办法等。

（2）事后总结。在演练结束后，由市环境应急与事故调查中心根据演练记录、演练评估报告、应急预案、现场总结等材料，对演练进行系统和全面的总结，形成演练总结报告。演练总结报告的内容包括演练目的、时间和地点，参演单位和人员，演练方案概要，发现的问题与原因，经验和教训，以及改进有关工作的建议等。

三、成果运用

对演练过程中暴露出来的问题，各参演单位应当及时采取措施予以解决，包括按照程序修改完善本单位应急预案，有针对性地加强应急人员的教育和培训，对应急物资装备有计划地更新等，并建立改进任务表，按规定时间对改进情况进行监督检查。

四、文件归档

培训及演练结束后，应将培训及演练方案、评估报告、总结报告等资料归档保存，通过环境应急平台的归档管理功能，可将培训及演练相关视频、文档、报告材料等资料进行电子归档管理，并将其储备为应急处理案例，为环保系统处理突发环境应急事件提供决策及理论支持。

第八章 环境应急事故后评估

近些年来，我国突发性环境污染事故频发。当事故发生后，污染物的积累和迁移转化会引起多种衍生的环境效应，给生态系统和人类社会造成间接的危害，如造成区域生态功能长期严重丧失或濒危物种生存环境遭到污染。为了最大限度地消除突发性环境污染事件给生态环境造成的中、长期影响，必须对其进行人工补偿，使其恢复到原来或所期望的状态。但由于目前我国在补偿政策以及相关法律、法规等方面，尚存在着诸如投诉主体的缺位、生态损失评估缺乏客观性和科学性以及补偿费用不足等一些问题，在客观上公共环境损害往往得不到应有的补偿，从而引发了诸多的社会矛盾。建立全方位的补偿机制，将生态损失纳入环境污染损害补偿的范围内，是当前理论界急需解决的问题。

我国目前正处于污染事故的高发期，由于法制不健全、利益关系复杂等，突发性重大环境污染事故的评估工作存在着相当多的问题。事故的评估为事故的各种处理措施提供依据和指导，是事故发生之后的基础工作。评估需要讨论的内容包括事故评估体系以及评估的具体内容。由于它是为紧急处理污染事故服务的，任务重、时间紧，很有可能是一边评估、一边处理。

第一节 环境应急事故后评估概述

一、环境应急事故后评估概念

环境应急事故后评估是指环境突发事件发生后，对事件造成的环境和生态影响进行定性、定量评价，对事件造成的损失进行币值量化评估，对时间发生原因以及各部门的响应、救援和处置进行分析和评估。

环境应急事故后评估是在环境突发事故正式实施后，以环境影响评价工作为基础，通过评估环境突发事故实施前后污染物排放及周围环境质量变化，全面准确地反映环境突发事故对环境的实际影响和环境保护措施的有效性。环境应急事故后评估可以检查环境应急过程处理的合理性，促进环境应急事故处理质量的提高和相应的环境应急事故责任制的建立。因此，环境应急事故后评估是保证和提高环境突发事件应急响应能力的有效手段。

二、环境应急事故后评估目的和意义

环境应急事故后评估是在突发环境事件应急处置工作结束后恢复重建的决策依据。其主要目的是以下三点：

（1）明确环境污染事件对生态环境影响的程度，预测评价事故污染造成的中长期环境影响，为采取有效措施，防范次生环境事件的发生，消除突发环境事件的后续不利影响，尽快恢复当地生态环境服务。

（2）通过对环境污染损害进行经济评估，明确损害大小，并促使污染者在承担行政罚款和民事赔偿的同时，对现在主要由政府开展的污染场地清理、现场修复及污染事故应急等行动支付相应费用，切实贯彻"谁污染谁治理"的原则。

（3）依法追究责任，达到吸取经验教训、警示后人、提高应急管理水平的目的，满足"巩固成果、消除影响、吸取教训、总结经验、惩罚分明、警示教育"的要求。通过后评估，作用于应急管理全过程，真正实现微观和宏观层面上环境应急工作水平和能力的提升。

据调查，环境污染事故发生后，被污染的庄稼照常收获，被污染的土地未经评估继续耕种，其中的隐患可想而知，与此同时，应从事故中吸取的教训也未得到很好的总结。因此，环境应急事故后评估应该得到重视，为以后防范类似事故的发生总结经验和教训，提高环境应急管理部门的工作效率和能力，保障人民的生命和财产安全。

三、环境应急事故后评估的发展历程和现状分析

（一）国外发展

从技术哲学角度而言，环境风险评估的评价主体可以理解为社会中人的活动过程，一个由多主体参与的或由一个社会主体完成的特殊活动过程。评价客体是相关活动过程所影响的环境，包括自然环境与非自然环境。二者的基本关系是主体认识、改造、利用、保护环境客体。在主体与客体之间的辩证关系中，与此相关的心理背景制约着主体的评价行为。因此，评价活动是一个复杂的主体与客体间的相关建构过程，主体的心理背景状况作为建构基础的一个重要方面，必然对评价的过程和结果产生影响作用。因此环境风险评估的评价主体和客体统一于技术—资源—环境—社会这一耗散结构体之中，这就要求必须在耗散结构理论指导下认识人与环境的相互作用关系。

美国从联邦到州、郡（县）、市各级地方政府都具备相对完善、细化的环保法律、法规。通过完善的和可操作的环保法案来规范和制约企业、公民的行为。美国的法律体系以联邦法、联邦条例、行政命令、应急预案、规程和标准为主

体。联邦法规定应急任务的运作原则、行政命令定义和授权任务范围，联邦条例提供行政上的实施细则。行政命令如《国家突发事件管理系统》要求所有管理部门依此开展事故管理和应急预防、准备、响应与恢复计划及活动。

意大利是灾害多发国家，特别是 20 世纪 70 年代以来，该国经历过伤亡重大、影响深远的重特大突发公共事件。通过对这些事件的处置，逐步形成了符合本国国情的突发公共事件应对体系，积累了许多成功的经验，值得我们学习和借鉴。意大利是通过立法规定环境损失评估及污染恢复工作。发生突发环境事件后，环保等部门不得在事态得到控制前进入污染区域。环保部门主要任务是提供相关资料分析污染原因，参与跟踪事态发展工作，对事故造成的损失进行评估，提出消除污染的处置方案及修复改造计划。污染处置和恢复工作可承包给有资质的第三方，环保部门对其进行检查和验收。损失评估工作可由环保部门下属的技术支持单位或有资质的第三方开展。ISPRA 是国家环境部的技术支持单位，负责收集事故资料、组建数据库、查找分析原因、开展损失评估等工作。

欧盟和意大利对环境损害的界定较为统一和规范，欧盟有专门的环境损害赔偿法，而意大利则在环境法典中专设一章对环境损害予以规定。目前欧盟、意大利均将环境污染的损害分为传统意义上的人身权和财产权的损害以及现代意义上的环境要素本身的损害。

在欧盟、意大利等国家和地区，均设有公共或私立的专业性评估机构，对环境污染事故所造成的损害进行评估和鉴定，并通过立法的形式对环境污染事故损失的评价程序、评价标准和方法做出了较明确的规定，致使环境污染损失的评价有章可循、有理可依、有据可查。

意大利环境法规定，土壤、水中 100 多种污染因素中的任何一种元素超过国家最低标准，均被确定为污染区，对污染区要进行危险隐患分析，看其是否对人及周边环境造成危害，若是的话必须进行改善和修复。目前，意大利根据污染面积或污染程度等因素确定的国家级恢复区域共 57 个，占国土面积的 4%，需要 7 年时间完成修复任务。

日本环境危机管理起步于大规模自然灾害和工业公害的应对处理，20 世纪 90 年代中后期，在一系列重大自然灾害和环境突发事件后，日本政府吸取应急管理反应滞后、处理不当等教训，同时结合西方国家的经验对环境应急管理制度进行了重大调整。2004 年日本制定颁布了《武力攻击事态对应处理法》和《国民保护法》，这两部法律是对《灾害对策基本法》的重要扩展与补充。

（二）国内发展

近年来，随着我国经济社会的快速发展，突发环境事件已进入高发期。对突发环境事件的损失价值进行量化，是全面了解事件造成的影响以及警示世人所必需的。环境污染经济损失评估研究在环境问题出现之初就已开始。尤其是20世纪60年代以来，环境污染经济损失评估的研究经历了一个不断发展的过程。由开始仅注意对人类健康和生活质量的关注，逐步扩及对人类家园——地球生物圈的关注，由区域范围及局部行业环境质量变动引起损失的经济计量发展到现在国家、国际及全国尺度上的经济计量。环境污染损失的货币化研究及其结论对推动人们特别是决策者树立可持续发展的意识，起到了十分积极的作用。

中国20世纪70年代开始关注环境污染问题以来，曾针对不同行业的不同污染物进行过不同尺度上经济损失的评估工作。早期工作主要集中于污水灌溉问题，以后则关注大气污染和水污染对人体健康影响的问题。80年代后期以来，则开始注意到区域性污染（酸雨、湖泊富营养等）的生态污染破坏方面，以及全球环境变化（如温室效应）对人类经济社会系统和地球生态系统的冲击。

在1981年于江苏省镇江市召开的全国环境经济学术讨论会上，学者首次发表了计算污染损失的几篇论文，其内容主要分布在两个方面：一是关于污染造成的经济损失的理论和方法的介绍和探讨，包括日本计算损失的方法和结果等；二是对中国一个城市或一个企业的环境污染造成的经济损失进行估算的实例性研究。例如，朱济成（1991）计算了北方某城市1972～1976年平均每年的水污染损失，得到结论是3.01亿元，约占全市GNP（155亿元）的2%。另有赵贵臣（1996）计算了某化工沥青焦厂环境污染造成的经济损失。他们选择一个对照点、一个样本点，主要计算了样本点上工人直接健康损失，结论为1970～1979年共损失4258万元。这些开创性研究工作的意义是不言而喻的。在这之后，一些比较重大的环境保护研究课题都开展了污染损失的计算，以便提高定量化分析水平。例如，1982～1984年开展的《湘江流域预测研究》，估算出全流域污染损失总值约为2.77亿元，占工业总产值的1.56%。

以上所述的研究，均是在区域、流域或企业一级开展的，还没有关于全国环境污染造成经济损失的估算。这一局面被1984年开始的《公元2000年中国环境预测与对策研究》所改变。该项目动员了1000多人参加，历时4年，首次对全国环境污染造成的经济损失进行了估算，结论是1981～1985年平均每年为380亿元，占到了1983年GNP的6.75%。这项研究被认为是开创性和基础性的工作，对后来的同类研究产生了很大影响，因为它不仅第一次进行了全国范围的污染损失估算，而且它所使用的方法有较强的理论基础，估算过程中的分类方法简明清晰，易于理解，故屡次被后来的研究者所沿用。

在这以后，关于污染损失的计算在区域一级又得到了进一步发展，1987年和1989年，辽宁省和烟台市的科研机构分别估算了沈阳市和烟台市的损失值，结论是前者占当地 GNP 的 2.9%，后者占 2.2%。这是两项规模较大、结构比较完整的研究，代表了迄今为止在区域一级污染损失计算的最高水平。除此之外，还有一些区域性研究成果发表。国外学者对中国环境污染造成的经济损失也进行了一些研究。加拿大蒙尼托巴（Manitoba）大学 V. 斯密尔（Vaclaw Smil）教授的一篇论文《中国环境变化：引起冲突的根源及其经济损失》(*Environmental Change as a Source of Conflict and Economic Losses in China*)（1992 年），以比较粗略的方法和一定的假设，对 1988 年中国环境污染的经济损失进行了计算，结论是 400 亿元，占当年 GNP 近 3%。他本人承认这一结果可能偏低，因为还有些计算项目未包括进来。

　　进入 20 世纪 90 年代以后，全国性的污染损失计算再次受到重视。中国社会科学院环境与发展研究中心 1995 年向国家环境保护局提交了《九十年代环境与生态问题造成经济损失估算》的研究报告（国家环保局局长基金项目），该报告的内容包括污染损失和生态破坏损失两部分，它在简要评述了已有的工作之后，着重论述了污染损失评估概念和方法的主要特点，最后计算误差，并分析结果的可接受性。该研究代表了国内在污染损失评估和探讨方面的比较新的成果，澄清了评估过程的若干基本概念和基本思路（如"冰山效应"，以及污染状况—实物型破坏—价值量）。国家环保总局经济政策研究中心夏光同志于 1997 年完成的《中国环境污染损失的经济计量与研究》，在比较客观地分析和总结当前环境污染经济损失评估领域的进展和存在问题的基础上，估算了 1992 年中国环境污染损失，在方法上有所改进，并提出了规范污染损失估算方法的必要性和可能性，阐明了建立统一的污染损失估算方法的初步思路，代表了现今国内同类研究的领先水平。

　　目前，环境污染经济损失评估研究在国内外都还没有完全成熟，尚未确定统一的、规范化的评估方法。已有的评估技术主要反映了 20 世纪 80 年代以前的一些评估技术。例如，市场价值法、人力资本法、机会成本法等主要评估了环境总经济价值中的直接使用价值，影子工程法、恢复费用法、防护费用法等常用于对间接使用价值的评估，忽视了 80 年代以后显示出理论合理性的方法。例如，享乐价格法、旅行费用法、意愿型价值评估法等在非使用价值方面的评估较为少见。由于上述评估技术的局限性和资料搜集问题及财力、人力的限制，有些类型的污染如噪声、放射性、舒适性等都未得到相应的估算。因而，国内外目前已进行的区域环境污染损失评估结果一般都明显低于实际损失值。

　　2005 年 11 月 23 日，国家环保总局有关负责人通报，受中国石油吉林石化公司爆炸事故影响，松花江发生重大水污染事件，吉林、黑龙江省人民政府启动了突发环境事件应急预案，采取措施确保群众饮水安全。从 21 日上午开始，哈尔滨市出现了松花江水受到污染的传言，引发市民担忧。由于市民集中抢购，市区内多数商店饮用水脱销。22日，哈尔滨市政府发布公告，证实了中国石油吉林石化公司双苯厂爆炸，可能造成哈尔滨城区段水体受上游来水污染的消息。中国石油吉林石化公司2005年11月13日发生爆炸事故后，监测发现苯类污染物流入松花江，造成水质污染。苯类污染物是对人体健康有危害的有机物。在爆炸事故发生后，国家环保总局立即启动国家突发环境事件应急预案，迅速实施应急指挥与协调，派专家赶赴黑龙江现场协助地方政府开展污染防控工作，会同当地水利、化工等专家迅速对环境污染影响范围及程度进行评估，协助吉林、黑龙江两省政府落实应急措施。污染事件发生后，吉林省有关部门迅速封堵了事故污染物排放口；加大丰满水电站的放流量，尽快稀释污染物；实施生活饮用水源地保护应急措施，组织环保、水利、化工专家参与污染防控；沿江设置多个监测点位，增加监测频次，有关部门随时沟通监测信息，协调做好流域防控工作，并于18日向黑龙江省进行了通报。通知直接从松花江取水的企事业单位和居民停止生活取水，并对工业用水采取预防措施。黑龙江省财政专门安排1000万元专项资金用于污染事件的应急处理。

国家环保总局将此次事故定性为重大环境污染事件。吉林石化爆炸事故产生的主要污染物为苯、苯胺和硝基苯等有机物，事故区域排出的污水主要通过吉化公司东10号线（雨排线）进入松花江。根据专家的测算，进入松花江水体的苯类污染物有100t左右。

第二节 环境应急事故后评估实施

针对我国突发环境事件后评估的研究尚处于起步阶段，系统性的论著较为缺乏。北京师范大学环境学院、环境保护部华南环境科学研究所等科研院所在此方面也做了大量的科学研究。因此，参照这些单位发表的科研成果，提出了环境应急事故后评估的实施基本依据。

一、环境应急事故后评估原则

（1）以人为本，消除影响。环境应急事故后评估要为政府切实履行社会管理和公共职能服务，把保障公众健康和生命财产安全作为首要任务，既要考虑到突发环境事件应急处置后对当前环境的影响，又要充分考虑其可能会对环境产生的长远影响，最大限度地保障公众健康，保护人民群众生命财产安全。

（2）统一领导，各负其责。环境应急事故后评估应在各级政府的领导下，在环境保护部门的统一协调下，联合公安、交通、安监、卫生、农业、林业、渔业等部门，共同对突发环境事件的影响做出综合评估。

（3）依法依规，专群结合。环境应急事故后评估应在当地政府、各职能部门、企业、公众等各个层面展开，开展警示教育，全面提高环境应急管理水平。突发环境事件后评估要依据法律法规，正确做出评估。在后评估的具体实施中，既要充分发挥各领域专家的作用，又要充分依托公众，全面评估其受影响程度。

（4）实事求是，客观公正。环境应急事故后评估要坚持科学的态度，采用科学的方法和遵循科学规范的程序。评估工作人员需要深入实际，对被评估的项目本身及其各种条件做周密的调查和研究，要收集突发环境事件发生、救援等全过程的调查数据、信息和资料，进行认真而深入的分析，要尊重客观实际。

二、环境应急事故后评估的模式

（一）行为研究法

行为研究法的理论依据是心理学与行为科学。心理学是研究人的一门学科，更进一步说，心理学是研究人的心理活动及其外在表现即行为的学科。心理是人对外界环境刺激的一种本能的反映，它在生理上表现为一系列生物电流的传输过程及化学物质的反应过程。而这种变化是通过人的行为反映出来的。行为（behavior）是人的心理（psychology）的反映，行为的目的和动机是满足人们的需求，有机体应付环境的一切活动统称为行为。同样的人在不同的环境下表现出了不同的行为，而这种行为可以被记录、收集和整理，从而成为研究建成环境使用后评估的一种最常用的方法。

这种方式比较注重于研究环境的使用者的外显行为，通过观察使用者的行为模式来分析他们对于所处环境的心理反应。这是一种比较直观的研究方法，因此在研究时，通常利用观察法来收集人们的行为信息。而在进行评估时，常采用标准化或开放式的问卷来了解环境使用者的行为方式和规律。这种方式的应用范围最为广泛，而且也比较有效，操作起来的难度也不太大，因而在国内外评估的实例中，采用这种方法的占很大的比例。赫什伯格（1999）在他的著作《建筑策划和前期设计管理》（*Architectural Programming and Predesign Manager*）中介绍了一种室内活动日志分析方法，这是一种典型的行为测量分析技术，它对评估现状环境的适用性很有帮助。

除了观察法以外，还有行为地图、行迹分析图、行为或活动分类记录表及建筑使用行为核查表等，这些都是研究环境使用后评估常用到的行之有效的优良工具。由上述可以看出，行为研究法更重视研究物质环境要素对使用者的行为影响。行为研究法是研究使用者对环境及其配套设施的使用方式的一种方法，通过这一方法来判断环境对行为方式的影响。尽管通过行为研究法得到的数据比较客观、可靠，而且还比较容易进行量化分析，但它不能全面完整地认识环境使用者内在的需求与对环境的态度，因此它也有局限性，无法全面地评估整个环境。这种方法在我国比较有影响，而且应用面也比较广泛，得到了很多方面的实证。例如，在我国进行的许多实态调查都是以行为调查与分析及其评估为中心的。本书是强调应用性的，因此在本书的实例调查中，也把行为研究法作为数据收集和分析的主要方法。

（二）认知研究方法

认知是个人对他人的心理状态、行为动机和意向做出推测和判断的过程。认知的基础是认知者个人过去积累的经验及对外界相关线索的获取和分析而得来的知识。认知必须依赖个人的思维活动来进行，包括信息的加工、分类、推理和归纳。认知研究方法关注于使用者的心理活动，其理论基础是认知理论。认知理论认为，主体个人的内在需求及对不同环境的感受和态度对他的行为方式和对环境的评判有很大的影响。

信息论的观点在某种程度上也影响着认知方法及理论。信息论是关于信息的本质和传输规律的科学的理论，是研究信息的计量、发送、传递、交换、接收和储存的一门新兴学科。人类的社会生活是不能离开信息的，人类的社会实践活动不仅需要对周围世界的情况有所了解，而且还要与周围的人群沟通。这就是说，人类不仅时刻需要从自然界获得信息，而且人与人之间也需要进行通信，交流信息。在国外已有的评估理论中，许多侧重于获取使用群体对外部环境的综合感知信息，并依此进行分析、推论，得出人们的环境价值状态。

在这类方法中，也重视对环境意象的研究。环境意象是人们对环境的理解和记忆，是通过将认知得到的信息综合起来，并进一步上升得到的带有明显主观色彩的对环境的认知。它比较重视对环境认知要素及其结构的研究。在这个方面，比较典型的有林奇（K. Lynch）的认知地图方法。他认为人脑在认知的过程中，将得到的环境的信息进行识别、分类、储存、编码及解码，这是一种内在的因素，它必将通过行为这一外显的方式进行表达。林奇的认知地图方法比较注重环境对认知的决定作用，它有决定论的倾向。与林奇的认知地图不同的是皮亚杰（J. Piaget）的认知发展理论。它从主体与客体间相互作用这一角度出发，强调人的主观能动性对环境认知的作用。在他的环境"图式"论中，提出了一般认知的发展原则，即认知的组织、平衡和适应，强调重视主体的精神需要。

强调物质环境的认知地图方法和强调主体精神的认知发展理论是认知评价模式的两类重要研究途径。在本书中我们认为，认知理论更关心的是人们对环境的主观感受和理解，并由此而形成对环境的满意、舒适、喜爱等心理特征。在实际操作中，认知方法受到信息论的影响很大，而又以实证方法为主导，皮亚杰所创立的综合操作方法是比较典型的一个代表，这是一种结构主义的方法。在现代的认知方法研究中，结构主义方法得到了越来越多的重视，并且在发展过程中，吸取了系统论、控制论方法的精髓，已经呈现出了多元化的趋势。除了传统的方法外，还出现了模拟法、口语报告法等综合方法。心理学中的心理测验法也被用来研究对环境的认知，在这方面，蔡塞尔的住宅单元平面游戏法是一个很好的例子。

（三）社会学范畴评估方法

人们处在社会这一大家庭中，各种社会因素对人们的主观感受都有一定程度的影响。社会学范畴评估方法强调社会的作用，比较重视通过大范围的社会环境对个人的影响去研究环境中的人。而一般情况下，影响个人的社会因素通常包括：个人所处的社会经济地位、生活方式、家庭、私密性、领域性、邻里关系、社会气氛及社区管理等，这些都是影响人们对环境的主观看法和使用感受的主导因素。

关于理论基础的研究也比较多，而其中以纽曼（Newman）对空间私密性、领域性和防卫性的研究最为突出。他研究了地域性对于人们行为的影响，他的研究表明，在一定程度上，一些小的犯罪行为和破坏行为与建筑有一定的关系，这是由于环境引起了人们内心中好斗的本性，也就是说，不同的环境对于人们的行为有不同的引导和激发作用。这是一种环境决定论的代表。另一位建筑师拉卜普特也发展了一个与此相似的理论：环境和文化论。他认为文化对于人们的行为有决定性的影响。人们的行为模式不仅仅与物质环境要素有密切关系，而且与使用者主体的社会文化经验不可分割。在他看来，物质和文化是评估环境的两大要素。

社会学评估研究方法，主要吸收社会学和心理学的思想和方法，有三种基本方式：

（1）以调查法为主的方式：主要以问卷法和访问法为主要形式，来研究环境的特征。

（2）通过研究不同的文化对环境的影响来探讨场所的意义和价值。

（3）采用互动方式和民主化评判模式，让研究人员和使用者都参与到环境的评估过程中，从而更加直观和主动地发现使用者个人对环境的内心想法及意见。

（四）主客观综合评估法

这是一种强调从整体上来进行研究的方法，尤其是强调要重视使用者在评估过程中的主观作用。它把环境评估看做一种主体文化，看作情趣和生活经验与期望的外在表现，重视研究建成环境对使用者的生活意义，关注人们对环境物质状况的整体知觉，着重探索人们对环境的直觉、见解和认识。

这一类研究的理论基础有格式塔的心理"场论"、勒温的行为函数 $B=f(P, E)$ 等。从格式塔的心理场论我们可以看出，整体与构成整体的元素在质上是有本质的区别，而从整体上去研究人们的行为方式、环境观念比单纯从某些方面入手更接近事物的本来面目。而研究者应当采取通过现象直觉地预见事物本质的现象学方法。在具体操作上，这一方法仍然采用实验、调查、观察等基本方式，只是操作中看问题的视角和传统方式有所区别，在其中加入更多的辩证因素和研究者的主观因素。也就是说，这是一种"客观+主观"的整体观察法，注重研究者个人的直觉作用。因此在实际操作时，研究者必须时刻保持清醒的头脑，以避免误入唯心主义主观论的歧途。

这一方法的最大亮点在于它强调从整体出发，重视使用者的生活经验及个人愿望，从表面现象入手，来整体地把握研究对象——环境的本质特点。以上几种评估方法，只是从方法论层面上论述了建成环境使用后评估的方式，在具体操作上有很多方法是类似的，只是观察角度及对主、客观条件的关注程度有所区别。当然，各种方法并不是相互独立的，而是在一定程度上相互补充，共同解决实际问题。这是一种大的趋势，也是发展过程的一个必然结果。

三、环境应急事故后评估工作程序

环境应急事故后评估工作，应以事件的成因调查、环境影响评价和损失调查为核心开展，通过调查、评价，明确环境影响的前因后果、时空范围和强度，在调查和评估的基础上进行损失价值评估，并以调查、评价、评估结果为依据，进行相关方的责任追究。

环境应急事故评估内容有以下几点：

（1）事故环境影响评价。对短期环境影响进行评价，预测评价事件污染造成的中、长期环境影响，并提出相应的环境保护措施。

（2）事件损失价值评估。评价突发环境事件对环境造成的污染及危害程度，计算财务损失、生态环境损失，为善后赔偿和处罚提供依据。

（3）环境应急管理全过程回顾评价。评价事件发生前的预警、事件发生后的响应、救援行动以及污染控制的措施是否得当，并调查事件发生的原因，为突发环境事件责任的认定及其处理提供依据。

第三节　突发环境事件环境影响评价

一、突发环境事件影响评价概念

突发环境事件是已经发生的风险。突发环境事件环境影响评价应包括两方面的内容：一方面是在事件发生后的紧急状态下，及时对事件造成的实际影响进行短期预测分析，为制订抢险救灾方案，制止和防范污染范围和程度扩大提供依据。事件源具有较大的不确定性，是应急处置中需要及时查实的首要问题。事故源释放具有瞬时或短时间的特点。评价方法采用应急监测及环境评价预测相结合的方法。这样的突发环境事件环境影响评价实际上是"应急性"事件环境评价。另一方面是在应急状态结束后，对事件起因和事件的中、长期影响进行回顾性分析评价，为制订环境灾害后重建方案及中、长期的污染防护和生态恢复计划提供依据；为进行突发环境事件损失价值评估提供依据。此时进行的突发环境事件环境影响评价实际上是"回顾性"事件评价。

作为后评估的突发环境事件环境影响评价，应以"回顾性"事件评价为主。

突发环境事件环境影响评价与建设项目环境影响评价不同。建设项目环境影响评价是在项目的建设之前进行，其分析重点是项目建成后正常运行情况下，向空气、地表水、地下水或土壤长时间连续释放污染物、噪声、热量等造成的连续、累计效应，源项的不确定性较小。另一个需要区别的概念是建设项目环境风险评价。建设项目环境风险评价是建设项目环境影响评价的一部分，是对建设项目存在的潜在危险、有害因素，建设项目建设和运行期间可能发生的有毒有害和易燃易爆等物质泄漏所造成的人身安全与环境影响的可能性和损害程度进行分析和预测，并提出合理可行的防范、应急与减缓措施。源项具有较大的不确定性，事故源释放具有瞬时或短时间的特点。评价方法为概率法。

二、突发环境事件影响评价方法

突发性重大环境污染事故的评估包括紧急评估和全面评估两种。紧急评估的目的在于给出能够减少和控制污染事故危害程度和危害范围的措施，包括人员的疏散、医疗和重要财产的抢救转移、污染物的紧急处理3个部分；全面评估的目的在于列出有说服力的全面的污染事故的影响程度和影响范围，并提出环境修复方案，以及给出可以量化的赔偿，从而将人们的生产和生活重新带上正轨。包括3个方面的调查（环境、生态和公众调查）和环境、主要财产损失的修复方案，在全面评估的过程中，也包括对人员影响的进一步评价。突发性重大污染事故的评价体系见图 8-1。

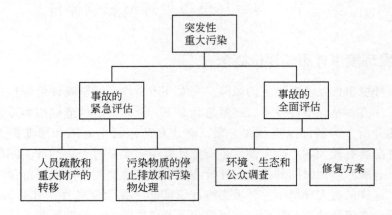

图 8-1　突发性重大污染事故的评价体系

（一）污染事故的紧急评估

事故的紧急评估是处理突发性重大污染事故的重要特点，它的任务在于控制污染事故的损失程度和影响范围，是一件非常重要和具有极大挑战性的工作。按照社会属性和自然属性，将紧急评估的内容分为两个部分。

紧急评估的第一步是搜集信息，确认事故情况；然后根据搜集到的资料，判断事故后污染物的扩散趋势；选定对事故善后处理有重要影响的环境因子进行重点评估；根据评估的结论，按照人员疏散、财产抢救和污染物回收等方面的内容，分别制订相应的计划；最后对方案进行筛选并组织实施。在实施的过程中根据实际情况不断地修正，补充已有的方案（图 8-2）。

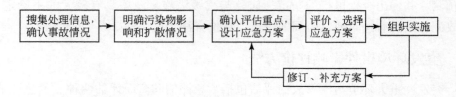

图 8-2　紧急评估流程

1. 事故概况的确认

事故的概况是进行环境污染赔偿与评估的前提，是对基本事实的陈述，所有的分析、论证、计算等工作都是建立在这个基础之上的。事故的概况确认需要从事故各方得到相关的信息，尤其是污染物质的相关信息。《中华人民共和国环境保护法》第三十一条规定：因发生事故或者其他突然性事件，造成或者可能造成污染事故的单位，必须立即采取措施处理，及时通报可能受到污染危害的单位和居民，并向当地环境保护行政主管部门和有关部门报告，接受调查处理。但是这一条规定的表述相当模糊，许多关键性的词语并没有具体的解释，在现实中只能根据经验进行处理。

2. 事故紧急评估的对象

事故影响双方提供数据，而救援部门则根据双方提供的数据，决定进行污染物紧急处理的范围和程度。紧急处理需要考虑的问题有以下几点。

（1）污染物在大气中的迁移。大气由多种气体混合而成，成分相对比较稳定。污染事故会造成泄漏污染物质的浓度在局部突然升高，根据肇事方提供的信息进行有针对性的监测，可以很快得到大气污染情况的数据。排放到大气中的污染物，在大气湍流的作用下迅速分散开来，这一现象称为大气扩散。大气扩散过程直接影响到大气环境污染程度，而扩散过程需要考虑的因素有大气湍流、大气稳定度、风速风向、云量、天气、下垫面情况等。

（2）污染物在水体的迁移。环境事故造成的水体污染、潮汐、河流走向、洋流等对水体有重要作用的因素是考虑的重点。

（3）污染物在土壤中的迁移。进入土壤的污染物的迁移转化都有固定的规律，可以直接借鉴现有的研究成果。污染物的迁移转化是污染物向更大范围扩大的过程，在这一过程中，环境的稀释作用有可能使污染减少。但对一般事故而言，由于事故发生地点大量的高浓度污染物质泄漏，扩散往往造成大范围的环境破坏。

3. 污染事故的应急监测

我国的应急监测刚刚起步，还没有形成一套完整的体系，污染应急监测力求简便、快速、及时、准确和经济，以求适应我国国情。事故发生后，检测人员应根据污染事故状态和情况，迅速布点取样检测，尽量在现场得出结果，否则可以将项目送到分析检测科室分析，也必须及时报出数据。

气体污染检测、气体污染监测首选快速法，快速法包括仪器法、检气管法、试纸比色法和溶液快速法。仪器法就是利用有害物质的热学、光学和电学等特点对它们进行测定；检气管法具有现场使用简便、快速、便于携带和灵敏等优点；试纸比色法是用纸条浸渍试剂，在现场置于试纸夹内抽取被测空气，显色后比色定量，操作简便、快速，测定范围广；溶液快速法是将吸收液本身作为显色液，采样显色后与标准管比色定量。

水体、土壤和生物的污染。如果污染物是未知的有机物，可采用 EPA8270 和 EOA8260 方法，对于挥发性有机物，可以使用顶空法和吹扫、捕集法解决一般问题，也可以用固相微萃取（SPME）法富集测定挥发性有机污染物，或半挥发性有机污染物，该方法比溶剂萃取法的前处理简单，没有基体干扰。

有毒化学品污染事故应急监测。有毒化学品种类繁多，性质各异，有毒化学品污染事故的突发性、持续性和累积性决定了环境监测任务的困难程度。目前有毒化学品污染事故的现场监测技术主要有以下几种：试纸法；水质速测管法——显色反应型；气体速测管法——填充管型；化学测试组法；便携式分析仪器测定法。以上方法的特点是：操作简单，对操作人员的专业知识要求不高；成本低廉；能够迅速得到测试结果；随时随地均可测试。

4. 人员的疏散和重要财产的抢救

人员的疏散指将因为污染事故而受到生命和健康威胁的人群在短时间内转移到安全地带。疏散的内容包括疏散范围、疏散过程和疏散地点。

重要财产的抢救和转移主要包括两个方面：一是对财产在当地进行紧急处置，采取密封、埋藏等手段，降低污染物质对它的影响；二是将价值比较高而且转移相对容易的物质进行转移，以尽量保护重要财产。

5. 污染物质的停止排放

事故原因排查。高浓度的污染物质泄漏是一个短暂的过程，但是如果数量特别大的话，在救援部门赶到的时候可能没有完全泄漏，这个时候需要迅速对事故的原因进行排查，制止和控制污染物质的进一步释放，从而解决一个重大的隐患。

防止污染物质的剧烈变化。污染物质达到一定浓度或者在特殊条件作用下，会发生爆炸、燃烧等剧烈变化，这无疑会给救援工作造成巨大的风险，因此要对这些风险进行控制。

6. 污染物紧急处理

促进污染物质的迁移转化。污染事故发生之后会有一个扩散的过程，随着扩散范围的增加，污染的损害也会相应减少。因此，在污染物浓度相对比较低、扩散比较容易的情况下，可以采取一定的措施促进污染物的迁移转化。

污染物回收。污染物刚刚进入环境之后，在环境因子中的浓度比较高，可以考虑将环境因子连同污染物质一起回收处理。但是这一过程也需要遵循低风险性、高性价比以及可操作性的原则进行。

（二）污染事故的全面评估

污染事故的全面评估是事故最终处理的操作依据，是污染事故善后处理的重要组成部分，包括污染事故的调查和环境修复方案设计两方面。

1. 污染事故的调查

污染事故的调查包括环境损害调查、生态损害调查和公众调查三个方面。

（1）环境损害调查。主要是弄清污染事故发生之后污染物在各环境因子中的浓度以及该浓度与污染事故之间的因果关系，了解污染物的空间分布。根据现行的相关标准，以及污染物质的性质，确立一系列观测指标，再根据现有的污染物检验方法得到要求的数据，调查的方法主要是采样分析。

（2）生态损害调查。了解污染事故发生后环境中生物在生态环境中的生存和健康状况，以及该结果与污染事故的关联。调查的内容包括生物种类、生物量、空间分布、污染物富集情况。

（3）公众调查。污染事故发生之后，公众出于对自身健康的考虑，必然会对原有环境提供的服务产生不信任，减少对于原有环境提供的生物、旅游休闲等产品的消费，从而造成经济损失，这些损失的衡量需要通过对公众进行调查确认。

2. 生态修复方案设计

所谓生态修复是指采取生态工程或生物技术手段，使受损生态系统恢复到原来或与原来相近的结构和功能状态，其内涵着重体现的是采用比较宏观的技术和措施使退化生态系统得到恢复。与生态修复对应的概念有生态恢复、生态重建、生态改建等。

生态恢复基本上与生态修复类似，强调的是将受损的生态系统从远离初始状态的方向，通过一定方式恢复到初始状态。水土保持、小流域治理工作者习惯用生态修复这一术语，而环境生态和林学工作者常常用生态恢复这一术语。联合国教科文组织"人与生物圈计划"有关论述认为，生态恢复就是运用生态学的方法，研究人与环境的关系，特别是人类活动对生态系统的影响，以及在人类活动影响下资源的合理利用，并用各种手段使生态系统恢复到原来的状态。生态重建是利用生态学原理，对被破坏的生态系统进行规划、设计，将受损生态系统按人的意愿进行建设，增加人类所期望的结构和功能，维护和恢复其健康，创建和谐高效的可持续发展环境。因此，重建的生态系统，与受损前的生态系统具有显著的差异，如外来物种和人工培育的物种较多、生物多样性较低、初级生产力较高、生态系统中人类作用的痕迹较多等。生态改建是对退化的或对人类来说价值比较低的生态系统进行改造和重建，使退化状态被遏制，生态系统向着人类所需要的方向发展，或恢复到原来状态等。生态重建与改建的不同，主要体现在人类对生态系统作用的起点和终点上。而且，重建具有根本性的改变，而改建只具局部性调节。

这些概念的内涵和外延彼此有些重叠，需要在理论上对这些概念作进一步的界定。由于人类对退化生态系统管理对策和目标的差异，退化生态系统在人类的作用下将获得不同的生态学性状，最终可能使受损生态系统产生以下结果：①恢复到原来的状态。这种状态，从自然资本的价值、生态系统服务功能和系统林学的观点看，是退化生态系统要恢复的最理想状态。②重新获得一个既包括原来特性，又包括人类有益的新特性状态。这样的生态系统，从目前的观点看是一种次理想的状态，但在某些生态系统属性上，可能优于原来状态的生态系统。③形成一种改进的和原来不同的生态系统，这种生态系统首先使退化过程停止，然后，向着与退化前不同的生态系统方向发展。④保持退化状态，这种情况在人类对生态系统管理不当或管理投入不足的情况下发生。它又可分为两种：一是保持退化状态，不能发挥良好的生态系统功能；二是保持退化状态，但能发挥一些特殊的生态系统功能。

从上述分析可以看出，生态修复是生态系统管理的最高目标。因此，生态修复就是指在特定的区域、流域内，加速对已破坏的生态系统的恢复，其目的是调整生态重建思路，摆正人与自然的关系，通过自然演化和人为引导，遏制生态系统的进一步恶化，加速恢复地表植被，防止水土流失，实现生态系统良性循环，结构、功能协调，经济增长与生态修复共进，生态效益、经济效益、社会效益和谐高效。

通过比较国内外学者对生态修复的研究，发现目前在以下一些方面达成了基本的共识。

（1）不利的自然力和人类力干扰是生态系统退化的动力。消除不利干扰是生态修复的最基本条件。

（2）裸地、森林采伐迹地、弃耕地、沙漠、采矿废弃地、垃圾堆放场、土地退化是退化生态系统的主要类型。尤其是土地退化，它使土壤理化结构发生变化，并使土壤生态系统功能退化，使土地生产力下降。

（3）天然修复和人工修复是生态修复的主要方式。生态天然修复是利用生态系统的自我恢复特性，恢复受损生态系统的结构和功能的过程。它强调在人类不投入物质能量的条件下，受损生态系统从初始的土壤环境条件、系统内和系统间的物种组成条件和小气候条件开始，向着生态系统结构和功能不断完善的方向发展，逐步恢复到生态系统的初始状态，并使生态系统发挥增益功能。人工修复强调人类在生态修复中的作用（焦居仁，2003）。

（4）生态修复的初始条件不同，其过程具有明显的差异。生态自我修复的初始条件是由生态系统进展演替和逆行演替过程决定的。进展演替是生态系统向着地带性顶级生态系统类型发展和更替的过程，而逆行演替是生态系统从高的演替阶段向低的演替阶段发展和更替的过程。进展演替其实就是生态自我修复过程，生态自我修复的具体表现就是生态系统由逆行演替的某一阶段转变到进展演替的某一阶段。

（5）生态自我修复的演替过程决定于演替的一系列初始条件和后续条件。

第一，弃除或减轻干扰，尤其是各种人类干扰；第二，生态系统只有在有生物种类存在的条件下才有自我修复的生命力；第三，定居是生物种源在初始演替的生态系统获得资源和生长的过程；第四，营养成分是能够定居成功的先决条件，生态系统中的植物，如固氮的植物是自然生态系统获取营养成分的生物条件；第五，元素循环使生态系统开始演替并自我修复；第六，去除土壤中的毒性可以使生态修复的效果更佳。

（6）实现很好的人工组合的演替的初始条件极为重要，组合得当会显著促进自然修复过程。

（7）天然修复具有显著的优越性。第一，进行生态修复的工作量可大大减少；第二，生态系统自我修复能最大限度发挥相应演替阶段的功能；第三，生态系统自我修复过程保持了生态系统自然恢复的种源条件；第四，生态系统自我修复过程促进了生态系统的复杂性、稳定性、持续性，丰富了生态系统结构，改善了景观特征，提高了生态系统的美学价值。

（8）退化生态系统恢复和重建的原则一般包括能够指导生态系统修复的由一切自然科学法则组成的自然原则，包括由人的心理、意识、经济基础、上层建筑、生产关系等一系列相互作用、相互影响原则组成的社会经济技术原则和由满足人类心理需要并改善人类的精神状态为前提的一系列原则组成的美学原则（彭少麟，2004）。

（三）突发环境事件损失价值评估方法

从经济学角度来说，环境问题的根本原因是对环境价值认识的不足。长期以来在传统价值观念的支配下，人们错误地认为环境资源是没有价值的，可以无偿地使用，从而导致了人们对环境资源的无偿索取和掠夺式开发。在短期内，这种环境问题通常被忽视资源基础和环境条件的传统国民经济核算体系所掩盖，即一个国家即使耗尽其矿产、伐光其树木、污染其水源，但实测的国民经济产值还在随着这些宝贵资源的丧失和环境恶化而稳步上升，使经济出现某种虚幻增长的假象。因此，改变传统的环境资源无价的观念和理论，确立环境资源有价值的观念和理论，并将环境资源价值加以科学计量，是当代经济社会发展的迫切需要，也是解决环境问题的重要手段之一。环境受到污染，就会造成各种损失。环境作为一种不可替代的资源，其价值核算是环境经济学最核心的问题之一。由于传统的国民经济核算只计算了人造资本，没有考虑自然资本及环境问题，因此，如何将资源环境因素纳入国民经济核算体系，正确地评估发展的真谛，实现可持续发展目标导向下的绿色国民经济核算体系是当今人类社会发展进程中一个重要命题，也是当前世界各国政府和学术领域普遍关注的焦点问题。

1. 环境污染损失评估的理论基础

1）直接市场评价法

直接市场评价法又称为市场价值法、常规市场法、物理影响的市场评价法。该评价方法是把环境质量看作是一个生产要素，用直接受到环境质量变化影响的物品的市场价格来度量环境资源价值的一种环境价值评价方法。

直接市场评价法比较直接、客观，而且易于调整，因而应用比较广泛。直接市场评价法依赖于市场价格，把受环境污染影响的资源质量作为一个生产要素，通过可度量的市场价格，估算出环境污染损害的价值。但是，在这里有一个前提条件，就是受到环境质量变动影响的物品的市场价格应该能正确地反映资源的稀缺性，产品或服务应是在市场机制作用发挥得比较充分的情况下销售的。否则，如果存在垄断或价格补贴等情形，就要使用影子价格来调整。

几种常用的直接市场评价法：生产率变动法、人力资本法、疾病成本法、机会成本法、重置成本法和剂量—反应方法。

2）揭示偏好价值评估法

揭示偏好价值评估法又叫替代市场法，它是通过在与环境联系紧密的市场中人们所支付的价格或者所获利益，间接推断出人们对环境污染造成的损失的支付意愿或者接受赔偿的意愿，以此来估算环境污染损失的评估方法。

直接市场评价法只适用于环境污染损失既可以度量又可以用市场价格估算时的价值评价。但事实上，很多环境污染是无法直接用市场价格来计算的。这时，就要努力去寻找那些能够间接反映人们对环境质量评价的商品或劳务，通过计算这些商品和劳务的价格来估算污染造成的损失，即采用揭示偏好价值评估法。

揭示偏好价值评估法使环境污染评价的应用范围得到了扩展。但是，它也有其局限性。该方法往往只能部分地、间接地反映人们对环境污染的评价，而对于环境的某些服务性功能，特别是环境的存在价值部分的损失是无法反映的。因而，环境的价值往往会被低估。此外，该评价方法涉及的各种信息反映出的往往是很多因素共同作用而产生的结果，而环境因素可能只是其中的因素之一。因此，排除各种干扰因素的困难会影响评价结果的准确性。

揭示偏好价值评估法包括很多种具体的评价方法，如支出法、影子工程法等。

3）成果参照评估法

所谓成果参照评估法，就是把一定范围内可信的货币价值赋予受项目影响的非市场销售的物品和服务。成果参照评估法实际上是一种间接的经济评价方法，它采用一种或多种基本评价方法的研究成果来估计类似环境影响的经济价值，并经修正、调整后移植到被评价的项目。

2. 突发环境事件损失评估分类

突发环境事件损失评估目的可分为两种：一是从全社会的角度估算事件造成

的损失，即量化突发环境事件的总损失及各类损失的价值，为全过程环境应急管理提供依据，对环境保护工作起到警示作用；二是为了界定污染事件的制造者和损失承受者之间民事赔偿的责任和权利。评估目的不同，在评估过程中对数据准确度的要求、损失计量范围及最终结果的表达形式都不同。本书中损失评估的基本目的属于前者，即量化事件损失价值。

根据 2006 年 1 月 24 日发布的《国家突发环境应急预案》，突发环境事件的损失包括人员伤亡、财产损失，社会经济稳定、政治安定和公共安全方面的损失等。这些损失中，有些是可以价值量化的，如人员伤亡、财产损失；有些则难以价值量化，如社会经济及政治稳定方面的损失等。本书对后者不去探讨，而主要围绕人员伤亡、财产破坏、经营收入减少和对生态环境破坏等方面的损失量化展开研究。

如何对突发环境事件的损失价值进行量化这一问题，可以进一步分解为以下三个小问题：突发环境事件给哪些单位或家庭造成了哪些损失？如何计算这些损失的经济价值？遵循什么样的步骤对损失进行评估？下面针对以上问题，对突发环境事件损失价值评估方法进行具体探讨。

1）评估项目设置

明确事件给哪些单位或家庭造成了哪些损失，即确定影响对象和损失类别，是损失价值评估的基础和关键。评估项目设置为此项工作提供分析框架。

2）影响对象

影响对象是承受突发环境事件损失的经济单位（包括组织、家庭或群体）或生态环境。根据在事件发生及处置过程中的责任和权利，将影响对象分为肇事方和外部损失承受者。

肇事方是突发环境事件的制造者所在单位。有些事件的肇事方比较明确，可以具体到某一个或几个单位。例如，在运输或生产过程泄漏排放有毒有害物质导致的环境事件中，排放和泄漏有毒有害物质者所属的经济单位就是肇事方；有些环境事件的肇事方不那么明确，如生产、生活废水累积导致湖泊突发蓝藻等类似事件中，湖泊周围的企业和居民等都有责任，无法确定为某一个或几个具体的经济单位。肇事方同时也可能是事件后果的直接承受者，通常会遭受一定的损失，是事件的影响对象之一。

除肇事方以外的其他承受损失的经济单位或生态环境，统称为外部损失承受者。根据其在生活中发挥的作用不同，可分为生产部门、社会群体、管理部门和生态环境。生产部门是向社会提供产品或服务的企业，包括工业、农业、商业服务企业等。社会群体是以生活和消费为主的经济单位，包括城乡社区、村镇及其公共服务机构（如学校、幼儿园、医院）等。管理部门，包括各级环保局、水利局、林业局等相关行政管理部门，以及公安、消防、武警乃至部队等承担突发环境事件应急处置工作的部门。上述影响对象都是以人类活动为主的组织，除此之外，突发环境事件的影响对象还包括生态环境。关于生态环境的概念，目前尚无公认的明确的定义。环境科学中的环境是以人类为主体的外部世界，即人类赖以生存和发展的物质条件的整体。生态学中的生态系统是在一定空间中共同栖息着的所有生物与其环境之间由于不断进行物质循环和能量流动而形成的统一整体，它强调的是系统中各个成员的相互作用。综合以上定义，本书中的生态环境是指以人类为主体的外部世界中各种类型各种尺度的生态系统所组成的统一体。在损失评估过程中，主要可能受环境污染事件影响的生态系统包括森林、湿地（含水体）、草原、农田四类。将影响对象中的肇事者和外部损失承受者区别开来，分别计量他们所承受的损失，可以为分析损失构成、事后处置提供参考。将外部损失承受者分为生产部门、社会群体、管理部门和生态环境，可以方便损失的统计分析。

突发环境事件的损失可分为财务损失和生态环境损失两类。

财务损失是突发环境事件对人们正常的生产、生活及管理等活动产生不利影响所导致的损失，这类损失与人们的经济利益密切相关，又可分为直接财务损失和间接财务损失。我国的侵权行为理论认为，直接损失是指已得利益之丧失，间接损失是受害时尚不存在，但受害人如果不受侵害，在通常情况下必然会得到的利益。据此，并结合突发环境事件财务损失的具体情况，将事件所引发的应急处置费用、人员伤亡损失、财产损失、临时生活和生产成本增加归入直接财务损失，将事件所导致的预期收入减少和事后处置费用归入间接财务损失。

突发环境事件造成污染和生态破坏，会使生态环境质量下降和生态服务功能减弱或丧失，这类损失称为生态环境损失。根据环境经济学的理论，生态环境为人类提供的总价值可分为使用价值和非使用价值。使用价值又分为直接使用价值、间接使用价值和选择价值；非使用价值又分为存在价值和遗赠价值。基于生态环境价值的分类，同时为了简化分类层次，在此，将生态环境的损失分为直接使用价值损失、间接使用价值损失和非使用价值损失三类。直接使用价值损失包括供水能力降低、提供的食物饲料和原材料数量减少、游憩和科教功能减弱所带来的损失；间接使用价值损失包括固碳供氧、净化降解、土壤保持等功能降低所带来的损失。突发环境事件造成环境质量下降，使人们对环境满意程度降低，但在直接使用价值、间接使用价值中又不能明显体现的损失，归入非使用价值的损失。

（四）污染事件环境影响评价指标选择

指数评价法是一种比较成功的评价方法，解决了有关行业的许多安全问题。

但其评价参数取值范围过宽，选用时缺乏统一的标准，因而难以保证评价结果的精度。英国帝国化学公司的蒙德法就是对道化学公司的火灾爆炸指数法的补充和完善，其最大的局限性是难以保证综合危险性指标修正结果的准确性。

指数评价方法有以下特点：

（1）用指数表征危险物质的危险程度，避免了灾变的概率及后果严重程度难以确定的问题。

（2）这类方法均以系统中的危险性物质为评价对象，对管理因素如人的作用分析考虑较少。

（3）指数的确定只与危险物质的指标设置有关，忽略了指标因素的客观存在状态，因此其灵活性较差。

（4）评价中模型对系统安全保障体系的功能重视不够，特别是对危险物质和安全保障体系间的相互作用关系未予考虑。评价之初就有风险意义的指标值，使得评价后期对系统的改进显得非常困难。

（5）这种评价方法主要适用于企业或工程设计阶段的评价。

1. 指标筛选遵循的原则

全面、科学、合理的指标体系能够保证核算出的环境价值和环境污染经济损失的真实性，可以引导经济和社会健康持续的发展，指标体系必须根据环境与经济紧密有机结合和协调持续发展的要求来建立。

对众多指标进行筛选时，应遵循的原则包括：

（1）具有代表性。指标要抓住每个地区的主要特点，挑选出有代表性的环境污染问题。

（2）具有实用性。指标要简单明了，便于计算，有关资料也要易于收集，具有可操作性。为了与 SEEA 接轨，指标也要尽量按照联合国《System of Integrated Environmental and Economic Accounting—2003》的要求建立。

（3）具有可比性。各区域之间性质、功能、环境特征和经济技术水平存在一些差异，为了便于比较，指标要尽量统一，以便能反映不同区域环境污染经济损失的差异。

2. 指标建立过程

环境污染损失指标的建立，首先是依据环境污染的类型，分为大气污染、水污染和固废污染。针对每一种污染损失从三个方面进行考虑，即健康损失、生产损失和固定资产损失。健康损失是指发病率、死亡率增加而需多支付的医疗费用以及生病造成的误工损失、死亡损失等；生产损失是指对工、农、林、渔业等造成的产品产量和质量损失；固定资产损失是指对设备、建筑材料、管道等产生腐蚀，使其寿命缩短，而增加的维修费用和更换费用。每个方面又涉及多个损失项目，但受时间和投入的限制，也由于人类认知的有限性，要将所有的损失项目都进行核算，是不可能的。而且，从研究目的来看，也没有必要这样做。所以指标体系中只列出主要的污染损失项目，即在总污染损失中所占份额比较大的项目。

识别主要损失项目的途径有两个：一是经验判断，即通过考察、分析同类研究中的核算结果来确定；二是推理分析，首先了解核算期内的环境质量状况，识别出主要污染因子，然后分析污染因子对各种受体的潜在影响，并了解污染物环境浓度的单位变化所引起的影响程度。另外，有时各种污染之间的界限并不是十分明确。例如，固废中的废液和有毒气体会通过下渗和挥发而污染大气和地下水，这部分的损失在计算大气污染损失和地下水污染损失时已经涉及，为了避免重复，在计算固废损失时不再考虑。经过以上方法确定环境污染经济损失核算评估指标。指标体系中只列出主要的污染损失项目，因此污染损失核算的指标见表8-1。

表8-1 环境污染损失核算的指标体系

污染类型		指标
大气污染	人体健康损失	医疗费用、病人及陪床人员的误工损失、过早死亡损失、生命质量的损失（疾病造成痛苦的增加）
	农业损失	农作物减产损失及品质下降损失
	森林损失	材积量和生物量的减产损失、对森林生态功能的破坏损失
	腐蚀材料造成的损失	
水污染	人体健康损失	医疗费用、病人及陪床人员的误工损失、过早死亡损失
	农业损失	污灌造成的农作物减产损失及品质下降损失
	工业损失	增加的水处理成本、缺水损失
	生活用水损失	增加的水质净化和处理成本
	渔业损失	渔业产量的损失
固体废物污染	堆存直接经济损失	
	占地损失	

第四节　污染事故损失评估

一、污染事故调查方法

当突发环境事件发生后，应尽快开展现场调查工作，在应急监测的基础上，通过询问责任单位和实地踏勘现场，详细了解其对土壤、水体、大气等的危害，对动物、植物及人身的伤害，对设备、物体的损害等，确定污染程度及范围，根据应急监测及初步源强判断的结果，利用模型模拟计算事件的短期环境影响范围。并可根据人员及动植物伤害情况和生态损害情况初步给出经济损失的等级，以便初步认定事件级别。

在应急状态结束后，应继续开展具有针对性的环境监测，利用物联网技术测定事故地点及扩散地带有毒有害物质的种类、浓度、数量，以及污染物在环境要素中的存在和迁移动态。根据监测和调查结果，结合模型模拟，预测事件对生态环境中、长期影响范围、程度和持续时间，给出影响地区人员及家畜回迁的时间和范围，提出生态环境恢复重建建议方案，并制订事件结束后长期监测方案。

事件调查是通过事中现场记录，事后的文献查阅、现场踏勘、重点访问、资料整理等活动，了解事故有关情况，收集整理事件损失的有关数据。事件调查后应形成以下两个文件：一是事件过程记述，包括事故发生的时间、地点、原因、污染因子及特征、源强、影响范围及演进过程、应急处置措施、处置效果等；二是影响对象所受损失的数据记录或调查表。这两个文件是进行损失分析和计量的基础。

（一）影响受体为生态环境

根据突发环境事件污染物的扩散速度和事件发生地的气压、风向、风速等气象资料，加上河流水流流向和流速等水文资料以及当地环境地形特点，确定污染物扩散范围。

在此范围内布设相应数量的监测点位。在应急监测阶段，根据事件发生的扩散情况和监测结果的变化趋势适当调整监测频次和监测点位。在进行应急终止后的现场监控点位的布设时，应根据污染物扩散和迁移的方向在事故现场附近分别选取受污染和不受污染影响的相对清洁地区，并同时进行对比监测。

生态环境现状调查遵循的一般原则和方法，参考《环境影响评价技术导则》（HJ/T 2.1—2011）。

生态环境现状调查的内容，参考《环境影响评价技术导则》中环境现状调查部分和《环境影响评价技术导则——非污染生态影响》（HJ/T 19—1997）中生态环境状况调查部分。

大气、地表水、地下水和土壤质量现状评价需根据《地表水环境质量标准》（GB 3838—2002）、《地下水质量标准》（GB/T 14848—93）、《环境空气质量标准》（GB 3095—2012）和《土壤环境质量标准》（GB 15618—1995）以及清洁对比进行判定。

（二）影响受体为人群

1. 现场调查内容

（1）污染物危害人群健康的过程、性质、原因和特点。

（2）高危险人群的范围、暴露特征、病人的临床特征和分布特征。

（3）污染物、污染源、污染途径、暴露水平的实测水平及对照的实测水平。

2. 数据收集

（1）流行病学数据。适当选择暴露人群与对照组人群，采用科学的数据采集方法控制数据质量，注意疾病人口统计及诊断中的复杂因素及其说明，采用数据处理的统计方法、专用公式和估算参数进行数据处理。

（2）污染物的主要理化性状，包括溶解度、沸点、燃点、主要的化学反应和生物降解过程以及有关生成物的毒性等。

二、污染事故损失评定

污染事故损失评定需要进行环境经济损失评估，应以评估对象所在区域的资源、环境与社会经济概况为研究基础，以评估对象的环境破坏对所在区域的资源、社会、文化、经济发展造成的各种影响为重点，着重分析评估对象对所在区域的资源、环境、社会、经济所造成的不良影响。通过建立对这些影响进行分析评估的指标体系，对评估指标分类。对每一指标确定其相应的指标参数和评估计量方法，并对不良影响所造成的各项经济损失进行货币化估值，最后通过综合计算得出评估对象环境破坏引起的经济损失估算。

（一）危害评价方法

1. 影响受体为生态系统

1）在环境介质中的扩散及浓度分布

（1）大气中的扩散及浓度分布。根据《建设项目环境风险评价技术导则》里推荐的扩散数学模式计算事故对事故发生地周围地区大气环境的瞬时和中、长期影响。

（2）水体中的扩散及浓度分布。污染物在水体中的扩散模式和浓度计算可参考《建设项目环境风险评价技术导则》里推荐的扩散数学模式，并由此计算事故对事故发生地周围地区水环境的中、长期影响。

（3）土壤中的扩散及浓度分布。污染物在土壤表面的总沉积量，土壤表层、植物根系区域的浓度计算以及植物根部对土壤中有毒污染物的吸收可参照以下方法进行。

A. 土壤表面的总沉积量

事故期间释放的有毒污染烟云飘过生长有 j 类植物的区域时，土壤表面 i 类有毒污染物的总沉积量可采用下式进行估算：

$$A_{sij}(t_e) = p_i V_{aij,\,max}\left(1 - f_a \frac{LAI_j}{LAI_{jmax}}\right)\Delta t + (1 - f_{wi})\sum_k\left\{\frac{g\Lambda_i k Q_i}{\pi u k}\Delta t_k\right\}$$

$$f_{wi} = \frac{LAI_j}{R}S_j\left[1 - \exp\left(\frac{-\ln 2}{3S_j}R\right)\right]$$

式中：$A_{sij}(t_e)$ 为沉积结束时刻土壤表面 i 类有毒污染物的总沉积量，单位为 g/m²；$V_{aij,max}$ 为 i 类有毒污染物向 j 类植物的最大沉积速度，即 j 类植物叶子生长最茂盛时的沉积速度，单位为 m/s；LAI_j 为沉积结束时刻的 j 类植物的叶面积指数；t_e 为沉积结束时刻，单位为 s；p_i 为事故发生后某处地面空气中 i 类有毒污染物的质量浓度，单位为 g/m³；f_a 为未被叶面截获而到达土壤的份额；Δt 为有毒污染物烟云飘过计算区的时长度，单位为 s，一般取事故持续释放时间；Q_i 为 i 类有毒污染物的源强，单位为 g/s；$\Lambda_i k$ 为烟云飘过期间发生的第 k 次降水过程（降水强度 I_k）所对应的 i 类有毒污染物的冲洗系数，单位为 1/s；f_{wi} 为 j 类植物的截获份额；S_j 为 j 类植物的有效储水能力，单位为 mm；R 为有毒污染物烟云飘过期间的降水总量，单位为 mm。$V_{aij,max}$ 的对照表如表 8-2 所示；其他粒子态元素的冲洗系数对照表如表 8-3 所示。

表 8-2 沉积速度 $V_{aij,\,max}$

表面类型	粒子态元素沉降速度/(10^{-3} m/s)
土壤	0.5
牧草	1.5
树	5
其他植物	2

表 8-3 其他粒子态元素的冲洗系数

降水强度 I/(mm/h)	粒子态元素的冲洗系数 Λ/s⁻¹
<1	2.9×10^{-5}
1–3	1.22×10^{-5}
>3	2.9×10^{-5}

B. 土壤表层有毒污染物的浓度

土壤表层是指 0 ~ 0.1cm 的土壤层。

对于生长有 j 类植物的土壤表层，土壤表层 i 类有毒污染物的浓度可由下式给出：

$$A_{sij}(t) = A_{sij}(t_e)\exp[-(\lambda_{per})(t-t_e)]$$

式中，$A_{sij}(t)$ 为沉积事件结束后 t 时刻，生长 j 类植物的土壤表层中 i 类有毒污染物的浓度，单位为 g/kg；λ_{per} 为入渗常数，需根据实际做对比试验确定。

C. 土壤根系区域有毒污染物的浓度

土壤根系区域是指 0.1~25cm 的土壤层。

进入根系的有毒污染物的浓度由下式给出：

$$A_{rij}(t) = \{A_{sij}(t_e)[1-\exp(-\lambda_{per}(t-t_e))]/L\rho\}\exp[-(\lambda_s+\lambda_f)(t-t_e)]$$

式中，$A_{rij}(t)$ 为沉积事件结束后 t 时刻，在生长 j 类植物的土壤根系区域的土壤中 i 类有毒污染物的浓度，单位为 g/kg；L 为根系区土壤深度，单位为 m；对生长牧草的土壤，L 取 0.1m，对于耕田，L 取 0.25m；ρ 为土壤密度，单位为 kg/m^3；λ_s 为元素通过浸出过程迁移出根系区域造成浓度减少的速率常数，单位为 1/d；λ_f 为被土壤固着的速率常数，单位为 1/d。

D. 植物根部有毒污染物的浓度

因根部吸收贡献的植物中 i 类有毒污染物的浓度由下式给出：

$$A_{srij}(t) = B_{vij}A_{rij}(t)f_{gj}$$

$$f_{gj} = \frac{\text{沉积结束后 } j \text{ 类植物采集的时间 } (d)}{j \text{ 类植物整个生长期 } (d)}$$

$$B_{vij} = \frac{j \text{ 类植物（干重）中 } i \text{ 类有毒污染物浓度}}{\text{土壤（干重）中 } i \text{ 类有毒污染物浓度}}$$

式中，$A_{srij}(t)$ 为 t 时刻因根部吸收贡献的 j 类植物中 i 类有毒污染物的浓度，单位为 g/kg；B_{vij} 为 j 类植物对土壤中 i 类有毒污染物的摄入转移因子；f_{gj} 为时间份额因子。

2) 暴露途径、暴露方式和暴露量

评价受体的暴露途径，如事故排放—大气—呼吸道。

评价受体的暴露方式，一般有吸收、接触、食入等。

污染物通过上述暴露途径，以一定的暴露方式进入评价受体中的浓度或剂量，即暴露量的具体计算可参考以下方法。

人体摄入有毒污染物摄入率可由下式估算：

$$A_{Hi}(t) = \{\sum_j A_{ij}(t_p)V_j(t)F_{rj}/P_{ej}\} + \{\sum_k C_{mki}(t_s)V_k(t)F_{rk}/P_{ek}\}$$

式中，$A_{Hi}(t)$ 为 t 时刻人体对 i 类有毒污染物的摄入速率，单位为 g/d；$A_{ij}(t_p)$ 为采集时（t_p）第 j 类植物中 i 类有毒污染物的浓度，单位为 g/kg；F_{rj}，F_{rk} 分别为 j 类植物与 k 类动物产品的加工滞留因子；P_{ej}，P_{ek} 分别为 j 类植物与 k 类动物产品的加工效率；$C_{mki}(t_s)$ 为 m 类动物宰割时 t_s，k 类动物产品中 i 类有毒污染物的浓度，单位为 g/kg 或 g/L；$V_j(t)$，$V_k(t)$ 为不同年龄组居民对 j 类植物制品与 k 类动物产品的日消费量，单位为 kg/d。

有毒污染物对人体暴露量的计算，通常以个体或人群中日平均暴露剂量率来表示：

$$D = C\,M/70$$

式中，D 为暴露人群中日平均暴露剂量率，单位为 mg/(kg·d)；C 为有毒污染物在环境介质中的平均浓度，包括饮水（mg/L），空气（mg/m³），食物（g/kg）；M 为成人某环境介质的日均摄入量，包括饮水（L/d）、空气（m³/d）、食物（kg/d）。

3）确定无影响浓度

通过动物实验和模拟生态系统，提供某种环境介质中可接受的污染物浓度阈值，确定对环境无负面影响的浓度，具体可参考以下方法。

有毒污染物的环境预测无负面影响浓度（PNEC）可由下式计算：

$$PNEC = [\,L(E)C_{50} \text{ 或 } NOEC\,]\,/A$$

式中，PNEC 为预测无影响浓度；LC_{50} 为半数致死浓度；EC_{50} 为半数影响浓度；NOEC 为未观察到影响的浓度；A 为评价因子，各评价因子请对照表8-4。

表8-4 评价因子

已知信息	评价因子
急性毒性的 $L(E)C_{50}$	1000
一项慢性实验的 NOEC	100
两个营养级水平的两个物种的 NOEC	50
三个营养级水平的至少三个物种的 NOEC	10
野外数据/标准生态系统的数据	根据实际情况而定

2. 影响受体为人群

1）健康危害确认

对出现健康危害的病例，根据其临床症状和体征，首先进行临床确诊，明确健康危害性质。

2）人群调查

描述和分析亚健康效应在人群和环境中的分布特点，分析并提出可疑环境因素。

3）对照人群的选择

保证与观察人群有可比性，排除其他混杂因素（如年龄、性别、职业等）的干扰。

4）生物标志物的测定

根据可疑污染物在机体内的代谢特点及样本分析的目的来选择样本及测定指标。

5）仪器和方法的选择

选用仪器和方法应符合国家标准。

6）暴露评价

A. 暴露环境背景资料的收集

（1）进一步描述污染物暴露时气候、植被、水文等的情况。

（2）确定并描述人群有关影响暴露的特征，如人群相对源的位置、活动方式以及敏感群的存在情况等。

B. 暴露评价内容

（1）对污染物污染环境的时间、地点、影响范围的详细描述。

（2）环境污染调查。

①说明污染物的来源、产生原因、来自何种生产或生活环节；

②污染物的主要理化性质；

③污染物的排出数量；

④污染物的暴露方式和途径；

⑤开始排放的时间；

⑥排入环境介质的种类（包括空气、地面水、地下水、土壤、食物等）、分布及扩散范围；

⑦在环境中是否稳定；

⑧是否易分解、自净；是否易转化为二次污染物，造成二次污染；是否易迁移、挥发、沉淀。

C. 暴露测量

（1）暴露测量方法：问卷调查、环境监测、个体采样、生物监测。

（2）暴露监测指标：环境暴露浓度、剂量、吸入人体内的污染物浓度。

D. 估算暴露浓度

（1）利用监测数据或模式估算潜在暴露人群所在位置的污染物的暴露浓度。

（2）估算通过某特定暴露途径吸入人体内的污染物的暴露量。

E. 暴露综合评定

（1）描述和分析主要污染源、污染物、暴露水平、暴露时间、暴露途径与严重程度。

（2）污染浓度（剂量）随时间的变化规律。

（二）损失计量方法

对各项损失选择适当的方法进行计量，是损失价值评估的关键。选择各项损失的价值评估方法时，法律已经有相关规定的，应基于对法律规定的认识，进行提炼和引用：《最高人民法院关于审理人身损害赔偿案件适用法律若干问题的解释》、《企业职工伤亡事故经济损失统计标准》（GB 6721—86）、《农业环境污染事故损失评价技术准则》（NY/T 1263—2007）等有关法律条文对人员伤亡损失、企业财产损失、农业环境污染损失的计量都提供了法律依据。对于法律中规定得不够具体完善和未加规定之处，则需要根据已有的研究成果或实际情况确定。例如，应急处置费用，可以通过对实际投入费用进行统计完成；对于生态环境损失，则可参照环境经济学中有关环境资源价值评估的方法论及已有研究成果，选择直接市场评价法、揭示偏好法、陈述偏好法等各类中的具体方法。选择计量方法，还应考虑数据的可得性、计算参数的可信度等。

损失分析及计量可借助表8-5进行，在左边列出受影响者，然后分析各个受影响者所承受损失的类别，确定损失项目。例如，某企业承受了人员伤亡损失，可在表8-5中对应的行和列相交的栏目中做出标记。然后，对各项损失是否可以价值量化逐一进行分析并选择计量方法。对可进行价值量化的损失项进行计量，对那些或因损失很小而不必计量，或因影响不确定及数据无法收集而不能进行价值量化的损失项应给予定性说明。通过损失分析及计量，给出损失评估结果总表。

在伤亡事故统计方面，建立了包括损失事件、职业病、死亡、重伤、轻伤以及其他因素的工伤数据库等。其中有代表性的是美国宾夕法尼亚州罗曼尼教授所研究的评价危险和安全工伤事故类型分析、工种和工伤源的分析、致伤的身体部位分析、致伤的程度分析、可靠性分析和经济分析等，这些工作有利于深入分析和确定事故的原因和可能的消除办法。数据库与计算机技术在生产系统安全评价工作中得到了较大范围的推广和应用。应用这些技术实现对评价对象的客观存在属性，危险物质的物理化学指标数据，系统运行过程状态的历史数据，系统已有的灾变种类、原因、发展态势及发生过程等有效数据的计算管理，为准确地确定评价过程中的有关参数、合理地推测系统可能的危险灾害模式及其存在形态提供了现代化的技术手段。人工智能技术和安全评价技术的结合使得安全评价过程的判断、推理和边界条件的确定成为可能，为建立新的安全评价方法结构体系创造了有利条件。安全评价过程中的局部关键技术得到了较快的发展。在安全评价的系统理论和方法发展的同时，局部关键技术开发得到了足够重视。例如，在可靠性理论研究过程中研究了系统及元件失效概率的估计问题，以及可为系统安全性评价提供借鉴的概率估计方法。

表 8-5　某化工企业环境污染事件损失评估结果

（单位：万元）

损失类型 \ 影响对象	财务损失 — 直接财务损失 应急处置费用 (1)	人员伤亡 (2)	财产损失 (3)	临时生产生活成本增加 (4)	间接财务损失 事后处置费用 (5)	预期收入减少 (6)	生态环境损失 — 直接使用价值损失 水源 (7)	食物饲料 (8)	原材料 (9)	检验功能 (10)	科教功能 (11)	其他 (12)	间接使用价值损失 固碳供氧 (13)	净化降解 (14)	土壤保持 (15)	营养循环 (16)	维持生物多样性 (17)	小气候调节 (18)	水文调节 (19)	非使用价值损失 (20)	合计
外界损失承受者　生产部门 (A)　Y省农业经营者	—	0	0	0	—	7 437	—	—	—	—	—	—	—	—	—	—	—	—	—	—	
Y省渔业经营者	—	0	0	0	—	458	—	—	—	—	—	—	—	—	—	—	—	—	—	—	
X省农业经营者	—	0	0	0	—	1 488	—	—	—	—	—	—	—	—	—	—	—	—	—	—	
X省渔业经营者	—	0	0	0	—	152	—	—	—	—	—	—	—	—	—	—	—	—	—	—	
小计	—	0	0	0	—	9 535	—	—	—	—	—	—	—	—	—	—	—	—	—	—	13 435
社会群体 (B)　Y省河网村镇	—	0	0	45	—	—	0	0	—	—	—	—	—	—	—	—	—	—	—	—	
X省沿河村镇	—	0	0	45	—	—	0	0	—	—	—	—	—	—	—	—	—	—	—	—	
小计	—	0	0	90	—	—	0	0	—	—	—	—	—	—	—	—	—	—	—	—	90

续表

损失类型 影响对象	财务损失						生态环境损失														合计
损失项	直接财务损失				间接财务损失		直接使用价值损失						间接使用价值损失							非使用价值损失	
	应急处置费用(1)	人员伤亡损失(2)	临时生产生活成本增加(3)	生产生活损失(4)	事后处置费用(5)	预期收入减少(6)	水源(7)	食物饲料(8)	原材料(9)	检验功能(10)	科教功能(11)	其他(12)	固碳供氧(13)	净化降解(14)	土壤保持(15)	营养循环(16)	维持生物多样性(17)	小气候调节(18)	水文调节(19)	非使用价值损失(20)	
外界损失承受者(C)　管理部门：各级政府及环保和水利部门	748	0	—	—	0	—	—	—	—	—	—	—	—	—	—	—	—	—	—	—	748
生态环境(D) 损失承受者：Y省河网	—	—	—	—	—	—	0	115	0	√	0	0	0	0	0	0	√	0	0	0	13 435
X省河道	—	—	—	—	—	—	0	86	0	√	0	0	0	0	0	0	√	0	0	0	
Y省河网农田	—	—	—	—	—	—	—	0	—	0	0	0	1 142	90	0	368	√	√	0	0	3 061
X省沿河农田	—	—	—	—	—	—	0	0	—	0	—	0	857	6	0	277	√	√	0	0	
小计	748	0	90	0	0	9 353	0	201	0	0	0	0	2 000	156	0	645	0	0	0	0	13 435
	838				9 535		201						2 861							0	
合计																					13 435

注：表中数据基于对事件作的实地调查并统计计算得出。"—"表示此类损失不存在，"√"表示此项损失存在，但未进行定量计量；"0"表示此项损失为零。

1. 大气污染损失

1）人体健康损失

采用的方法是人力资本法，即

$$S_p = \left[P_p \sum T_i L_1 + \sum Y_i L_i + P_p \sum H_i L_i + P_p \sum W_i L_{0i} \right] M$$

式中，S_p 为人体健康损失，单位是亿元；P_p 为人力资本，单位是元/（年·人）；M 为污染区的人口数，单位是万人；T_i 为 i 种疾病患者人均丧失的劳动时间，单位是年，用 a 表示；Y_i 为 i 种疾病患者平均医疗费用，单位是元/人；H_i 为 i 种疾病患者陪床人员的平均误工，单位是年；W_i 为 i 种疾病患者死亡工作年损失，单位是年；L_i 为污染区和清洁区 i 种疾病的发病率差值；L_{0i} 为污染区和清洁区 i 种疾病的死亡率差值，单位是 $1/10^5$。

2）农业损失

大气污染对农业的损害以 SO_2 和酸雨为主，主要表现为粮食、蔬菜、经济作物等的减产降质。本书主要计算农作物在长期中、低浓度作用下的减产损失。采用的方法是市场价值法：

$$W_A = Q_A R_A / (1 - R_A) \times P_A$$

式中，Q_A 为受污染时某作物的实际年产量，单位为万吨；R_A 为在某 SO_2 浓度或酸雨 pH 值影响下某作物的减产率，用% 表示；P_A 为某作物的收购价格，单位是元/kg。

3）森林损失

考虑酸雨对林木造成的损失。酸雨对森林的危害包括生物量、材积生产量的减少以及森林纳污、净化等生态功能的降低。由于缺少生物量及生态功能的相关数据，这里只计算材积生产量的减产损失。

材积生产量的减产率与降水的 pH 值有关系，减产率由插值法计算得出，采用的是市场价值法：

$$W_F = \left[Q_F R_F / (1 - R_F) \right] \times K \times P_F$$

式中，Q_F 为受污染时林木的实际蓄积量，单位是万立方米；R_F 是在酸雨 pH 值影响下森林的减产率，用% 表示；K 是由林木蓄积量到材积生产的调整系数；P_F 是原木的市场价格，单位是元/立方米。

4）材料损失

酸雨对暴露在户外的材料，尤其是金属材料具有很大的腐蚀性，从而降低了材料的使用寿命。这里核算的是酸雨对建筑材料和自行车造成的损失，计算材料损失时使用的公式为

$$C_p = (1/L_p - 1/L_0) C_0$$

式中，C_p 为每年酸雨对材料造成的损失，单位是亿元；C_0 为材料一次维修或更换的总费用，单位是元，$C_0 =$ 材料数量×维修或更换单价；L_p 为酸雨条件下材料的

使用寿命（维修或更换的周期），单位是年；L_0 为无酸雨条件下材料的使用寿命，单位是年。

其中，材料的使用寿命的计算公式，是根据各种材料的损伤函数和公式得出：

$$L = CDL / Y$$

式中，L 为材料的使用寿命，单位是年；CDL 为材料的临界损失阈值，单位是微米；Y 为材料的腐蚀速率，单位是微米/年。可以计算出 SO_2 环境浓度为二级标准，在不同 pH 值区间取值时各种材料的使用寿命。

知道建筑物的建筑系数，可以求得城镇与农村总的砂浆灰水和门窗漆的面积，与城镇和农村的人均居住面积以及酸雨区的人口数相乘可得总建筑面积。自行车数由每百人拥有的自行车数与酸雨区人口数相乘获得。

综上所述，大气污染造成的各项损失及总损失是人体健康损失、农业损失、森林损失和材料损失之和，用公式表示为

$$V_A = S_p + W_A + W_F + C_p$$

式中，单位是亿元。

2. 水污染损失

1）人体健康损失

水体污染对人体健康造成的损失使用的方法同大气对人体健康损失一样，也采用人力资本法。

2）污水灌溉造成的农作物损失

利用污水灌溉农田历史悠久，但是盲目的污灌，会造成农田土壤污染，氟、铅、铬、铜等重金属蓄积量成倍增加。计算污灌造成的农作物损失使用的是市场价值法：

$$D_A = \sum_{i=0}^{n} \left[S_i Q_i P_i + S_i Q_e (1 - x_i) y_i P_i \right]$$

式中，D_A 为污灌造成的农作物损失，单位是万元；S_i 为 i 种农作物的污灌面积，单位是万公顷；Q_i 为清灌区 i 种农作物的单产，单位是千克/公顷；X_i 为 i 种农作物污灌造成的减产率，用%表示；y_i 为 i 种农作物污灌品质下降造成的市场价格的下降幅度，用%表示；P_i 为 i 种农作物的收购价格，单位是元/千克；i 为农作物的种类。

3）工业损失

工业损失主要是指使用不达标的水而使工业品质量降低所造成的损失，该损失可通过充分的水处理措施来防止。损失可采用防护费用法来计算。由于地下水的工业用水对工业生产的影响并不明显，因此只考虑地表水造成的工业损失。假定全部工业用水均受到污染且为劣 V 类，劣 V 类水经过二级处理后，能达到工

业用水要求，相当于 IV 类水质，再由工业用水量可求得水处理成本，用公式表示为

$$W_i = Q_i \times P_i$$

式中，W_i 代表使用污水的工业损失，单位是亿元；Q_i 代表工业用水量，单位是亿立方米；P_i 代表水处理成本，单位是元/立方米。

4）生活用水损失

由于水质污染，不能满足生活用水的水质要求，因而就会增加水质净化和处理成本。按每吨水增加的净化和处理成本，以及根据生活用水量可求得这一部分损失。用公式表示为

$$W_w = Q_w \times P_w$$

式中，W_w 代表生活用水损失，单位是亿元；Q_w 代表生活用水量，单位是亿立方米；P_w 代表每吨水的水质净化成本，单位是元/立方米。

5）渔业损失

如果渔业用水功能区水质不符合用水要求，水的污染会使淡水渔业资源的产量降低，但这一部分损失量无法直接获得，因此，这里通过类比其他研究成果即成果参照法来计算。一种方法是通过渔业损失占渔业总产值的比例以及污染的程度确定本书相关研究的比例。另一种方法是通过减产率计算出水产品的减产量，再由市场价值法计算出损失。根据二者的结果进行比较，取其均值作为渔业的损失。

综上所述，水污染造成的总损失为人体健康损失、农作物损失、工业损失、生活用水损失和渔业损失之和，单位是亿元，用公式表示为

$$V_W = S_p + D_A + W_i + W_w$$

3. 固体废物污染损失

固体废物主要包括生活垃圾和工业固废（含医疗垃圾等危险废物）。工业固废主要有粉煤灰、炉渣、煤矸石、冶炼废渣等，主要处理处置方式有综合利用（如填沟、填坑、用做建筑材料等）和堆存。生活垃圾含有煤灰、金属、砖瓦、玻璃等无机成分和塑料、纸、织物等有机成分，生活垃圾的处理处置方式有堆肥、焚烧和填埋。

固体废物的堆存和处理处置方式的不妥当会对环境造成污染，如粉煤灰扬尘对农作物和人体健康的影响、垃圾渗出液对地下水的污染、恶臭对大气环境和人体健康造成的危害等。由于数据的局限性，在这里仅计算工业固废堆存造成的直接经济损失和占地损失。

1）堆存直接经济损失

堆存直接经济损失包括为堆存而修建仓库、尾矿坝的投资以及附属的处置废

物的装置、设备费，修缮设备费用，交通运输、人工管理费用等，采用市场价值法进行计算。计算公式为

$$E_1 = \sum K_i W_i$$

式中，E_1 为固体废物污染的直接损失，单位是万元；i 为固体废物的种类；K_i 为 i 种固废的堆存损失系数，单位是元/吨；W_i 为 i 种固废的堆存量，单位是万吨。

2）占地损失

粉煤灰、尾矿等固体废物的堆存会占用土地，使土地丧失其功能而引起损失，采用机会成本法进行计算，即假定这些土地都能用于种植粮食、蔬菜等农作物，用其获得的收益来代表固体废物堆放造成的占地损失。计算公式为

$$E_2 = \sum A_i S_i W_i$$

式中，E_2 为占用土地的经济损失，单位是万元；i 为固废种类；A_i 为 i 种固废所占土地种植农作物的经济价值系数，单位是万/平方米；S_i 为 i 种固废的占地系数，单位是平方米/吨；W_i 为 i 种固废的堆存量，单位是万吨。

综上所述，固体废物污染造成的总损失为堆存损失和占地损失之和，单位是亿元，用公式表示为

$$V_S = E_1 + E_2$$

三、突发性环境污染事件的补偿策略

（一）现阶段突发性环境污染补偿存在的问题

突发性环境污染事件的补偿对象应当包括事故的伤亡人员、财产以及遭受污染的生态环境。对于伤亡人员、财产的补偿，相对而言容易一些。而对生态环境的补偿则相对复杂一些。其原因主要有以下几个方面。

1. 生态损失评估难度大

生态损失评估是生态损害赔偿的依据和基础。只有对突发性环境污染事件损害进行全面的评估，才能够科学地确定赔偿的对象、方法和补偿金额。根据污染物的性质，突发性环境污染事故大致可分为核污染事故、剧毒农药和有毒化学品的泄漏和扩散污染事故、易燃易爆物的泄漏爆炸污染事故以及非正常大量排放废水造成的污染事故等。这些污染物因事故发生的严重程度不同，在种类及数量上对生态环境造成的损害也不尽相同。从突发性环境污染事件对生态环境损害的时间长短来分，可分为短期损害和长期损害。短期损害一般都可以通过直接损失进行评估，比较容易进行；而长期损害则只有对污染物的种类、污染范围、污染区内人口密度、污染物的降解速度等一系列问题进行详细的调查和分析才能做出科

学的评估报告。突发性环境污染事件损害评估是一项专业性很强、技术难度极大的工作，一份评估报告往往需要环境工程师，化学工程师，工业、卫生毒理学家，经济学家等参与才能够完成。

在我国，对于突发性环境污染事件生态损失的评估工作，目前尚存在着以下几个问题：①缺乏具有较高专业素质的评估人员队伍；②缺乏权威性的评估机构；③评估周期长；④评估资质报告缺乏客观性和科学性（对于同一个事故的评估会出现好几个不同的结果）；⑤关于环境污染损失的研究较多，而生态破坏损失的研究较少，研究体系不均衡，资源环境的价值理论不统一，价值的来源、确定方法和计量模型都存在较大争议，这是开展环境污染计算的一个重大缺陷。

2. 损害补偿投诉主体的缺位

我国许多生态环境资源，如水资源、土地等按现行的法律都属于国家或集体所有，属于一种公共产权，任何单位和个人没有专属占有权。这种产权性质决定了国家或集体一般对其拥有的是控制权而不是收益权；而单位个体对其拥有的仅是收益权，而无控制权。这种收益权与控制权的分离，往往使得在发生突发性环境污染事件，导致生态环境遭受损害后，由于损害赔偿的投诉主体缺位，受害方得不到应有的补偿，客观上导致了"公地悲剧"的发生。例如，当突发性环境污染事件导致土地遭受污染时，受害方的农民关注的往往是自己地里庄稼产量减少的问题，他们可能会向加害企业提出庄稼减产的赔偿要求。这种损害即便是得到了赔偿，但与土地遭受到的长期生态损害的赔偿相比，可能是微不足道的。至于土地遭受的中、长期生态损害，由于存在土地今后的归属权问题，以及损害评估鉴定的周期长、高昂的评估鉴定及其诉讼费用等，他们则缺乏驱动力以投诉主体的身份对土地遭受的中、长期生态损害提起法律诉讼。这种只对农民损失做出补偿而不对土地生态的长期损害进行补偿的行为掩盖了对于农民长期利益损害的责任，同时还会助长类似事故发生后企业推卸生态损失责任。而对于具有土地所有权的各级政府而言，他们关注的是土地的分配问题，即土地分配给谁使用和如何分配。因此，很少去关心土地的生态损害问题。众所周知的松花江污染事件，也从一个侧面反映了损害赔偿的投诉主体往往缺位的问题。2005 年 11 月 13 日，中石油吉化双苯厂爆炸导致松花江发生重大环境污染事件，下游沿江流域生态系统遭受到了严重的破坏，由于没有出现流域生态被损害人的投诉，没有提出对生态环境损害具体的赔偿要求，最后由原国家环保总局对加害方处以 100 万元的最高惩罚。

3. 多方加害问题

有些环境突发性事件并不是由一个行为人的行为引起的，而是由众多行为人的综合行为交织在一起而引发的。在确定加害主体时往往比较困难，甚至有时根本就无法确定。例如，由温室气体引发的海啸、洪水等气象灾害，我们就很难确定是由哪个企业或哪个自然人的行为而导致的。

2007 年发生在无锡市的蓝藻事件，就是由众多污染源引发的一起突发性环境污染事件。尽管发生地在无锡，但不能简单地确定这起污染事故的责任都在无锡市。事实上，太湖周边的众多城市，对这起事件都有一定的责任。当加害方难以确认时，一般会出现这样两种情况：其一，由于受害方不能确切地断定加害方，因此，在客观上，造成了无人承担事故损害的赔偿责任；其二，在无人承担事故损害的赔偿责任的情况下，生态环境损害补偿的费用要靠政府来买单，而政府通常动用的是纳税人的税金。这样一来，由企业造成的外部成本就转嫁给了整个社会。

4. 赔偿费用问题

面对高额的生态损害补偿费用，作为加害一方通常难以承受，单单依靠国家来买单也不公平，因为国家的补偿款最终出自于纳税人。因此，赔偿费用问题成为了环境突发性事件生态补偿的最大障碍。

（二）改进的措施

要从根本上解决上述问题，应从以下几个方面进行制度和机制方面的改革和创新。

1. 加快公共资源产权制度的改革

通过建立公共资源的多种产权形式，改变以往控制权和收益权相分离的状况，使得公共资源不再是没有利益主体的抽象概念。例如，建立公共资源的委托代理的产权模式，委托代理机构不但具有对公共资源的控制权也具有收益权。当突发性环境污染事件侵害到了其利益时，从经济利益的角度，就会自然提出损害其经济利益的中、长期的补偿要求，从根本上避免以往那种在公共资源遭受到严重损害时，投诉主体缺位的尴尬局面。尽管《宪法》、《环境保护法》和国家有关污染防治专项立法中都规定了公民对环境违法行为有检举、控告的权利，但对如何行使这些权利规定得却不明确，特别是在环境公益诉讼方面更是缺乏相关的规定。当一个地方发生了污染，与污染无关的人能否投诉污染企业，或者投诉政府及相关部门不作为或者失职，这在法律上没有明确规定，而《民事诉讼法》等程序法要求原告必须是与本案有直接利害关系的公民、法人或其他组织。因此，很多法院在实践中并不受理这种公益诉讼。例如，2005 年 12 月 6 日，我国著名法学家贺卫方等六名北大师生就松花江污染事件向黑龙江省高级人民法院提起了环境公益诉讼，但至今无果。对于建立环境公益投诉机制，当务之急应解决如下几个问题。

（1）尽快修改相关的法律、法规条款，赋予非直接利害关系人环境公益起诉的合法权利。

（2）积极推进环保等公益团体的环境公益投诉。国外的经验表明：拥有专业人士、较强的技术基础、雄厚的资金和一定影响力的社会团体的出现，在一定程度上矫正了加害方与受害方实力失衡的状态。因此，环保团体的建立，有助于公众参与环境保护、监督环境事故的隐患，法律界应当大力推动，国家机关应当积极支持，并提供程序上的便利和机制上的保障。

（3）在诉讼主体不确定或缺位的情况下，为保障全体公民、国家和社会整体的利益，可以由检察机关代表国家提起诉讼。

2. 建立环境公益投诉机制

应当重视群众对环境事件的投诉，并正确、有效地处理好群众提出的意见和建议。维护群众的享受清洁环境的权益。采用多种形式的投诉方式，如电话、传真、电子邮件、书信等直接向有关部门进行反映。投诉受理部门要对群众的口头和电话投诉做好书面记录，重大投诉事件要补办登记手续。

3. 建立具有独立法人的评估机构

环境损害评估专业性强，需要有一支由环境工程师、化学工程师、工业和卫生毒理学家、经济学家等参与的评估机构。评估机构应具备独立法人的资格，不受任何个人、企业、团体及行政部门的干预。

4. 加强评估人员的专业队伍建设

进一步完善环境影响评估工程师职业资格制度，应规定环境保护相关专业之外的如法律、医学、工程、经济及管理等专业的人员也具有同样的资格考核。

5. 建立社会化途径的多种补偿机制

加害企业是事故的主要责任单位，不论采用哪一种补偿方式，加害企业都应当交纳一定的损害赔偿费。为了避免重大突发性环境污染事件后加害企业无力赔偿的情况，根据国外发达国家的经验，可以采用社会化的途径，如建立环境责任保险制度。根据保险法基本原理，它是基于环境污染赔偿责任的一种商业保险行为。在环境污染责任保险法律关系中，存在三方当事人，即排污单位投保人（被保险人）、保险公司和第三人。排污单位因为污染事故等给第三人造成损害包括人身伤害、财产损失以及环境损害时，依法应当承担赔偿责任。环保部门、保险监管部门和保险公司三方面将各司其职。环保部门提出企业投保目录以及损害赔偿标准；保险公司开发环境责任险产品，合理确定责任范围，分类厘定费率；保险监管部门制定行业规范，进行市场监管。此外，还应建立政府救济、环保基金等多项补偿机制，确保受害方得以补偿。

第五节 应急处置回顾评价

对应急过程实施回顾评价有助于总结应急过程中的经验和教训，为改进今后的事故应急工作提供借鉴，同时为对事故应急工作中各方的表现进行奖惩提供依据。

一、应急处理评价依据

（1）《国家环境污染事故应急预案》；

（2）《省级环境污染事故应急预案》；

（3）《地区/市级环境污染事故应急预案》；

（4）《县、市/社区级环境污染事故应急预案》；

（5）《企业级环境污染事故应急预案》；

（6）环境应急过程记录；

（7）现场处置组及各专业应急救援队伍的总结报告；

（8）环境应急救援行动的实际效果及产生的社会影响；

（9）公众的反映等。

二、评价内容与方法

应急救援行动包括接警与通知、指挥与控制、警报及紧急公告、通信、事态监测与评估、警戒与治安、人群疏散与卫生、公共关系、应急人员安全、消防和抢险、泄漏物控制及消除等。在评价过程中，需了解紧急预案中规定的各部门在应急过程中的职责与义务。

据此，从预警环节开始到事故应急过程结束，应调查事故应急救援行动中各环节是否达到相应的污染事故应急预案的要求，必要时调查国内外相似事故的处理情况，从而对污染事故的救援行动进行评价，同时为同类事故的预防提供借鉴。

通过声像取证，了解污染事故当事人陈述及受害人介绍事故发生情况的陈述等，结合现场环境监测结果，进一步分析事故的责任主体。

（一）预警

调查企业是否已编制应急预案，企业在发生污染事故时，是否立刻实施应急程序，评估该企业是否有能力把事故造成的污染控制在本企业内。如需上级援助，是否在展开紧急抢救时立即报告当地县（市）政府环境事故应急主管部门，是否积极投入应急的人力、物力和财力。

同时还应调查当地政府主管部门是否建立一个标准程序的报警系统，将环境污染事故发生、发展信息传递给相应级别的应急指挥中心，根据对事故状况的评价，启动相应级别的应急预案。

（二）报告

调查企业是否在突发环境事件责任单位和责任人以及负有监管责任的单位发现突发环境事件后，4h 内向所在地县级以上人民政府报告，同时向上一级相关专业主管部门报告，并立即组织进行现场调查。

调查地方各级人民政府是否接到报告后在 4h 内向上级人民政府报告。省（区、市）人民政府是否在接到报告 4h 内，向国务院及国务院有关部门报告。

同时应调查报告的内容是否符合事实，是否有瞒报、虚报或漏报现象等。

（三）接警

调查接报人员接收到来自自动报警系统的警报，是否已指派现场人员核实，并同时通知救援队伍做好救援准备或做出其他符合实际的规定。

调查接报人员接到人工报警时是否问清事故发生时间、地点、单位、事故原因、事故性质、危害程度、范围等，是否做好记录并通知救援队伍以及向上级报告。

（四）指挥和协调

重大的环境污染事故的应急救援往往由多个救援机构共同完成，对应急行动的统一指挥和协调是有效开展应急救援的关键。因此，应调查是否已建立统一的应急指挥、协调和决策程序，是否迅速有效地对事故进行初始评估，是否迅速有效地进行应急响应决策、建立现场工作区域、指挥和协调现场各救援队伍开展救援行动、合理高效地调配和使用应急资源等。

（五）警报和紧急公告

公众防护行动的决定权一般由当地政府主管部门掌握。因此应调查企业是否已建立起防护措施和有效通信机制，并将防护措施及公众疏散或是安全避难的最佳方案通知应急指挥中心。当事故可能影响到周边地区时，对周边地区的公众和环境可能造成威胁时，是否及时启动报警系统，向公众发出警报和紧急公告，介绍事故的性质、对健康的影响、自我保护措施、注意事项等，以保证公众能够及时做出自我防护响应。

在紧急情况下，媒体很可能获悉事故消息，应急组织中是否有专门负责处理公众、媒体的部门，以防媒体干扰应急行动和出现错误报道事件。

（六）事件的通报

当发生跨地区污染时，应调查发生突发环境事件的当地政府有关环境事件专业主管部门，在应急响应的同时，是否及时向毗邻和可能波及的地方有关类别环境事件专业主管部门通报突发事件的情况。

接到突发环境事件通报的地方人民政府有关类别环境事件专业主管部门，是否视情况及时通知本行政区域内的有关类别环境事件专业主管部门采取必要措施，并向上级人民政府报告。

（七）信息发布

有关类别环境事件专业主管部门负责突发环境事件信息的对外统一发布工作。

应调查突发环境事件发生后，有关类别环境事件专业主管部门是否安排专人对新闻稿进行认真审核，以避免发布的信息出错。

（八）通信

调查在应急行动中，所有直接参与或者支持应急行动的组织（消防部门、公安部门、环保部门、公共建设工程部门、应急中心、应急管理机构、公共信息以及医疗卫生部门等）是否都能保持通信正常和畅通，是否由于通信问题造成救援延误。

（九）环境监测

应调查环境应急监测是否按规定的程序进行，响应是否迅速。是否考虑到污染的可能因素，监测结果是否及时向应急指挥部报告。

（十）事态评估

应评估应急过程中的初始评估是否正确，是否已监测和探明危险物质的种类、数量及危害特性，是否已正确确定重点保护区域以及相应的防护行动方案。

（十一）警戒与治安

该任务一般由公安、交通、武警部门负责，必要时，可启动联防、驻军和志愿人员。在评价中着重调查事故发生后的交通管制措施是否到位，以避免出现意外的人员伤亡或引起现场的混乱；是否能有效指挥危害区域内的人员撤离，及时疏通交通；是否已做好维护撤离区和人员安置区场所的社会治安工作，包围维护撤离区内和各封锁路口附近的重要目标和财产安全，打击各种犯罪分子；警戒人员是否尽力协助发出警报、现场紧急疏散、人员清点、传达紧急信息以及事故调查等。

（十二）应急疏散方案

人群疏散时减少人员伤亡扩大的关键，也是最彻底的是应急响应。应当调查应急过程中是否对紧急情况和决策、预防性疏散准备、疏散区域、疏散距离、疏散路线、疏散运输工具、安全庇护场所以及回迁等做出细致的规定和准备，是否落实已实施临时疏散的人群的临时生活安置并保障必要的水、电、食物、卫生等基本条件。

（十三）环境事故应急措施和减缓技术

根据事故后的跟踪监测与调查结果，判断环境事故应急措施与减缓措施是否正确，是否得到落实，应急措施是否会引发新的污染。

（十四）事故现场人员防护和救护

事故现场人员的健康状况是事故应急及时和有效的重要保障，因此在救援过程中现场人员的防护装置是否足够非常重要。应对事故现场人员的防护装置是否足够且正确做出评价。

调查当事故发生后救援人员是否迅速救护伤员，并迅速诊断以便及时进行正确救治，在原因不明、诊断不清的情况下，是否认真做好其他疾病的鉴别工作，以免误诊，造成抢救的延误和失效，并对此做出评价。

（十五）事故现场的恢复

事故现场恢复是指将事故现场恢复至一个相对稳定、安全的基本状态。应避免现场恢复过程中可能存在的危险，并为长期恢复提供指导和建议。因此，需调查和评价在宣布应急结束、人群返回后是否对现场进行有效清理，公共设施是否已基本恢复，是否对影响区域继续进行连续环境监测以使污染的威胁降到最低。

（十六）群众满意度调查

近年来，随着政府职能的转变，人们对提高政府服务意识的要求越来越高，对公共服务的认识也越来越深刻。公共服务是政府满足社会公共需要、提供公共产品和服务行为的总称。公共服务满意度就是公众接受政府所提供公共产品和公共服务的实际感受与其期望值比较的程度。

政府公共部门行使公共权力主要是为了公共利益，提供公共服务的管理活动也必须以公众为中心，不仅要体现对外部的回应性，更要重视管理活动的产出、效率与质量。20世纪70年代以来，西方兴起了"新公共管理"及"政府再造"改革浪潮，通过引进市场竞争机制打破政府对公共服务的垄断，强调用企业家精神重塑政府，其最终目的就是要满足公共服务对象的需要，建立企业型政府，为公众和顾客提供优质高效的产品和服务。近年来我国政府部门也通过开展"首问责任制"、"社会服务承诺制"及"一站式办公"等活动不断创新管理方式，并通过公众评价政府绩效来实现以民为本的服务理念与价值取向，如珠海、南京开展的"万人评政府"、甘肃开展的"非公有制企业评价政府部门"、杭州开展的"人民满意机关"评选活动等，同时十六届六中全会明确提出了建设服务型政府的重要目标。因此基于顾客满意的理念，不断提高公共产品和服务的质量，真正体现以公众和顾客为本，是现代公共管理的必然选择，也是我国构建服务型政府的有效途径。

环境应急处置后评估群众满意度调查借鉴政府职能理论和国内外顾客满意度理论研究成果和测评方法，对全过程的环境应急处置服务的内涵、调查问卷、调查方案、服务满意度测评指标体系、满意度测评、数据处理与分析等进行了一系列的评估。

1. 群众满意度调查需求

民意调查是执政者获取第一手资料的一种手段，能够及时了解社会各界人士对某一事件或问题的态度和看法，能够最直接、最客观地反映民意，有利于组织部门开阔视野、开阔思路、开阔胸襟，有利于干部的选拔、使用和监督、管理。

一是创新思维，创新方式，积极做好民意调查。电话调查，通过各种通信工具了解各级政府对于国家政策的执行落实情况；明察暗访，深入到基层中去，切实了解群众之苦、百姓之忧，掌握群众疾苦的第一手资料。

二是严格要求，严肃纪律，确保民意调查落到实处。严格要求各级政府认真落实民意调查工作，严肃纪律，杜绝在民意调查中走过场、强要求等现象。

三是加大宣传力度，切实提高群众知晓率。通过各种媒体、通信工具，向群众宣传民意调查是做些什么，为了什么，为什么要民意调查。提高群众的知晓率，让群众能够真实反映问题、反映困难。

四是调查结果公示。及时将调查的结果进行公示，让群众了解调查是阳光的、公正的，同时也让各级执政者知道不足之处，在日后的工作中加以弥补。

群众满意度调查采取电话随机访问和问卷调查两种方式，按计算满意度得分通过电话随机访问，采用计算机辅助随机拨号的方式进行问卷调查。在实地考核中采取现场填写调查问卷的方式进行调查，要合理设计调查问卷。

2. 问卷设计与调查方法

1）问卷设计原则

问卷调查是目前调查业中广泛采用的调查方式。首先，由调查机构根据调查目的设计各类调查问卷；然后，采取抽样的方式（随机抽样或整群抽样）确定调查样本，通过调查员对样本的访问，完成事先设计的调查项目；最后，由统计分析得出调查结果。它严格遵循的是概率与统计原理，因而，调查方式具有较强的科学性，同时也便于操作。

（1）合理性。合理性指的是问卷必须与调查主题紧密相关。违背了这一点，再漂亮或精美的问卷都是无益的。而所谓问卷体现调查主题，其实质是在问卷设计之初要找出与调查主题相关的要素。

（2）一般性。即问题的设置是否具有普遍意义。应该说，这是问卷设计的一个基本要求，但我们仍然能够在问卷中发现带有一定常识性的错误。这些错误不仅不利于调查成果的整理分析，而且会使调查委托方轻视调查者的水平。

（3）逻辑性。问卷的设计要有整体感，这种整体感即是问题与问题之间要具有逻辑性，独立的问题本身也不能出现逻辑上的谬误。

（4）明确性。所谓明确性，事实上是问题设置的规范性。这一原则具体是指：命题是否准确；提问是否清晰明确，便于回答；被访问者是否能够对问题做出明确的回答，等等。

（5）非诱导性。不成功的记者经常会在采访中使用诱导性的问题。采用这种提问方式，如果不是刻意地要得出某种结论而甘愿放弃客观性的原则，就是彻头彻尾地缺乏职业素质。在问卷调查中，因为有充分的时间作准备，这种错误大大地减少了。但这一原则之所以必要，在于高度竞争的市场对调查业的发展提出了更高的要求。

（6）便于整理、分析。成功的问卷设计除了考虑到紧密结合调查主题与方便信息收集外，还要考虑到调查结果的容易得出和调查结果的说服力。这就需要考虑到问卷在调查后的整理与分析工作。

2）问卷调查方法

目前问卷调查主要有三种常见方法：街头拦截面访调查法、电话访问调查法、邮寄问卷调查法。要综合比较这三种方法的调查效率、效果，经费要求，人员物力的配备，结合自身具体的调查条件和一定的外在条件，追求更好的调查效果。

3）问卷数据校验

在发放的 n 份问卷中，有效样本量为 m 个，有效率为 $(m/n)\%$。进一步对问卷进行可靠性和有效性分析，从而保证分析的准确性。

（1）信度检验。由于本次调查是对公众的主观态度和观点的调查，因此采用了最常用的李克特量表的方法进行测量。通过对数据的信度评价来检验所测数据的可靠性。信度是指测量结果的可靠程度，就是被调查者的真实分值占测量的态度分值的比例。该比例越高说明测量的信度越高，反之越低。

计算信度的方法有许多种，如重测信度和克郎巴哈 α 信度系数等，常用的就是克朗巴哈 α 信度系数法。克朗巴哈 α 信度系数可以解释用量表测试某一等级所得分数的变异中，有多大比例是真分数决定的，从而反映出测试的可靠程度。

但是克朗巴哈 α 信度系数的数值大小，与项数 k 有关，当 k 较大时克朗巴哈 α 信度系数也会较高。因此当研究的项数较大时，往往还要结合其他方法进行分析，如折半系数。折半系数是将量表一分为二后分别计算两部分的克朗巴哈 α 信度系数，进而对两部分量表的信度进行比较。

（2）效度检验。采用因子分析的方法对测评变量进行效度分析，一般来说，当提取的第一主成分方差贡献率大于 0.5 时，公因子就能很好地解释测评指标了。

4）问卷数据分析

问卷数据汇总整理后，就需要专业人员进行数据分析，从而为改善环境事件应急管理提供支持。因此，主要从以下几个方面进行分析：

（1）个人信息和样本构成；

（2）满意率和满意度；

（3）不同群体满意度差异分析；

（4）满意度指数测评。

第六节　结论与建议

一、结论

从国际上看，一些发达国家对建立强有力的反危机指挥协调系统都非常重视。例如，美国政府于 1979 年成立了联邦紧急事态管理委员会（FEMA），直接向总统负责，报告并处理灾情。多年来，该机构已发展起一整套综合应急管理系统，以应对各种类型和各种规模的天灾人祸，从火警、地震、飓风到爆炸，直到危机的最高形态——战争。"9·11"事件爆发后，该系统迅速启动，全力开展救难工作，使恐怖袭击的伤害降到了最低限度。在俄罗斯，联邦安全会议是政府危机管理机制中的重要组成部分，联邦安全会议根据其主要任务和活动方向建立常设或临时跨部门委员会。目前，宪法安全跨部门委员会，国际安全跨部门委员会，社会安全、打击犯罪跨部门安全委员会以及经济安全跨部门委员会，与危机管理有着最为密切的关系。除常设危机管理机构外，遇到危机事件，联邦安全会议还可以成立相关的临时性专门机构。2001年年初，俄罗斯连续发生多起恐怖爆炸事件，普京立即召开安全会议，并成立一个临时特别小组，负责处理相关事宜。可以说，联邦安全会议的影响遍及国家政治、经济、社会危机管理的各个领域，其活动体现在情报搜集分析、部门立场协调、决策方针准备、采取最终决策和决策效果评估等危机生命周期的各个阶段。在应急管理领域，由于政府自身在资源禀赋、人员结构、组织体系等方面存在各种先天性的局限性，因此，在应急管理方面，不管是在危机事件发生后的灾害救助阶段，还是在前期的危机预警、监控阶段，都应当大力发挥民间社会组织和民众结合紧密、公益性强等特点，积极吸纳民间社会组织加入应急管理的行列。在此方面，美国做得非常出色，美国政府应急管理，特别注重建立民间社区灾难联防体系，通过各种措施吸纳民间社区参与应急管理：一是制定各级救灾组织指挥体系、作业标准流程及质量要求与奖惩规定，并善用民间组织及社区救灾力量；二是实施民间人力的调度，广泛呼吁民间的土木技师、结构技师、建筑师、医师护士等专业人士投入第一线的救灾工作；三是动员民间慈善团体参与防灾工作，结合民间资源力量，成立民间防灾联盟；四是动员民间宗教系统，由基层民政系统邀集地方教堂、寺庙的领导人成立服务小组，有效调查灾民需求，并建立发放物资的渠道。"9·11"事件发生后，美国政府和民间社会组织动员人民献血、捐款、捐物，由教堂来主持各类追悼仪式，这些民间社会力量的参与，极大地缓解了社会对政府的压力。

二、建议

（一）环境应急事故后评估标准体系建设

环境污染事故后评估是一项涉及多个学科的、复杂的工作，我们发现目前对区域环境污染损失进行全面、合理的核算还存在许多困难，无论是指标的筛选、方法的选择，还是数据的获取都需要进一步完善。为了尽早在区域内实施环境污染核算，除了进一步加强理论研究与实践探索外，最好能建立一个适用于大多数地区的环境损失核算标准模型，使指标、方法和数据都做到标准化，通过改变参数来计算相应地区的环境损失，目前在欧洲地区已建有类似的模型。

另外，要根据区域的范围选择处理方法，对范围较大的省级区域，为了简化计算，一般将其作为一个整体进行研究，或把市地作为研究单元（如大气污染损失），某些数值取全省的平均水平，不必考虑地区间的差异；而对于县、乡等较小的区域就需要进行详细的计算。为保证核算的进行，环保、统计等有关部门要对所需的数据进行专门的统计，计算的结果要引起相关部门的重视并用于环保决策中，从而加强环境保护工作。本次核算是在现有统计资料的基础上进行的不完全的估计，结果是一保守值，实际的值远远大于这一数值。由于环境污染核算是一个十分复杂的问题，本身并不追求精确性，正如李金昌所说，"在目前只要求大方向不错，数据大体准确，甚至有个大于60%的准确度就很满意了"，而且我们的目的是获得主要的价值和主要的损失，而不是全部的价值和全部的损失。因此，虽然本次污染损失估算存在不少简化和假设，还有许多不完善的地方，其结果在一定程度上也是半定量的，但得到的结论仍具有参考意义，可为环境保护决策提供依据。

（二）运用经济学估算方式把环境因素纳入核算体系

随着国家提出"可持续发展"战略，创建资源节约型和环境友好型社会被放在重要位置来抓，如何在保持经济高速发展、GDP 快速增长的状态下减少资源能源的浪费和对环境的污染与破坏，成为各级政府考虑的头等大事。随着国家环保总局、国家统计局 2006 年《2004 中国绿色国民经济核算研究报告》的发布，绿色 GDP 的理念已经逐步深入人心。在这种新形势下，对环境污染造成的经济损失的科学计量和估算十分必要，这也是将环境因素纳入国民经济核算体系的前提条件和基础工作。

（三）加强公众参与，保障公众的知情权

公众参与是环境应急事故后评估的重要内容，也是环境突发事件应急管理工作组同公众之间的一种双向交流的重要机制，可以提高环境突发事故应急响应的合理性和社会可接受性，从而提高环境应急主管部门的工作的有效性。因此，环境应急事故后评估中公众参与采用发放调查表、居民走访、召开公众座谈会、设置公众信箱等方式，积极发动公众的参与评估的热情，提高公众评价的客观性。

因此，必须在党中央的领导下，以构建和谐社会为总目标，以完善应急管理机制为基点，分析确定我国应急管理机制的现状、原则和目标，借鉴国外应急管理先进经验，建立和完善应急管理的组织体系和机构，加强应急预案体系建设和管理，建立公共危机管理预警机制，建立有效的危机管理的沟通机制，加强快速高效的应急救援队伍建设，加强对民众应急管理的教育和培训，建立应急管理信息系统和决策支持系统，完善应急管理的社会动员机制，促进应急管理的多边合作和国际合作等方面，不断完善应急管理机制建设，提高政府应急管理的能力，建立符合国情的应急管理体系，促进我国公共治理结构的优化。

第九章 环境应急管理信息系统案例

环境安全不仅是经济问题，更是直接关系人民群众健康安全的重大民生问题。我国人口众多，环境容量有限，当前又处于工业化、城镇化加速发展阶段，资源能源需求日益增大，污染排放快速增加，发展和环境的矛盾日渐凸显。近年来，突发环境事件数量逐年增长，特别是重金属和化工污染、辐射环境等方面的重、特大环境事件时有发生，严重威胁人民群众健康、环境安全和国家财产安全。

做好突发环境事件的预测预警和应急处置，是维护社会稳定，保障公众生命、财产安全的重要前提。环境应急管理作为环境安全的最后一道防线，能够有效控制、减少和消除突发环境事件的风险和危害，最大限度保障环境安全和人民群众的生命健康。

总结各级环保部门和相关单位在环境应急工作中的成功经验，特选取以下几个有代表性的环境应急系统成功建设案例，为其他各级环保部门认真研究、把握环境应急管理工作的内在规律，进一步完善各项管理制度及措施，不断提升应对突发环境事件的能力和水平提供参考和依据。

第一节 张家口市环境保护局环境监控与应急工程

一、系统概述

张家口市位于河北省西北部，东邻北京市，北和西北与内蒙古自治区毗连，西南与山西省接壤，南与保定市交界，处于京、冀、晋、蒙四省市交界处，连接北京以南地区，是中原、华北平原以及整个大西北的枢纽。经过多年建设，张家口市已发展成以机械、钢铁、电力、化工医药、煤炭、卷烟、酿酒、轻纺和毛皮为主的工业化城市。

由于地处官厅水库、密云水库上游地区，张家口市境内的永定河水系和潮白河水系分别流入官厅水库和密云水库，成为北京市重要的工农业用水和生活用水的供给源。特殊的地理位置使得张家口市环境监管显得尤为重要，如何在现有基础上，提升环境监管能力，不仅仅是张家口自己的事，更是确保首都水环境安全的一件举足轻重的大事。但在本项目建成前，张家口市的环境监管手段显得相对落后，不能很好地适应环境保护监管工作的要求。

从监测能力看，截至 2010 年 4 月，张家口市有市环境监测站一个，通过计量认证的区县环境监测站有四个，已具备一定的环境监测能力。由于区县环境监测站设备陈旧老化，常规监测能力略显不足，且不具备应急监测能力。而市环境监测站常规监测设备配置较全，但应急监测设备几乎空白，不能胜任突发性环境事故的应急反应要求。由于张家口市地域广阔，市区距最远县约 200km，且多山路，交通不便，部分地区无通信设备和通信信号，一旦出现污染事故，需监测的样品不能及时运送到化验室进行分析，分析结果也不能及时传到指挥现场，容易错过对事故处置的良好时机。

从监管能力看，按照河北省统一要求，张家口市从 2002 年在线监控设备开始安装，到 2005 年，已完成了监控设备的部分布局与调试。但由于没有形成在线设备的运营管理机制，企业在线监控设备运营不稳定，使得多数设备成了摆设，没有发挥应有的监控作用，造成环境监管仍以人工现场监管为主。

建设的特殊性及重要性。为加强张家口市环境监控以及应急能力建设，提升全市环境信息化水平，使之适应张家口市环境保护工作的发展与需要，市政府以中共中央办公厅、国务院办公厅印发的《2006—2020 年国家信息化发展战略》为指导，认真贯彻国家信息化建设"应用主导、面向市场、网络共建、资源共享、技术创新、竞争开放"的 24 字指导方针，以网络建设为基础，自动化监控及应急能力建设为核心，信息平台建设为保障，拟建立一套实用的环境监控体系、全面完善的应急处置体系，以实现信息资源的共享、服务型政府的建设。张家口市的地理位置、环境监管及信息化建设的现状决定了张家口市的环境监控以及应急能力。

二、建设目标

本项目建设的总目标是建设张家口市统一的环境资源数据库和环境地理信息系统管理平台，实现环境数据的交换、共享与发布；建立污染事故应急指挥平台及实现全市污染源和环境质量的分类实时监控，提升张家口市环境监管和应急反应的整体水平，确保水环境的安全，从而保障北京市饮水安全。项目的建设原则是实用、稳定、可升级、可扩展。

通过本项目的建设要达到以下目标：

（1）根据国家、省、市相关规范构建全市统一的环境数据资源库，为张家口市环保局提供信息交换的数据，通过数据交换系统实现各种应用系统、异构数据库、不同网络系统之间的信息交换。

（2）建立以 WEBGIS 为支撑，集空间数据、属性数据展现等功能为一体的环境管理信息系统，实现对环境业务信息的空间可视化分析。

（3）建立污染事故应急指挥平台，当出现突发的环境应急事件时，利用系统软件对事故进行分析判定，制订抢险救灾方案，下达指令。并派遣一支真正能够适应野外极端环境下的应急监测、通信指挥、抢险救灾和后勤保障的车队进行现场应急处置，并与国家及省级监控指挥中心、重点区县分中心一起实现应急联动。事件结束后，还可进行环境影响评估及环境善后治理方案的评估。

（4）建立环境监控值机室，实现 24 小时专人值班，完善值机室应用软件的建设，对污染源及环境质量数据进行分析，定时将分析结果向终端发布；对超标情况进行记录、分析与上报，采取相应的快速处理措施。

三、建设内容

本项目以环境应用软件与环境监控硬件建设相结合，对已建成的信息系统进行系统整合，重点建设环境数据库及数据交换系统、环境管理信息系统、污染事故应急指挥平台、环境监控值机室四大部分内容，如图 9-1 所示。

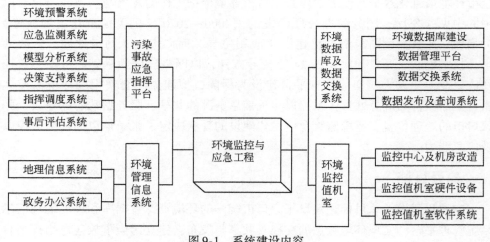

图 9-1　系统建设内容

（一）环境数据库及数据交换系统

环境数据库及数据交换系统的建设包含了环境数据库建设、数据管理平台建设、数据交换系统建设和数据发布及查询系统建设四部分内容。

环境数据库设计遵循《环境数据库设计与运行管理规范》，符合环境保护部数据中心建设总体要求，从市环保局的角度建立全市统一的数据资源库。在数据层面上分为市环保局、区县环保局、企业三个层面的数据库结构；在数据类型上设置为环境质量数据、污染源数据、业务办公结果数据、环境监察执法数据、环境管理数据、标准数据、档案数据、空间数据、外部资源数据等方面。其中各类数据库按照业务管理不同细类设置了库结构，如环境质量数据要分地表水、地下水、环境空气、环境噪声、环境辐射等；污染源数据分化工、医药、矿山、冶金等。

数据库信息内容包括元数据库、配置数据库、业务（属性）数据库、空间数据库。其中业务（属性）数据库又包括区域污染源数据、气象数据、土地利用现状及规划数据、水资源数据、社会经济数据、文物与珍贵景观、法律法规及相关规划、导则规范与标准、环境预测模式、污染源治理技术、环境保护数据、空间数据等，如图9-2所示。

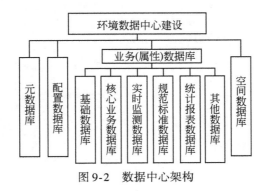

图9-2　数据中心架构

（二）环境管理信息系统

环境管理信息系统包括地理信息系统和电子政务综合信息办公系统两个子系统，其中地理信息系统提供基于二维及三维电子地图的基础地图操作，如地图放大、缩小、漫游、量测、查询、打印等功能，同时提供与GIS相结合的环保业务功能，如污染源管理、大气环境质量监测、放射源监控与管理、烟气黑度监测等。

电子政务综合信息办公系统基于张家口市已建成的环境信息网络，对原有OA办公自动化系统进行升级，实现了同一门户下对所有应用系统的接入，且对用户身份和权限进行统一管理，方便用户将多个应用系统当成一个系统使用，如图9-3所示。

（三）污染事故应急指挥平台

1. 环境预警系统

对环境事件做出预测和预警，从而快速、高效、有序地采取控制措施，可以防止事态扩大，最大限度地减少人员伤亡和财产损失，防止环境质量恶化，保持

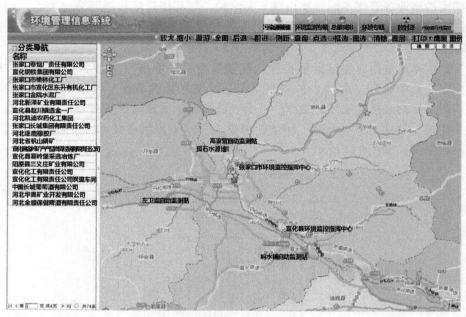

图 9-3　环境地理信息系统界面截图

社会稳定，促进国民经济持续健康协调发展。

　　本系统提供"12369"预警、监测预警两种模式。预警系统与"12369"环保热线直接联动，当报警电话接入以后，计算机辅助系统自动将报警电话转至空闲的接警员处，该接警员与报警人通话，获取警情的事件内容、时间和准确地址等信息，并将事件分派给不同调度中心的调度机进行调度处理。同时，计算机自动识别报警人的电话号码及其所在位置，终端电脑自动生成并存储标准化的事件记录。"12369"接警信息保存界面如图 9-4 所示。

　　系统针对各类环保监测信息，利用监测预警模块从中读取实时监测数据，当出现数据超标或报警信息超过阈值时，自动启动预警模块。系统依据各级环保预案设定的预警条件对数据进行评估，或者由工作人员进行人工事态评估，确定环境事件的预警级别。

　　环境事件进入预警发布状态后，系统在 GIS 专题图上自动展示预警的区域、时间、类型和级别等信息，同时系统对相关责任人进行预警通知。

图 9-4　"12369"接警信息保存

2. 应急监测系统

环境应急监测是突发事件安全应急系统的重要组成部分，承担着判定污染物种类、分析污染物的可能来源、预计污染扩散范围和可能造成的危害程度等重要任务，直接为环境事件应急指挥部提供科学决策。突发性环境事件由于污染因素多和表现形式多，需要环境应急监测系统能快速准确地判断污染物种类、污染浓度、污染范围和可能发生的危害，这就要求应急监测系统必须配备先进的分析仪器、设备和多种监测手段。

本系统采用的应急监测可实现对现场环境应急监测以及现场情况的视频传输，系统支持自动检测和实时数据传输仪器设备监测，可以对获得的数据进行实时采集、存储和展示。

在初步确定现场监测项目后，系统进入应急监测向导模式，会自动选取知识库中的对应监测分析方法，确定仪器库中的相应监测仪器和采样设备，并从专家库中选取针对该监测项目的专家，从监测人员数据库中调出监测仪器维护人员的联系方式，生成应急监测指导书。同时，系统针对事件发生现场进行周边分析，在 GIS 系统中显示事件现场位置指定范围内的详细地图，将区域内的环境敏感点在地图上突出显示，提供区域内的温度、湿度、风向、风速及气压等相关参数，并支持详细地图的打印，用以指导事件应急监测，如图9-5所示。

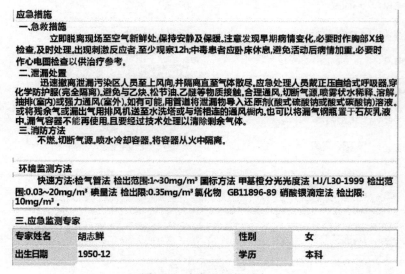

图 9-5　应急监测指导书

系统根据污染情况在电子地图上确定监测点位的布设，点位坐标由系统自动获取，点位监测因子及采样数据由现场录入（图9-6）。

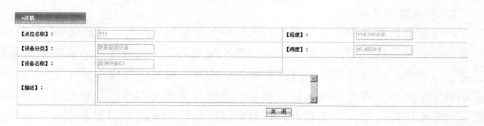

图 9-6　监测布点信息

系统对录入的现场采集数据进行实时展示，在地图上显示监测点位实时监测值，以浓度变化折线图预测污染物浓度变化趋势，以实时污染物浓度分布图展示多点同步监测数据，如图9-7所示。

为使应急指挥中心能更好地了解事件现场情况，本项目建设了现场视频传输模块，用以传送现场视频、音频以及数据信息，使指挥中心能在第一时间掌握第一手资料，以便管理者做出快速准确的判断（图9-8）。

图 9-7 实时监测

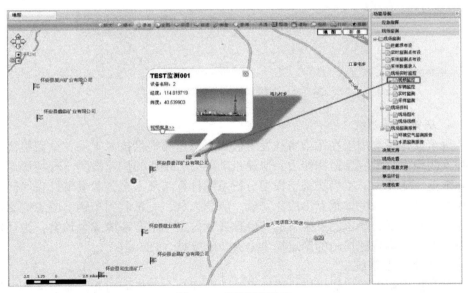

图 9-8 现场视频传输

3. 模型分析系统

本系统针对张家口地区及张家口境内流域的特点，研究水和大气污染物扩散模型，形成适合张家口市洋河及其支流清水河、桑干河及其支流壶流河、白河及永定河在丰水期、平水期、枯水期的河流水质污染物扩散模型，以及适合张家口地区各类典型地理环境及气候条件下的大气扩散模式。利用污染物扩散模型，通过污染源的渲染及污染物的扩散预测污染物的影响方向和范围，并生成直观的预测图，为决策者提供一个科学的、较为全面合理的、可行性强的处置预案，如图9-9所示。

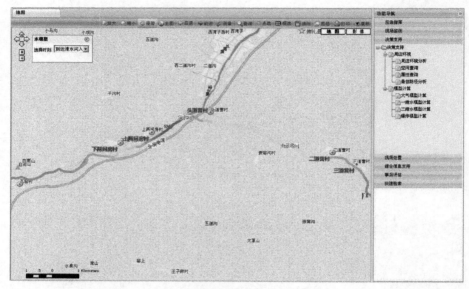

图 9-9　二维水质模型的计算结果

4. 决策支持系统

决策支持系统用于在污染事故发生后为应急监测提供技术支持，全面提高处置突发污染事故的应急监测能力，快速机动能力，现场的快速检测、现场协调指挥和数据传输能力。本模块基于模型分析系统计算结果，充分考量事件现场区域的环境风险源、环境敏感点、应急物资、应急人员、应急监测车辆、应急监测设备等各影响因素，参考已发生案例的处理处置方案，结合环境应急预案，为环境污染事件的现场处理措施的制定提供全方位的支持（图9-10）。

5. 指挥调度系统

实时指挥调度模块提供应急指挥系统中指挥命令的传输功能，通过网络向指挥大厅和辅助大厅的指挥工作终端提供信息和处理信息功能，可以在指挥中心和其他的各个机构之间传递信息。

同时，系统对环境监测车辆及环境执法车辆进行GPS定位，一旦接警，指挥中心值班人员根据监控大屏幕上显示的报警位置，查询显示执法车辆位置信息，

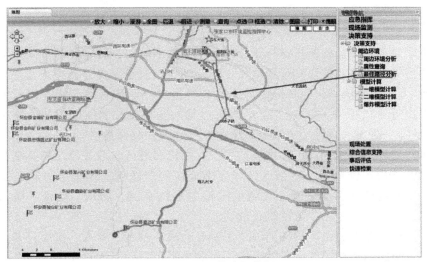

图 9-10　最佳路径分析

通过最短路径分析方法找出最佳路径，指挥调度最近执法车快速到达现场进行事故跟踪、排查和指挥执法等。

6. 事后评估系统

本系统建设有环境事件应急后评估系统，通过实现突发环境事件处置完成后的后期评估，掌握环境突发事件对环境的影响，为环境的恢复提供依据；同时对处置的方法进行效果评估，形成新的处置预案或对原有的处置预案进行改善，以避免同类突发环境事件的产生和为处置类似的突发环境事件提供决策依据。

系统具有智能评估功能，自动记录受训者的指挥过程，并与评估标准或专家评估进行匹配，生成评估成绩，评估标准库具有学习的功能，能随时修改新的评估标准。

从组成部门来说包括四个方面的内容，分别是评估标准维护、应急处置评估、环境影响评估和善后方案制订，如图 9-11 所示。

图 9-11　事后评估功能架构

（四）环境监控值机室的建设

张家口市环境监控值机室作为日常环境监控的部门，其主要职责就是对全市所有的污染源在线监控点和环境质量自动监测点按业务需要分类进行监控，由专人进行 24 小时的值机，每日分时段制作各类报表供业务科室使用。同时值机室还负责接听"12369"热线电话，处理通过其他途径反映的问题，并为相关人员（领导、业务处室、其他委办局、社会公众等）提供信息服务。

本次建设针对张家口市环保局监控中心和机房进行改造装修，将其划分为监控指挥区、监控值机区、网络区、综合办公区四个区域，从配电方式、空气净化、安全防范措施以及防静电、防电磁辐射和抗干扰、防水、防雷、防火、防潮、防鼠、门禁安全诸多方面进行改造。

针对目前监控值机室硬件的改造主要有硬质背投光学屏幕、投影设备、管理工作站及应急监控终端等设备的升级，目的是满足新建系统的硬件规格需要。

系统建设中考虑到与张家口市已建信息系统的兼容与整合，在原有一期系统的基础上进行改造升级，实现了对原有资源的再利用，如图 9-12 所示。

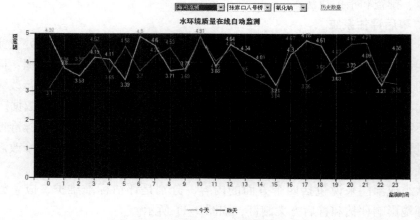

图 9-12　升级后的水环境质量在线监控

四、系统特色

本系统建设基于数字环保框架设计，涉及硬件、软件的多方面内容，通过本系统的建设，梳理整合多来源环保业务数据，搭建数字环保建设框架。

（一）先进的数据管理思路

鉴于张家口市的特殊地理位置，提出了与北京市环境数据交换的策略，以保证张家口市水环境安全和北京市饮水安全。

（二）　与应急相关的污染源系统化管理

结合环境应急工作的特点，强化对重点企业污染源的管理，建立报警模型，提高监测数据的获取及应用的实时性，建立严谨的数据采集机制，以保证应急工作的顺利开展。

（三）　环境保护一体化

围绕环境保护，构建一体化管理机制。通过本项目建设，建立张家口市目前迫切所需的环境管理应用系统，满足张家口市环境管理对信息化建设的迫切需求，实现环保一体化管理。

五、实施效果

通过建设张家口市环境监控与应急系统，逐步建立全市统一的环保综合应用系统，整合各应用系统的历史数据并进行深度开发，使各应用系统成为一个整体，有效解决环保系统各部门之间的信息孤岛问题，使各应用系统的数据实现共享。同时，通过系统的开发，采用先进的计算机网络技术、GIS 技术，实现对各类环境数据的动态查询、变化趋势分析、各类数据之间的相关性分析等，更好地为环境保护主管部门和环境管理部门服务。

第二节　大庆市环境应急决策支持系统

一、系统概述

大庆市是我国重要的石油与化学工业城市，石油战略地位十分突出，石油化工生产高度密集。在某些装置中，含有剧毒物质。由于历史选址的问题，厂区靠近居民区，危险源众多。在油田中心区域，不足 $150km^2$ 的范围内，拥有 4 个大型石油、化工、天然气生产企业，年加工原油 1196 万 t，聚乙烯、聚丙烯酰胺、聚丙烯等化工产品 260 多万吨。厂区内建有 857 座成品油和原料储油罐，属于高温高压、易燃易爆、有毒有害的高危地带，极易造成"闪电式"中毒、大面积污染和连续性爆炸。在油田 $5500km^2$ 面积上，拥有近 6 万口油气井，地下石油、天然气管线遍布全油田，石油输出管线可直接通往大庆。高危生产企业与油田并存，易燃易爆、剧毒、放射性物资等危险品高度集中，一旦发生突发环境事件，将会造成严重后果。与此同时，国家实施振兴东北老工业基地战略，黑龙江省建设"哈大齐"工业走廊，这些都会使发生突发性环境事件的可能性大大增加。

事故多发，是经济建设快速发展的一个副产物，这要求政府和企业积极应对，把事故造成的后果控制到最小，而建立完备的应急管理和事故预防体系，是减少事故损失的最有效的途径和手段。一旦发生突发环境事件，即可根据本系统及时采取必要的响应行动。

二、建设目标

本环境应急决策支持系统建设的一个重要目标在于，在省环保局环保系统已经建设的网络上，构筑一个可以专门针对大庆市辖区内的环境污染事故的应急管理信息平台。在这个平台上，基层环保部门通过计算机网络系统向上级报告，启动突发环境事件应急信息平台进行决策信息和实时信息的查询、分析和判断，对事故进行处理方案的设计和过程的管理，为政府主管部门提供更加及时、完整的处理污染事件的决策依据，及时向社会公众发布有关信息。

（一）将对环境污染事故建立起一整套监测和管理体系

本应急响应系统建设的一个重要意义就在于，在大庆市环保系统已经建设的网络上，构筑了一个可以专门针对环境污染事故的应急和管理信息平台。在这个平台上，领导和环保系统内部的各级工作人员可以及时查阅和发布有关环境污染事故的相关信息，并通过该系统进一步对事故进行处理方案的设计和过程的管理。

（二）加强环境污染事故有关信息的管理和共享

应急响应系统的建设将各种有关的环境污染事故的信息，包括各种污染源信息、危险品信息、环境专家信息以及各种地理信息有机地整合在一起，可以在环境事故发生时让工作人员能及时获得和该事故有关的资料，有助于环境事故的解决。

（三）信息丰富，并可进行各种事故模型计算，为领导决策提供参考

系统利用内置的各种信息，以及多种事故模型分析方式，可针对当前发生的环境污染事故提出在相关条件下的污染扩散预测，为领导和环境工作人员对事故的处理提供参考。

（四）可实现在内网和外网的信息发布

对政府管理部门来说，信息的发布是一个非常重要的环节，该系统可以实现对内、外网的信息发布，成为公众了解环境信息的一个重要手段。

（五）成为大庆市环境信息指挥系统的重要组成部分

应急响应系统的建成不仅可以弥补大庆市对环境污染事故管理方面信息化建设的一个空白，更重要的是它将成为大庆市环境信息指挥系统的一个重要组成部分，并同时成为环境信息对社会公开的一个窗口。

三、建设内容

大庆市环境应急决策支持系统由五个部分组成，即系统管理与安全机制、数据维护与信息分类体系、系统平台、系统数据、业务应用系统。

其中系统管理机制、系统安全机制、信息分类与编码体系、数据更新与维护机制贯串于系统始终。前两者为系统的运行管理与安全提供保障；后两者为数据库的更新维护提供保障。从系统的开始建设到系统的正式运行都应重视这几部分的建设。下面着重介绍业务应用系统功能。

（一）系统登录界面

系统登录默认展示该界面，点击模块内的退出按钮可以返回到该界面，如图9-13 所示。

图 9-13　大庆环境应急决策支持系统登录界面

系统界面共有 11 个模块，流程图中的 11 个图标是各模块中对应的解释，如图 9-14 接警模块。

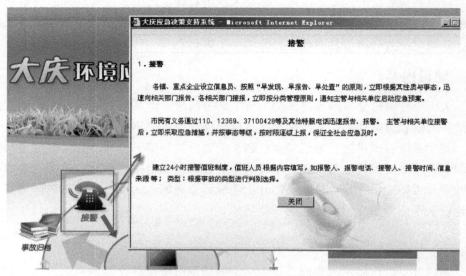

图 9-14　大庆环境应急决策支持系统接警模块介绍

（二）事件报警

事件报警模块主要功能是事件或事故的录入管理和应对事故中相应的基本操作，是事故发生后的第一个环节，处于事故流程的入口。通过人工报警记录事件发生相关信息，登记事故之后展开事故类别判断工作，可根据核查人、核查时间、核查对象、核查描述，来确定预警信息的级别，确定是否进入预警事故流程。通过人员组织确定应急团队，人员组织工作后直接可以通过这个作业点进行短信通知工作。通过资源分配功能进行资源协调分配，以便于合理利用。通过本系统的生成预案功能，对于事前处理生成一份报告，以便于备份文档或向上汇报，如图 9-15 所示。

（三）现场处置

现场处置要明确事故的性质和类别，预测可能的波及范围、发展趋势及其对人群健康和环境的影响，评估现有应急手段是否得当、应急能力是否达到控制事故的要求等。现场处置主要包括的内容：信息在线发布、监测布点、敏感点、源强获取、现场视频、现场图片。其中部分处置模块如图 9-16、图 9-17 所示。

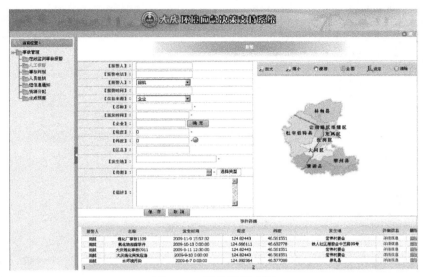

图 9-15 事件报警功能

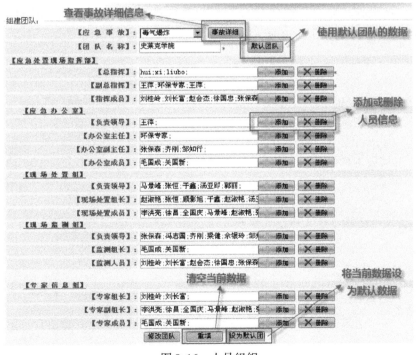

图 9-16 人员组织

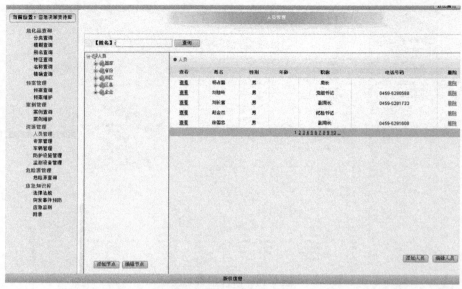

图 9-17　资源分配

（1）信息在线发布：可以通过该作业点进行在线信息发布，也可以匿名发布信息，如图 9-18 ~ 图 9-20 所示。

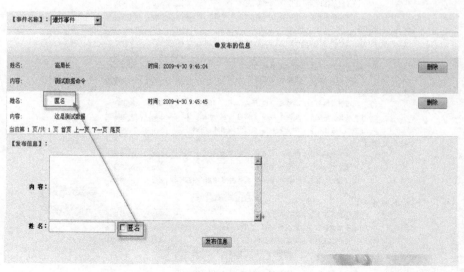

图 9-18　信息在线发布

图 9-19　发布信息成功后提示

图 9-20　对于发布成功后的信息点击删除系统提示

（2）监测布点：在事故发生地点附近增加监测点位，以便于取出需要监测的数据进行现场处理，如图 9-21 所示。

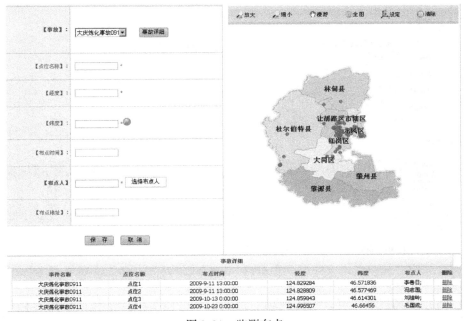

图 9-21　监测布点

（3）敏感点：可以通过该作业点进行敏感点设置（图9-22）。

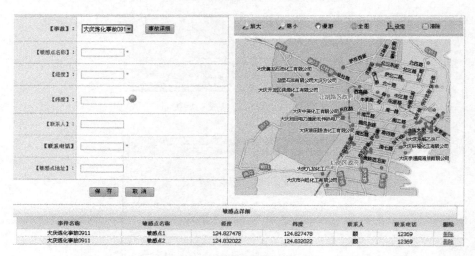

图9-22 敏感点设置

（4）源强获取：可以通过布点信息中设置的点位信息来选择录入源强数据的位置（图9-23）。

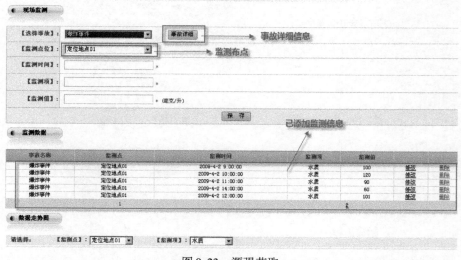

图9-23 源强获取

（5）现场视频：可以上传现场的视频录像以便于指挥工作或事后存档使用（图9-24）。

图 9-24　现场视频

（6）现场图片：可以上传现场的照片以便于指挥工作或事后存档使用（图9-25）。

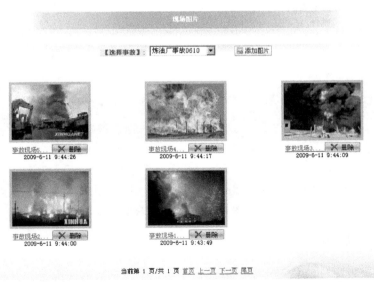

图 9-25　现场图片

（四）事件仿真

该模块主要通过对应急事件的基本信息进行计算模拟，来确定事故应该采用哪个预案或有哪个案例可以进行参考，通过经验来确定处理决策和事故的点位。通过监测布点的数据确定事故的进行阶段，通过返回的数据决定是否进行现场资源调配和其他命令的变更。

（1）事件仿真：通过软件模拟事故现场情况，包括大气扩散模型、水扩散模型和爆炸模型。可以大致评估事故发生的影响范围，如图9-26、图9-27所示。

（2）相关信息获取：相关信息提取模块中的大部分功能都是在事件仿真中出现。

（3）危化品识别：可以根据危化品的特征进行查询和识别。

（4）类似案例提取：通过类似案例提取作业点可以找出类似的案例进行参考。

（5）动态预案查询：通过动态预案查询作业点可以找出类似的预案信息进行参考。

（6）事件报告：事件报告分成三个阶段，第一阶段为初步事件报告，第二阶段为续报，最后阶段为最终结果报告。

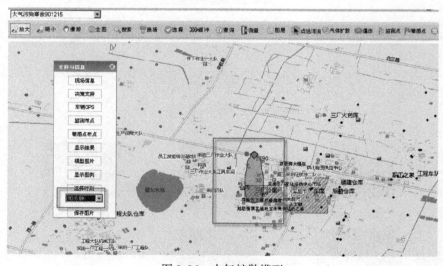

图 9-26　大气扩散模型

（五）事后评估

环境突发事件应急工作中，后评估工作是十分重要的一部分，其目的是实现环境突发事件处置完成后的后期评估，掌握环境突发事件对环境的影响，为环境的恢复提供依据；对处置的方法进行效果评估，形成新的处置预案或对原有的处

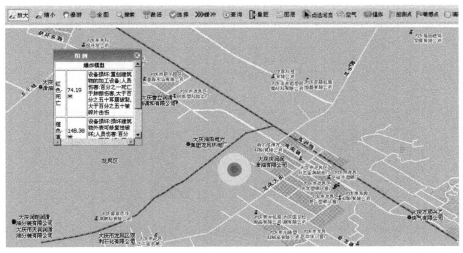

图 9-27 爆炸模型

置预案进行改善，为避免同类突发环境事件和处置类似的突发环境事件提供决策依据。

（1）事故评价：可以评估事故的等级情况。

（2）事故查询、统计、归档。如图 9-28 ～ 图 9-30 所示。

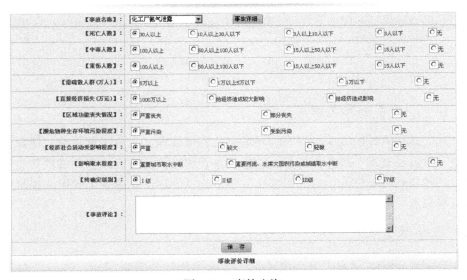

图 9-28 事故查询

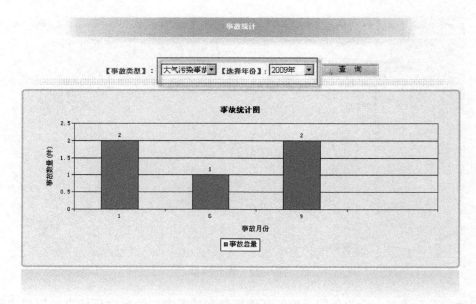

图 9-29　事故统计

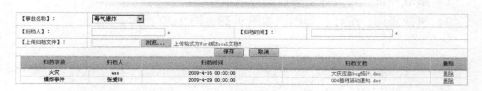

图 9-30　事故归档

（六）应急决策支持库

建立基于 GIS 的危险源管理、环境应急资源管理、应急案例管理、应急预案管理、危险品查询、应急知识库、应急装备管理维护及查询。应急基础信息管理的目的是达到环境资源信息的可视化、信息化，为环保业务系统和用户提供空间信息服务和决策支持，如图 9-31 所示。

四、系统特色

本系统能够响应大庆市环境特征，全面梳理应急管理需求，实现全过程控制。在设计系统时，除安全性、灵活性、实用性以及可扩展性外，还具有以下特征。

图 9-31　应急决策支持库

（1）从系统建设整体出发，做好系统建设的长远规划，明确近期和长期目标，突出重点，分步实施。

（2）采用成熟先进的技术和开发平台，兼顾未来的发展趋势。

（3）注重系统的整体性、实用性、高效性、高可靠性、经济性、兼容性、资源共享性。

（4）注重系统的可持续发展性，尽可能利用现有资源，避免系统的重复投资和建设。

（5）充分重视系统和信息的安全性，建立先进、科学的网络管理系统和安全管理系统，建立完整的信息控制和授权管理机制。管理运行体制与工程建设同步进行。

（6）采用原型法设计原则实施。

五、实施效果

系统的建成为环保局环境重大事故隐患和重点污染源的管理工作提供信息化便捷手段，在综合采用现代技术和科技新成果，提高此项工作现代化管理水平方面探索了一条新路子。同时，能够为领导和有关部门及时、直观、形象地提供重大事故隐患及重点污染源信息，以及发生事故后的抢险、救援信息，有利于有关领导及时、准确地决策，最大限度地减少发生重大事故的可能性及事故后造成的各项损失。因此，本项目不仅具有很好的社会效益，而且具有明显的经济效益。

第三节　安阳市环境自动监控中心平台

一、系统概述

为全面落实科学发展观，切实加强环境监督管理，及时了解和掌握安阳市污染源分布情况、排污现状、环境质量状况等环境信息，实现对各类环境信息有效的动态管理，提高政府科学决策水平，进行安阳市环保局监控中心建设项目的建设。

建设安阳市环保局环境监控中心平台，开发环保业务办公综合管理系统、环境应急监测与指挥系统、环境地理信息系统、环境外网办公门户系统等多套软件平台，整合各应用系统的历史数据并进行深度开发，使各应用系统成为一个整体，有效解决环保系统各部门之间的信息孤岛问题，使各应用系统的数据实现共享。

二、建设目标

安阳市环保局监控中心建设项目的总体目标是搭建硬件网络平台和环境外网办公门户系统、环保业务办公综合管理系统、环境应急监测与指挥系统、环境地理信息系统等软件平台，融合各应用系统于一体，进而解决环保系统各部门之间的信息孤岛问题，实现自动采集数据、自动传输数据、自动处理及自动分析数据、多业务系统的数据整合，实现不同部门、不同环保业务的数据共享。

三、建设内容

安阳市环境自动监控中心平台项目的建设内容，如9-32所示。

图9-32　系统功能建设内容

（一）环境数据中心建设

环境数据中心作为应用系统的灵魂，必须本着"规范化、结构化、有序化、融合化"的原则进行搭建。安阳市环境数据中心的建设符合环境保护部数据中心建设总体要求，遵循了《环境数据库设计与运行管理规范》相应要求。系统采用必要的数据获取方式，能对不同来源及异构数据进行整合，并通过对数据的整理、加工、挖掘、分析，提取综合、有效的环境数据结果，同时，系统能提供环境数据的校核功能。

本项目数据中心的建设，能够实现数据采集、建库、整合、分析及管理，满足二次开发要求以及数据的发布、查询、服务，并有丰富的后台管理功能。

（二）环保业务办公信息系统

系统采用 B/S 模式进行设计和开发。结合工作流概念，以行政公文流转监控、查询、归档为核心，同时包括内部邮件、消息、会议管理、文件管理、档案管理、人事信息管理、规划财务管理、法规稽查管理、科技管理、自然保护管理、国际合作管理等办公环节，建成包括局机关各科室和各分局统一的办公自动化系统，从而实现环保局系统内各部门的横向连接以及上、下级部门间的纵向连接，形成一个畅通的信息流通环境和实现信息资源共享、传输网络化、交换电子化和管理科学化，为环保行政管理、领导决策提供支持。

（三）环境外网办公门户系统

建设一个覆盖安阳全市的环保综合信息门户，实现对各应用系统的接入、用户和权限的统一管理，实现"单点登录"、"一站式系统"的效果，方便业务人员及相关领导使用系统。

环境外网办公门户是环保局面对公众的门户，是公众和环保部门交互的平台。综合运用现代信息网络与数字技术，实现公共数据、环境质量信息、决策支持信息、"12369"信息、超标数据、规章制度、通知、文件的发布，进行网上业务申报、公众举报、业务系统集成和公务、政务、商务、事务的一体化管理和运行，向全社会提供高效优质、规范透明和全方位的管理与服务。

（四）环境地理信息系统

环境地理信息系统的功能设计包括 GIS 基本信息展示，污染源、监测点的查询定位展示，空间分析、缓冲区分析及环境专题图展示等，实现了可视化、直观化效果，同时为管理者提供了直观、高效、便捷的管理手段，从而提高了环保业务管理能力和综合管理与分析的决策能力。

系统提供对地图的基本操作包括放大、缩小、自由缩放、漫游、全图、量距、搜索、刷新、清除、图层、打印、鹰眼等。

界面如图 9-33 所示。

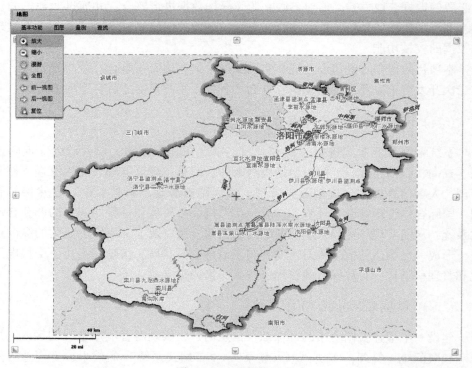

图 9-33　GIS 操作界面

在 GIS 地图上选定某一区域，可展示该区域内的属性信息，如基础地图信息、污染源点位、监测点位、监测数据等，如图 9-34 所示。

用户可在地图上任选两个或多个互相叠加的区域，针对该叠加区域，系统会形成专题图，供用户进行查询分析数据与地图的操作，如图 9-35 所示。

系统提供污染点位查询展示功能，如图 9-36 所示。

系统提供环境专题信息展示功能，如图 9-37 所示。

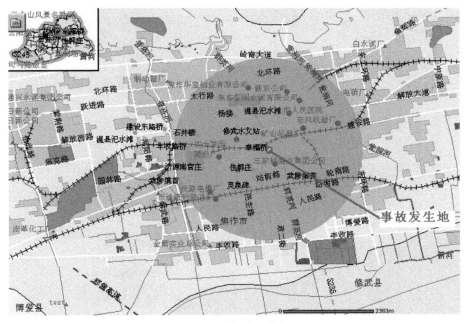

图 9-34 缓冲区分析

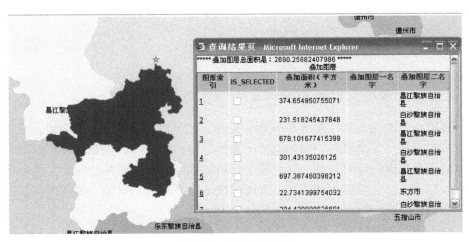

图 9-35 区域叠加分析

图 9-36　污染源点位查询及展示

图 9-37　行政区饼图

（五）环境应急监测与指挥系统

环境应急监测与指挥系统基于 B/S 操作方式，涵盖危化品、危险源、应急资源、应急预案、应急事件、应急指挥、案例等信息的管理，主要对突发污染事故提供地图及数据的即时查询，并能够进行污染模拟。全面提高处置突发污染事故的应急监测能力、快速机动能力、现场的快速检测能力、现场协调指挥和数据传输能力。

1. 风险源监控

风险源监控主要实现对重点污染源、环境质量和放射源的监控。

主要提供对重点污染源和环境质量监控信息的管理、数据的实时监测、超标报警、数据查询、数据统计报表输出以及对放射源的信息管理、定位监控、视频监控、辐射剂量监控等功能，实现对重点污染源、环境质量的监控管理以及对放射源的位置、使用情况的监控管理。

2. 事故预警

事故预警的信息主要来源于实时监控、"12369"环保热线两部分。应急中心在接到报警信息后，可对信息进行快速登记，判定事故级别，快速提供应急处置方案，同时启动应急预案，将事故的基本信息及动态信息及时通知相关部门及人员，并跟踪协调。

突发应急事件处理流程，如图9-38所示。

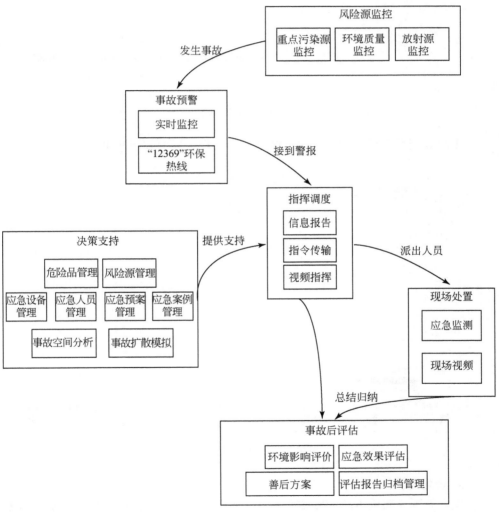

图9-38　事件处理流程

突发事件接警信息填报界面，如图9-39所示。

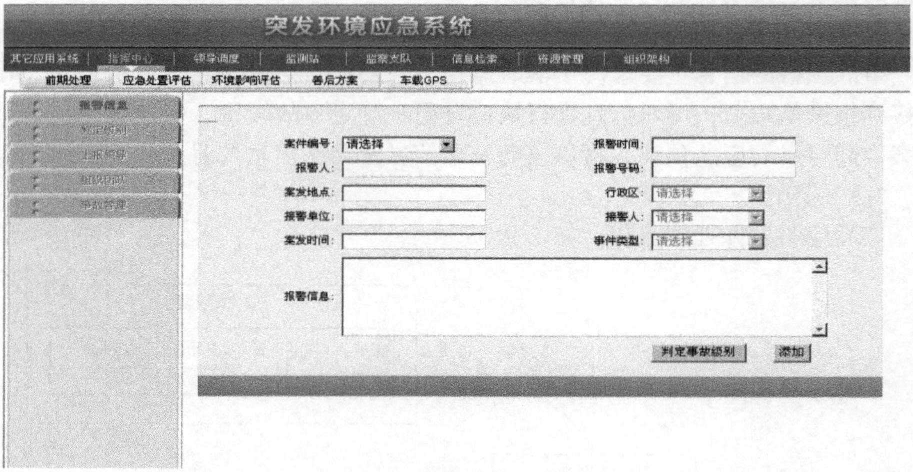

图9-39 报警信息生成

事故登记后系统自动展开事件级别判别工作，界面如图9-40所示。

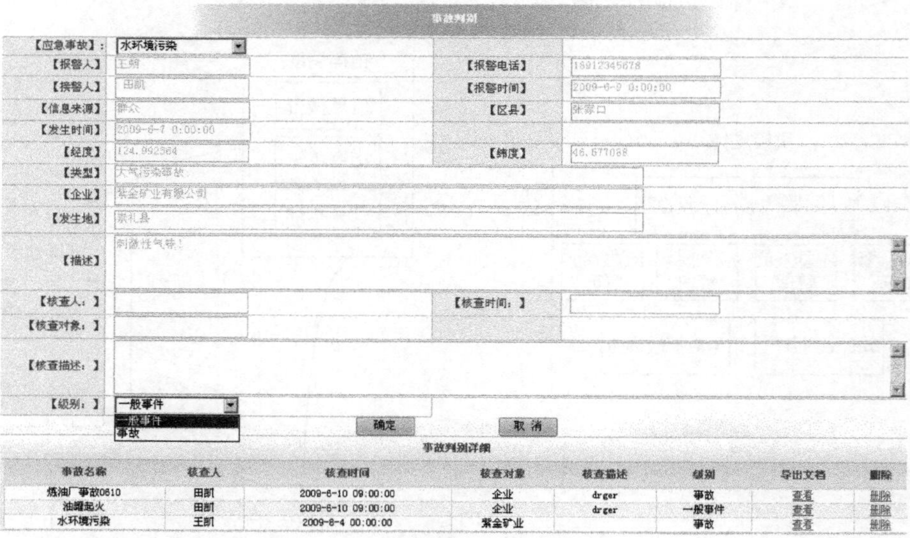

图9-40 事件级别判别界面

3. 现场处置

现场处置要明确事故的性质和类别，预测可能的波及范围、发展趋势及其对人群健康和环境的影响，评估现有应急手段是否得当、应急能力是否达到控制事故的需求等。现场处置主要包括的内容：对现场进行应急监测、对应急监测数据和信息的管理、信息发布、资源分配、发布应急通知、传输现场视频至监控中心。同时，系统还设有现场处置决策库，为现场处理人员提供后台技术支持，包括危化品的识别、类似案件及预案调取等。

　　系统可以上传现场的视频录像以便于指挥工作或事后存档使用，系统界面如图 9-41 所示。

图 9-41　视频添加界面

　　系统可实现在事件发生地点附近增加监测点位，以便取出需要监测的数据进行现场处理，系统界面如图 9-42 所示。

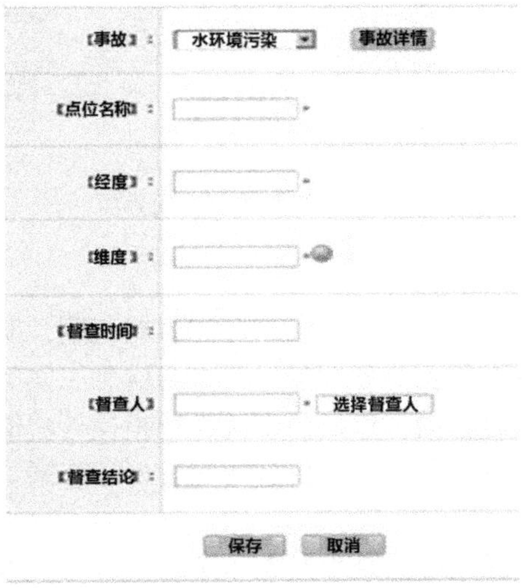

图 9-42　监测布点界面

系统可实现资源协调分配，以便于合理利用资源，系统界面如图 9-43 所示。

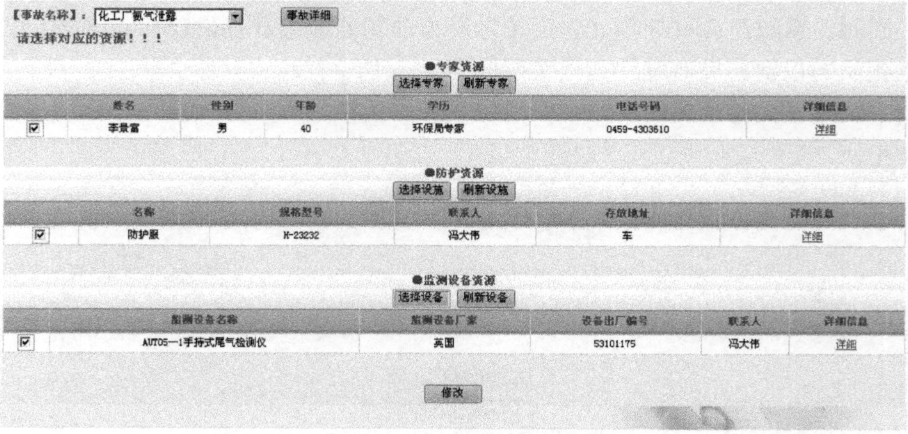

图 9-43　资源分配界面

系统可以自动搜索案例数据库，找出类似的案例参考，具体如图 9-44 所示。

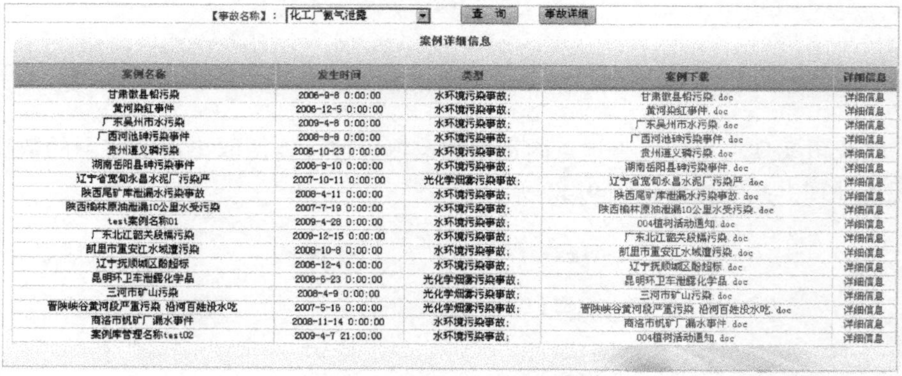

图 9-44　类似案例查询界面

4. 指挥调度

指挥调度系统可以根据事件的信息来源和影响范围，明确各单位的分工，建立信息报送体系，并接入相关业务信息，对参与应急工作的单位进行指派。系统提供信息报告生成、信息报送、单位分工及视频指挥等功能，实现在简短的信息输入后，可以得到一个专门用于当前事件的应急处理方案。

1）信息报告

信息报告实现了信息收集、整理及发布全过程管理，系统自动将事件发生地点、周边情况、事件发展态势、应急处置的情况及一些通知公告进行分类汇总，经审核后逐级发布。

2）信息报送

系统建有完善的信息报送体系，包括邮件、传真、文书等多种报送方式，信息报送功能确保系统可以在应急中心和其他机构之间传递各种信息。包括指令下达、指令查询、指令反馈和指令管理等功能。

3）单位分工

在接警之后，系统展开各单位分工、人员组织工作，明确各单位和相关人员的具体职责和任务。

4）视频指挥

系统可以实时监测事故现场的情况，并以视频的方式显示出来，以方便指挥中心与各相关单位对情况的了解，并做出正确的判断。包括监测点定位、视频显示和信息维护等功能。

5. 决策支持管理

系统结合 3S 技术为应急工作提供科学计算结果和可视化决策支持，包括对危险品、风险源、应急设备、应急人员、应急预案、应急案例的管理以及对事故的空间分析及扩散模拟，从而为环境应急事件有效地预防和控制提供了重要的辅助决策和技术支持。

应急监测车辆的管理在应急工作中极其重要，如图 9-45 所示。

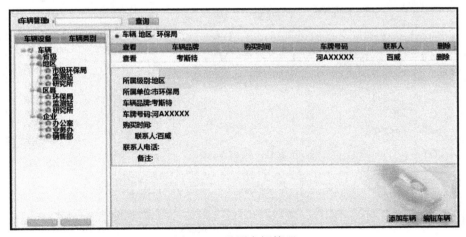

图 9-45　监测车辆管理

应急案例查询界面，如图 9-46 所示。

案例查询

【案例类型】：--------显示全部------ 查 询

案例详细信息

案例名称	发生时间	类型	案例下载	详细信息
氯气预案	2009-4-2 0:00:00	核与辐射事故;	危险源对比.doc	详细信息
石油泄漏	2009-4-22 0:00:00	溢油事故;	河南投标项目计划安排.doc	详细信息
油田泄漏	2009-4-2 0:00:00	溢油事故;	河南投标项目计划安排.doc	详细信息
甘肃徽县铅污染	2006-9-8 0:00:00	水环境污染事故;	甘肃徽县铅污染.doc	详细信息
黄河染红事件	2006-12-5 0:00:00	水环境污染事故;	黄河染红事件.doc	详细信息
广东湛江海上油污染	2007-4-11 0:00:00	溢油事故;	广东湛江海上油污染.doc	详细信息
广州茂名乙烯厂爆炸污染	2008-6-3 0:00:00	光化学烟雾污染事故;水环境污染事故;	广州茂名乙烯厂爆炸污染.doc	详细信息
广东吴州市水污染	2009-4-8 0:00:00	水环境污染事故;	广东吴州市水污染.doc	详细信息
广西北部湾最大岛受到严重溢油污染	2008-8-13 0:00:00	溢油事故;	广西北部湾最大岛受到严重溢油污染.doc	详细信息
广西河池砷污染事件	2008-8-8 0:00:00	水环境污染事故;	广西河池砷污染事件.doc	详细信息
贵州遵义磷污染	2006-10-23 0:00:00	水环境污染事故;	贵州遵义磷污染.doc	详细信息
湖南岳阳县砷污染事件	2006-9-10 0:00:00	水环境污染事故;	湖南岳阳县砷污染事件.doc	详细信息
辽宁省宽甸永昌水泥厂污染严	2007-10-11 0:00:00	光化学烟雾污染事故;	辽宁省宽甸永昌水泥厂污染严.doc	详细信息
太原苯泄露污染事故	2006-1-10 0:00:00	其他事故;	太原苯泄露污染事故.doc	详细信息
陕西尾矿库泄漏水污染事故	2008-4-11 0:00:00	水环境污染事故;	陕西尾矿库泄漏水污染事故.doc	详细信息

1 2 3

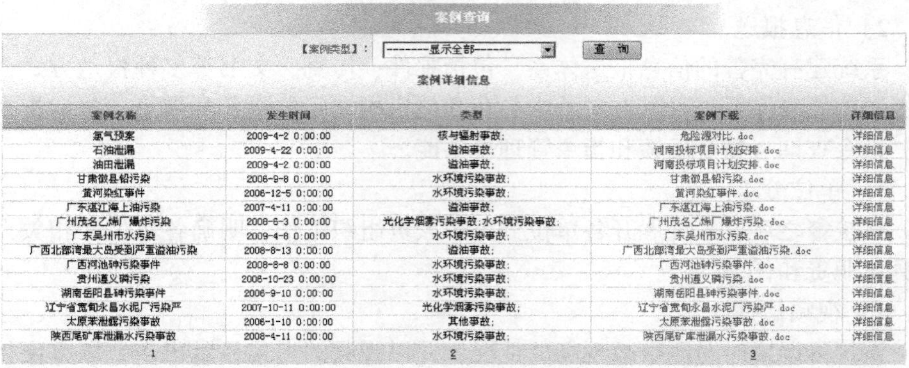

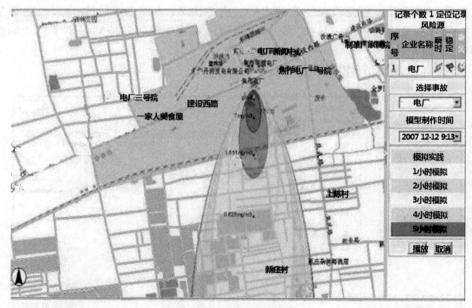

图 9-46　应急案例查询界面

根据污染物参数、浓度等条件进行水、气的模型仿真分析，为突发事件提供辅助决策支持，详细功能如图 9-47 所示。

图 9-47　气体仿真模拟

水污染扩散模型分析，如图 9-48 所示。

图 9-48　水污染扩散仿真

进行现场决策，疏散人员，创造逃生路线，如图 9-49 所示。

图 9-49　最短路径分析

6. 事故评估

事故评估是为了评价应急突发事件对环境造成的污染及危害程度，并评估相应的经济损失，评价事故发生前的预警、事故发生后的相应救援行动，以及污染控制的措施是否得当，同时调查事故发生的原因，为应急突发事件的责任确认及其处理提供依据。

这一系统事故评估内容主要包括环境影响评价、应急效果评估、善后方案、评估报告、事故查询统计及归档管理。

应急事故评估报告界面，如图9-50所示。

图9-50　应急事故评估报告界面

系统提供对历史事故的备档及详细信息的查询，如图9-51所示。

事故名称	事故类型	经度	纬度	事故时间	详细信息
毒气爆炸	光化学烟雾污染事故;	124.827468	46.580208	2009-4-28 0:05:00	详细信息
11	核与辐射事故;	124.9325	46.643333	2009-4-21 0:00:00	详细信息
22	核与辐射事故;	124.9325	46.643333	2009-4-21 0:00:00	详细信息
aaa	生物物种安全环境事故;水环境污染事故;	125.231944	46.450278	2009-4-29 0:00:00	详细信息
化工厂氨气泄露	光化学烟雾污染事故;水环境污染事故;	125.224167	46.443333	2009-5-2 0:00:00	详细信息
火灾	光化学烟雾污染事故;	124.966389	46.631667	2009-4-20 13:00:00	详细信息

图9-51　应急事故查询界面

（六）系统软件配置

1. GIS 系统软件

ARCGIS系统软件套装包括ArcGIS Server 9.3和基于ArcGIS Engine开发的图形维护工具一套。

2. 局域网管理软件

包括资产管理、软件分发、补丁管理、应用程序管理、外设管理、远程管理、网管访问控制、查询、清单查看、报表打印、客户端维护、未管理设备搜寻、用户管理和日志查看等多个功能模块。

3. 服务器操作系统

Windows 2008 Server 企业版（多用户）。

4. 网络防病毒软件

网络防病毒软件需要 200 用户以上。

四、系统特色

（一）空间业务监控分析展示"一张图"

空间业务监控分析以基础地理空间数据库为依托，为污染源在线自动监控系统、环境质量管理系统、环境应急决策支持系统、环境数据中心等提供基本的电子地图和专题地图，实现空间信息、属性信息的双向查询以及空间直观定位与分析服务、立体监控分析、全方位监管（监控监管无盲区）等全覆盖应用，使其最终真正做到环保业务应用"一张图"。

（二）针对多种放射源监控手段集成

放射源监控系统集成了辐射剂量监控、视频监控、定位监控等对放射源的多种有效监控方式，各种监控方式之间实现联动。此外，由于移动源位置的不确定性和运输过程中信息传输的不畅，移动源的监控一直是放射监控中的难点。

本系统针对移动放射源的特点，通过在源库内控制，在运输过程中的位置和状态监控，通过放射源监控管理平台，结合软件提供的管理功能，可对移动源的动态情况进行全方位的监控，有效预防了移动源运输过程中被盗、破坏、遗失事故的发生。

（三）先进的环境模拟技术

对突发性环境事件的准确模拟与预测，是进行环境应急决策的重要依据。GIS 与专业模型结合是目前最主要的应用方式，其实现方法包括基于数据传输的松散式结合，基于共同用户界面的表面无缝结合、内嵌式结合等。本项目选用先进、成熟、适用于环境应急管理的环境模拟技术 GIS 进行集成，为环境应急决策提供效果好、精度高、响应快的水质模型和气体扩散模型。

五、实施效果

本项目开发包括环保业务办公综合管理系统、环境应急监测与指挥系统、环境地理信息系统等在内的软件监控平台，完善了数字环保体系，具体实施效果如下：

（1）实现了对全市辖区内污染源和环境质量的监控和展现，从而提高了实时监控和预警预报能力。

（2）实现了对环境质量和重点污染源的动态监控、动态处理和动态分析，从而提高了全市环境管理的科学化、规范化和自动化水平。

（3）实现了安阳市环保局工作人员快捷的办公自动化能力，从而提高了工作人员的工作效率和综合办公管理水平。

第四节　濮阳市环境自动监控中心建设

一、系统概述

本项目开发环境内网一体化办公综合管理系统、环境外网办公门户系统、环境应急监测与指挥系统、环境地理信息系统、环境数据中心等多套软件，整合各应用系统的历史数据并进行深度开发，使各应用系统成为一个整体，有效解决环保系统各部门之间的信息孤岛问题，使各应用系统的数据实现共享。

此外，本系统的开发采用先进的计算机网络技术、GIS技术，实现了对各类环境数据的动态查询、变化趋势分析、各类数据之间的相关性分析、模拟分析等，从而提高了环境保护主管部门和环境管理的服务质量。

二、建设目标

本项目的总体目标是综合运用现代化信息技术、计算机技术、网络技术和通信技术，通过应用设备、网络设备的新建或升级改造，构建覆盖濮阳市环保监管部门的高效、快速、通畅的环境信息化网络体系，提高濮阳市环境自动监控中心建设项目的运行质量，完善数字环保体系。为此，本系统将开发环境内网一体化办公综合管理系统、环境外网办公门户系统、环境应急监测与指挥系统、环境地理信息系统、环境数据中心等多套软件，实现对全市辖区内污染源和环境质量的监控和管理，有效地完成濮阳市环保部门的监管工作。

三、建设内容

本项目的建设内容包括硬件设备建设、空间数据建设以及软件系统建设三部分。

（一）硬件设备建设

系统提供濮阳市环保局所需的硬件设备，如各种应用服务器、应用系统和打印机、移动应急终端等，同时，还对监控中心硬件配置、网络平台、服务器、存储备份及显示系统等进行了规划，为环保局监控中心的管理工作提供依据。

（二）空间数据建设

本项目提供濮阳市全辖区及中心城区、重点厂区的三维地图数据以及涵盖环保业务的各种环境专题图，以完全满足用户需求。同时针对二维数据和三维数据的生产提出了建设性意见，给出技术路线、生产流程、图层、要素、数据结构、关键技术以及质量控制方法，并提出空间数据更新、维护的建议，给出更新服务承诺和维护服务承诺，便于空间数据管理。

（三）软件系统建设

1. 环境内网一体化办公综合管理系统

环境内网一体化办公综合管理系统利用先进的信息技术，整合资源，实现公文流转、内部邮件管理、消息管理、会议（室）管理、人事信息管理、规划财务管理、工资管理、法规稽查管理、科技管理、自然保护管理、国际合作管理等。这使得机关内部信息得到了及时沟通和处理，实现环境信息的统一管理，降低工作成本，提高工作效率。

濮阳环境内网一体化办公综合管理系统会议管理功能，如图9-52所示。

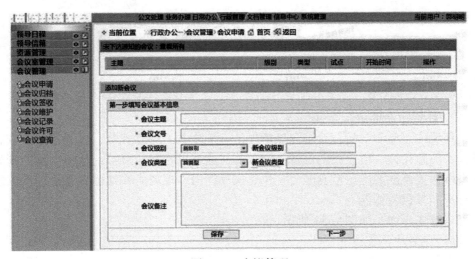

图9-52　会议管理

2. 环境外网办公门户系统

环境外网办公门户是环保局面对公众的门户，是公众和环保部门交互的平台。综合运用现代信息网络与数字技术，彻底转变传统工作模式，实现公共数据、环境质量信息、决策支持信息、"12369"信息、超标数据、规章制度、通知、文件的发布，进行网上业务申报、公众举报以及业务系统集成，并能够实现公务、政务、商务、事务的一体化管理和运行，向全社会提供高效优质、规范透明和全方位的管理与服务。

系统环境外网办公门户系统界面，如图9-53所示。

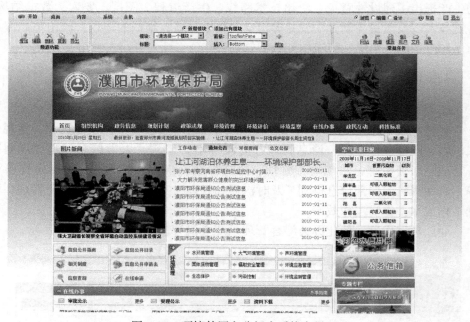

图9-53　环境外网办公门户系统主界面

3. 环境应急监测与指挥系统

环境应急监测与指挥系统涵盖危化品、危险源、应急资源、应急预案、应急事件、应急指挥、应急案例等各项管理，并能够进行污染模拟，从而全面提高处置突发污染事故的应急监测能力、快速机动能力、现场的快速检测能力、现场协调指挥和数据传输能力。

系统主界面，如图9-54所示。

1）应急决策支持库

本模块包括危化品查询、预案管理、案例管理、资源管理、风险源管理以及应急知识库管理等，具体功能如下所述：

（1）危化品查询。系统能够通过各种查询来确定危化品信息，给事故现场或事故演习等工作提供依据，包括危化品的分类查询、模糊查询、特征查询、别名查询、名称查询以及精确查询等，其中模糊查询的界面，如图9-55所示。

图 9-54　应急主界面

图 9-55　模糊查询展示

（2）预案管理。包括预案查询和预案维护等功能，能够实现对预案的增加、删除，同时也可查到当前预案的详细信息，并可将其下载，其中预案查询管理界面，如图9-56所示。

图 9-56　预案查询管理

（3）案例管理。系统能够实现对案例的增加、删除，同时也可查到当前案例的详细信息，并可将其下载，其中案例查询管理界面，如图9-57所示。

（4）资源管理。包括人员管理、专家管理、车辆管理、防护设施管理及监测设备管理，能够实现对其信息的添加、查询、删除等，其中人员管理功能界面，如图9-58所示。

（5）应急知识库管理。包括法律法规、突发事件预防、应急监测等相关知识的查看以及应急装备的查询等功能，具体功能展示，如图9-59所示。

2）监测预警

此模块包括事件接警、事故判别、人员组织、短信通知、资源分配和生成预案等功能，能够实现突发事件发生时的初期处理，为现场处置提供基础依据，其中事件接警功能界面，如图9-60所示。

图 9-57 案例查询管理

图 9-58 人员管理

图 9-59　应急装备查询

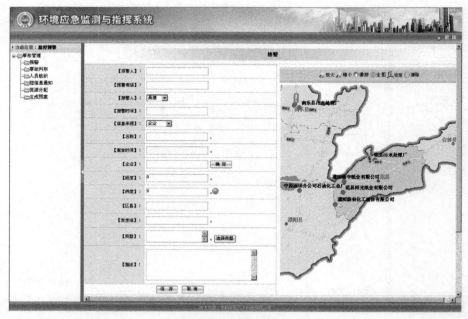

图 9-60　事件接警

3）现场处置

该模块主要通过对应急事件的基本信息进行计算模拟，来确定事故应该采用什么样的预案或有什么案例可以进行参考，通过经验来确定处理决策和事故的点位。通过监测布点的数据确定事故的进行阶段，通过返回的数据决定是否进行现场资源调配和其他命令的变更。

系统提供现场处理支持、现场处理管理和事故报告生成三个子模块，具体功能包括事故仿真、相关信息提取、危化品识别、类似案例提取及动态预案查询、信息在线发布、监测布点、现场视频、源强获取、现场图片、短信息通知和生成报告等，其中相关功能展示，如图9-61所示。

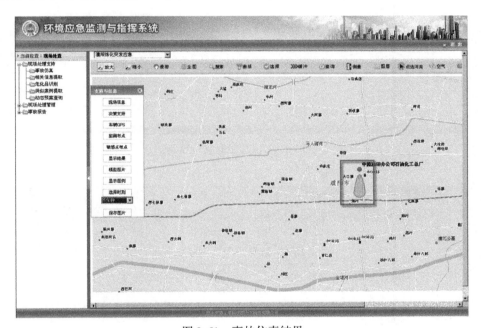

图9-61 事故仿真结果

系统信息在线发布界面，如图9-62所示。

系统事故生成报告界面，如图9-63所示。

4）事件评价

该模块是对事故结束后进行的事故相关评价、查询、统计和归档操作，对事故进行及时总结，对未来事故提供依据和案例。

系统提供的功能展示，如图9-64所示。

系统事件查询功能，如图9-65所示。

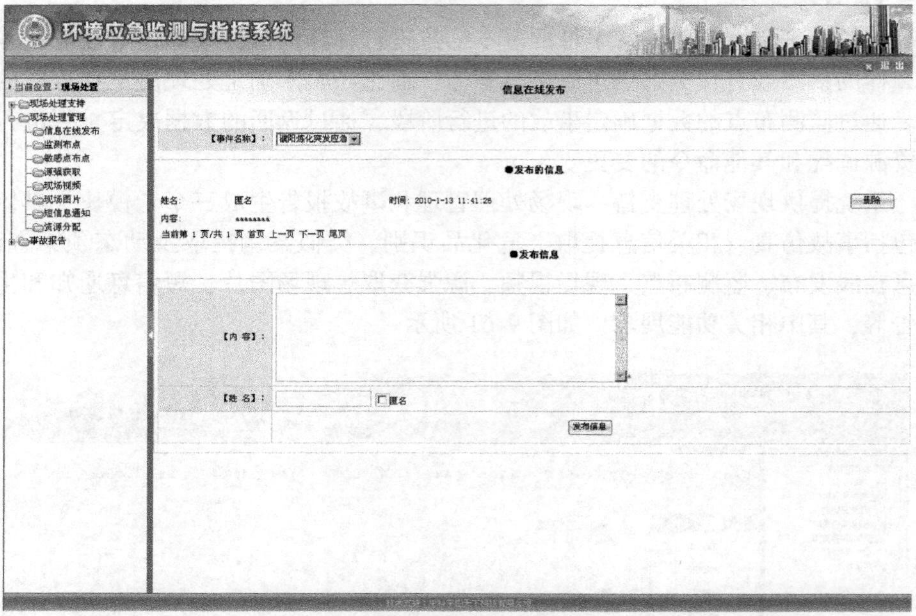

图 9-62　信息在线发布界面

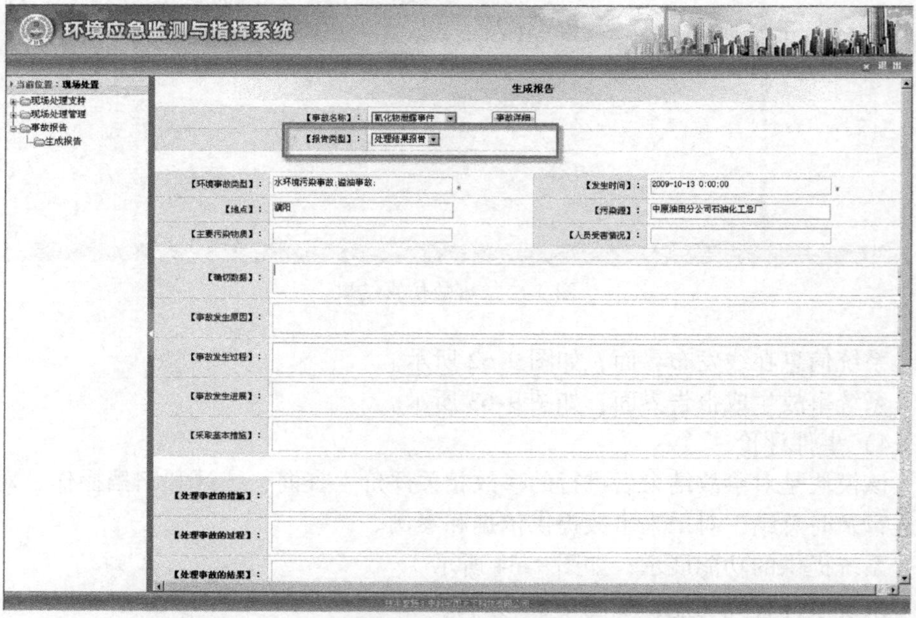

图 9-63　事故生成报告

图 9-64 事件评价

图 9-65 事件查询

系统事件统计功能，如图 9-66 所示。

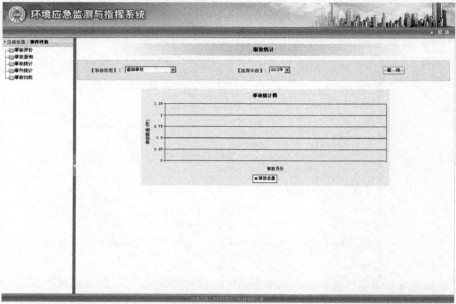

图 9-66　事件统计

系统事件归档功能，如图 9-67 所示。

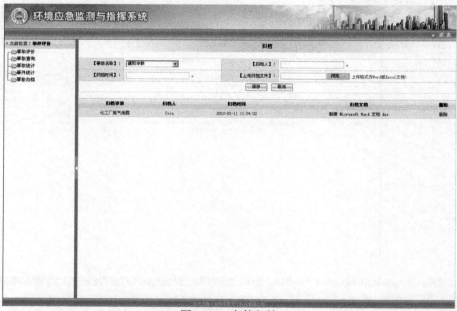

图 9-67　事件归档

4. 环境地理信息系统

环境地理信息系统集资源、数据、信息交换、监测数据采集处理、数据统计分析等功能于一体，根据环保部门的实际应用要求，在基本 GIS 操作基础上，整合已有系统，实现基础地图信息、污染源信息和监测数据、环境质量信息和监测数据的查询、定位、统计、分析、展现，并能够进行关联查询、缓冲区分析、图文一体化修改，从而构成一套适合濮阳环保部门使用的网络版信息系统。

濮阳市环境地理信息系统的功能架构，如图 9-68 所示。

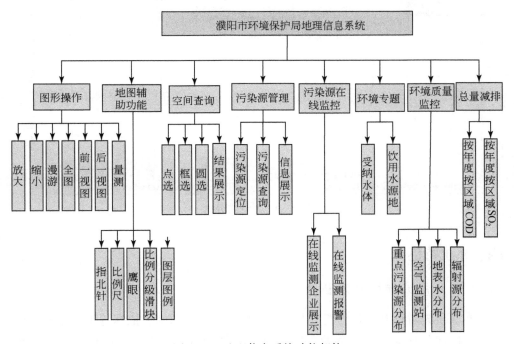

图 9-68　地理信息系统功能架构

5. 环境数据中心系统

环境数据中心采用 Web Service 数据访问技术、ETL 数据加工分析技术、数据仓库技术等整合环境管理各项业务数据，符合环境保护部数据中心建设总体要求，遵循《环境数据库设计与运行管理规范》相应要求，通过对数据的整理、加工、挖掘、分析，提取综合、有效的环境数据结果，实现在网络环境下各主要业务系统的互联交换和资源共享。同时，系统能够进行数据采集、建库、整合、分析及管理，满足二次开发要求，实现数据的发布、查询、服务，并有丰富的后台管理功能。

濮阳市数据中心系统，界面如图 9-69 所示。

图 9-69　系统主界面

四、系统特色

（一）系统设计的完整性

本项目先对整个项目的建设背景、目标、内容、原则、依据等进行了充分阐述，并以此为基础对用户的业务需求进行详细的分析。本系统以用户需求为导向，从技术架构、系统部署、设计思想、系统集成等对系统的总体构架进行统一设计，同时还对数据中心建库、系统集成管理、系统安全体系建设都进行了详细的设计和阐述。为了保证系统的有效实施和安全运行，系统还提供了质量保障、售后服务及培训计划。

（二）系统功能的完善性

系统不仅提供了硬件设备建设、空间数据建设和软件系统建设，而且还提供各种数据服务和数据交换接口，实现了系统功能的扩展和延伸。同时，可以与国家环保部和地方各级环保部门联网实现信息互动和完善各个功能模块，以更加充分地满足用户需求。

（三）系统的易用性

为了照顾普通用户的操作水平，系统设计尽量做到简单易操作，易维护。为此，系统将提供详尽的系统帮助，对于重要的系统交互环节，设计校验、提醒功能，对于非法输入给予正确操作的提示；维护过程中避免使用过多的专用维护工具；工作人员变更、机构改革不能影响系统的正常运行。

五、实施效果

本项目的开发包括硬件设备建设、空间数据建设和软件系统建设三部分，本项目的实施不仅解决了濮阳市环保局的建设需求，而且带来了一定的社会、经济效益。

项目的实施，解决了濮阳市环境生活质量的安全问题，保障了濮阳市人民的社会、经济、财产安全。

项目的实施，解决了濮阳市信息网络传输自动化的问题，提供了濮阳市人民快速获取公众信息的途径。

项目的实施，解决了濮阳市环保局的空间数据建设需求，有利于濮阳市环境规划工作的有效开展。

第五节　沈阳市环境应急指挥中心系统

一、系统概述

沈阳是辽宁省的省会，东北地区的经济、文化、交通和商贸中心，全国的工业基地和历史文化名城。现包括和平区、沈河区、大东区、皇姑区、铁西区、苏家屯区、东陵区、沈北新区、于洪区、辽中县、康平县、法库县、新民市九区一市三县，总面积 1.3 万 km^2，沈阳市区面积 3495km^2。沈阳市是东北地区最大的国际大都市，它具有得天独厚的地理优势，对周边乃至全国都具有较强的辐射力和带动力。同时沈阳市是我国最重要的重工业基地之一，工业企业门类众多，进而危险化学品种类繁多复杂。

为此，沈阳市环保局非常重视环境应急综合管理能力，将环境安全作为事关人民生命安全和切身利益的头等大事，建立健全突发环境事件应急机制，提高政府应对涉及公共危机的突发环境事件的能力，维护社会稳定，促进社会全面、和谐、可持续发展。

二、建设目标

（一）总体目标

总体目标是：基于现代计算机技术、3S技术、通信技术、物联网技术、网络技术构架环境应急管理平台，达到突发环境事故应急管理的信息共享、统一资源、高效调度、决策支持的建设目标。具体目标实施如下所示。

1. 看得见、说得清、如何办三重目标

实现事件及时处置知道怎么办，突发环境事件的环境风险管理说得清，突发环境事件的现场状况、风险监控预警、远程视频会商看得见三重目标，为环境风险源日常监管和环境突发事件构建技术支撑平台（图9-70）。

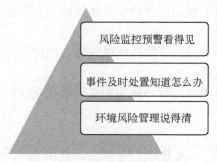

图9-70　项目建设三重目标图

2. 预防为主、平战结合

根据应急管理"预防为主，平战结合"的工作要求，建设环境应急综合管理平台，做到"点、线、面"相结合。

点：要求系统能够实现事件报警点定位要早点、准点、快点。

线：要求系统在应急状态下以时间轴为线，记录应急处置的全过程。应急操作的功能要求简便、灵活、准确、直观。

面：要求系统的应急资源管理功能要完善、全面，能够满足日常管理工作的要求。

3. 建设环境应急综合管理示范工程

通过沈阳市环境应急综合管理信息系统的开发，建立一个全国城市级的应急综合管理示范工程，树立基层应急管理的典型模范，以点带面，推动全国城市环境应急管理工作深入开展。

（二）具体目标

系统建设达到以下具体目标：

（1）实现对沈阳市应急基础信息管理，基于 GIS 平台进行综合管理和查询分析，做到资源管理日常化。根据国家相关环境标准及规范建设全市统一环境应急资源数据库，实现相关业务应用系统、数据库、网络系统之间的信息交换与共享。实现环境风险源、环境敏感点、危化品信息、应急资源、专家库等环境空间数据一张图，从而提高空间信息资源的共享能力，达到环境资源信息的可视化、信息化，为上层环保业务系统和用户提供空间信息服务和决策能力。

（2）通过建立沈阳市环境应急综合管理信息系统，在现有的环境应急硬件设备基础上，能够快速实现环境应急预警分析、辅助决策、指挥调度、视频会商、环境监测等功能，科学、有效、快速完成环境事故应急处置任务，最大限度地降低事故对环境的影响和危害。

（3）通过建立沈阳市环境应急综合管理信息系统，能够实现在事故应急处置后的总结与评价。环境突发事件应急工作中，事后评估工作是十分重要的一部分，掌握环境突发事件的影响，为事后恢复提供依据；对处置的方法进行效果评估，形成新的处置预案或对原有的处置预案进行改善，为避免同类突发环境事件的发生和处置类似事件提供决策依据。

三、建设内容

具体建设内容包括（针对部分内容加以介绍）：

建立突发环境事件应急基础信息管理系统；

建立环境应急指挥调度和辅助决策系统；

建立环境应急事件处置评估系统；

整合沈阳市污染源核心数据库；

集成视频会议系统；

集成应急指挥车、应急监测车、应急单兵、应急无人机通信系统。

（一）突发环境事件应急基础信息管理系统

此部分内容是本系统的基础和日常管理工作的常用功能，内容体现了系统应急能力的水平，要求系统界面以树状结构分类，分权限展示，以友好的界面方便市、区（县）、企业等用户填写表格，上传图片、文件，输入地图定位等信息；要求系统模块能够完成按类、行政区、年度时间、地图指定区等查询功能；要求系统模块能够完成按类、行政区、年度时间、地图指定区等各种统计汇总功能。

1. 环境风险源管理

以全国重点行业企业环境风险及化学品检查表为基础数据蓝本，完成风险源（区域）点位的添加、修改与删除，包括名称、地理信息（点、线、面）、图标、属性、说明等。

风险源管理主界面如图9-71所示。

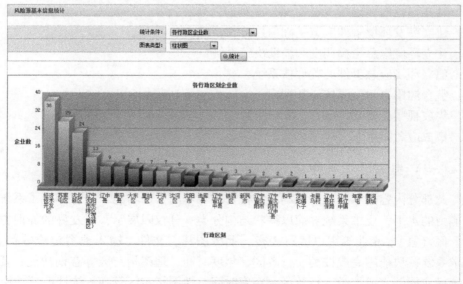

图 9-71　风险源管理

风险源统计界面如图9-72所示。

图 9-72　风险源统计

2. 放射源管理

用于对放射源数据进行日常管理，进行录入、审核维护与查询、统计汇总，从而实现对企业放射源的综合管理。

3. 环境应急资源管理

建立环境应急资源数据库，基于环境地理信息系统进行开发，实现日常对于各类环境应急资源的空间分布和相关信息的管理功能。应急资源管理包括应急救援人力资源管理、应急物资管理、应急监察车辆管理、应急设备管理。

4. 环境敏感区域管理

完成对学校、医院、河流、村庄、自然生态保护区、水源地、政府机关等环境敏感点的信息维护管理，对敏感点进行分类查询与高级查询，实现环境敏感点的综合管理。

环境敏感点信息维护，实现对学校、医院、河流、村庄、自然生态保护区、水源地、政府机关等信息的增加、删除、修改与查询。

信息检索汇总，实现对学校、医院、河流、村庄、自然生态保护区、水源地、政府机关等进行分类查询、高级查询及地图搜索。

5. 环境应急预案管理

实现环保系统、重点风险源企业、重点区域和专项活动不同级别的环境应急预案管理。建立不同类型的预案编制模板，方便相关单位通过系统内容规范环境应急预案。基于环境应急预案的管理要求，根据不同的检索条件，半自动或自动生成环境应急预案编制、修订、评估、备案状态名录。基于环境应急预案重点信息，在应急状态下，与现场解决方案结合，自动抽取预案重点信息，生成现场应对处置方案，为突发环境事故应急提供决策支持和重要信息支持。

6. 危化品信息管理

在环境突发应急事件中，需要快速查询有关污染因子的特征，对不明污染物进行判断和分析，快速提取结果，为应急工作提供依据。因此，危险化学品管理在整个决策支持系统中处于基础地位，将直接影响到应急对策的取向，因此要对危险化学品的信息进行管理，包括对危险化学品的相关空间数据、属性数据及行为特征等进行系统的管理（图9-73）。

7. 环境应急案例管理

案例是某种决策成功与否的例子，是对以往经验知识的归纳整理，是为达到某种目标所需要借鉴知识的记录，应具有内容的真实性、决策的可借鉴性及处理问题的启发性等特点。应急案例管理具有一般案例管理的特点，同时也有案例管理的行业特色。与传统用纸质文档管理案例不同，系统利用案例推理和规则推理的方法来构建突发环境事故应急案例管理系统，并通过数据挖掘技术从案例库中

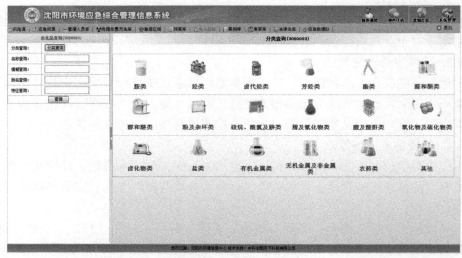

图 9-73 危化品分类查询图

提出有价值的信息为环境应急服务。应急案例管理可为污染事故处理决策和分析提供迅速、有力、优化的辅助支持。

8. 环境应急专家库管理

实现对专家库的相关人员、职务以及联系方式等信息的管理与检索，使其对相关事故做出适当的分析处理。

9. 环境应急组织机构管理

环境应急组织机构联系表的日常管理包括姓名、所属部门（单位）、职务、移动电话、办公电话、传真、电子邮件地址（包含并不限于 OA 邮件）、性别、年龄、专业、学历、参训经历等。

10. 法律法规标准管理

系统收录必要的环境应急管理法律、法规、标准，安全处置的标准、办法，特别是涉及人员安全撤离、救护等标准、办法等。

11. GIS 图层管理

完成系统矢量图层、遥感图层管理，实现环境应急专业图层的日常维护与更新（图 9-74）。

（二）环境应急指挥调度和辅助决策系统

环境应急指挥调度和辅助决策系统承担着突发环境事件相关信息的集中展示、实时处理、预测分析、信息发布和应急组织调度工作。系统应具备强大的信息汇集、处理能力，完备的通信指挥能力，以及全面的综合保障能力。系统界面以"一张图"展示所有相关信息，做到对应急基础信息管理系统数据库关键信息的自动抽取与展示，可以以 3 块屏幕分屏展示所有相关信息，以功能按钮调用相关辅助功能。一张图应急指挥如图 9-75 所示。

图 9-74　GIS 图层管理

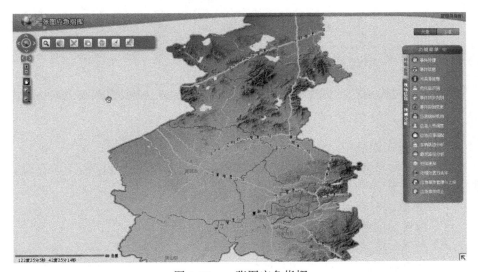

图 9-75　一张图应急指挥

1. 接警与应急程序启动

对接警信息进行管理，实现应急接警与"12369"联动，实现接警信息的转入，并可单独完成接警信息的录入、修改和删除功能；实现根据事件类型进行分类检索和根据事件名称模糊查询，通过事件位置查询，快速定位事件发生的地区。

2. 应急事件定位及现场基本信息

实现应急事件现场地理位置二次定位。

实现基本信息展示，如果事故源是风险源，可查询风险源的环境影响评价结果、日常监察检查报告、风险源监测报告、风险源应急预案等管理信息。

3. 事故现场视频

系统实现最多4路视频同时接入，可同时接通单兵视频系统、无人机视频系统等现场监控视频，并可记录保存、视频回放和定格回放（图9-76）。

图9-76　视频图

4. 污染源在线监控

模块调用污染源在线监控系统，在辅助屏幕显示指定企业的污染源在线监控数据、图标、视频等内容。

5. 应急监测报告与监察勘察报告

录入与显示应急现场监测报告；

录入与显示应急现场监测的气象、水文数据；

录入与显示应急现场监测的其他数据；

录入与显示现场勘察获取的图文信息，含专家（专家组）现场做出的决策建议；

录入与显示对事故责任人的监察、问讯信息。

6. 应急组织机构

显示各组织机构领导名单及专家成员名单，并可选定成立环保系统内应急领导组、应急监测组、应急监察组、应急保障组、应急专家组。输出名单及联络方式，可用手机短信通知各成员，同时通过回复信息加以确认。

7. 趋势预测分析

实时预测分析是对分析对象（点、线、面），根据扩散模型自动建立它们周围一定距离的带状区（缓冲区），用以识别这些地理实体邻近对象的辐射范围和影响程度，以便为分析和决策提供依据。它是 GIS 所提供的重要和基本的空间操作功能之一。缓冲区分析主要应用的领域就是污染源管理及环境应急领域，通过缓冲分析用户可以直观地看到污染事故一定范围内存在的敏感单位数量、信息等，为管理者提供辅助决策的依据。

1）大气污染扩散分析

利用大气扩散（高斯）模型对大气污染事故进行模拟，并运用 GIS 平台及可视化编辑，实现污染浓度分布、曲线以及趋势分析，为管理、领导决策作参考。

当污染扩散发生时，根据当地的气象条件（如风速、风向、气压、温度、湿度等要素）进行多个时间段的模拟，在地图上显示污染扩散各个时段扩散等值线，并动画显示污染扩散过程（图9-77）。

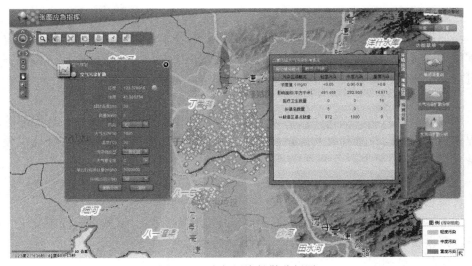

图9-77　大气污染扩散分析图

2）水污染扩散分析

利用 EFDC 二维水扩散模型对水污染事故进行模拟，并运用 GIS 平台及可视化编辑，实现污染浓度分布、曲线以及趋势分析，为管理、领导决策作参考。

当污染扩散发生时，根据当地的河流流速、流量等条件，进行多个时间段的模拟，在地图上显示污染扩散各个时段的结果，并动画显示污染扩散过程（图9-78）。

图9-78　水污染扩散分析

8. 敏感区查询

通过系统提供的框选、圆选、任意几何形状选等方式，在地图上框选一定范围的敏感区，可查出敏感区范围内的敏感源（图9-79）。风险源在特定条件下也可成为敏感源，如火灾附近的危险品仓库、储油罐等。

9. 视频会议

应急系统的联通视频会议系统，能够实现现场指挥与省环保厅、环保部等远程视频通信，同时具有召开视频会议、专家会诊等功能，并能够保存会议视频记录（图9-80）。

10. 应急指令

应急资源调配。

下达主要物资分配、应急车辆调度、应急设备分配、应急防护设施分配、应急救援设施调度指令。

应急人员调度；

应急车辆调度（图9-81）；

应急响应工作部署；

应急监测的点位、项目、时限、频次等要求；

现场勘察的内容要求；

应急处置的内容、目标、时限等要求。

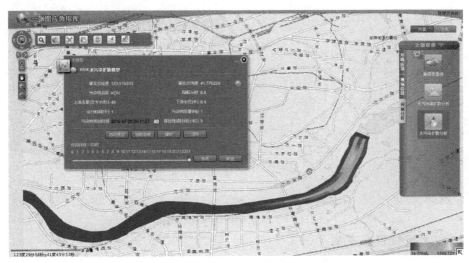

图 9-79　敏感区域分析

图 9-80　视频会议截图

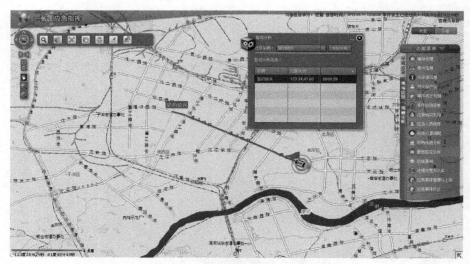

图 9-81　应急车辆最短路径分析

11. 处理处置方法库

处置方法。建立环境事件处理处置方法库，实现事件信息与处理处置方法的自动匹配，包括大气环境污染事件风险源控制与处置方法和环境污染事件液态污染物快速处理处置方法等。

应急方案。可实现处理处置方案的自动生成，如人员组织管理、救援物资及车辆调配等信息，从而为决策人员提供有效的参考依据，便于事后对处理处置的效果进行评估。

12. 信息发布

对接到的报警进行短信通知，可通过短信群发的方式通知各部门相关人员。系统提供网络信息在线发布功能，可通过信息发布的方式进行事件信息的实时共享，以及应急事件管理与上报。

通过短信方式，对接警信息实现短消息通知发送；通过电子传真与信函发送；通过网络实现接警信息的信息发布。进行四级预警，预警级别由低到高，颜色依次为蓝色、黄色、橙色、红色。同时可对预警颜色进行升级、降级或解除等操作。

应急事件管理与上报。对应急事件进行维护管理，包括信息的增加、删除、修改与查看，同时实现应急事件的初报、续报以及总结报告。

（三）环境应急事件处置评估系统

系统将对处置完成的事件进行后果评估，包括事件对环境的影响、处理处置办法效果等。

1. 事件报告生成

在突发环境事件应急处置后进行应急处置效果评估的目的是通过分析评估，总结经验教训，以形成新的处置预案或对原有的处置预案进行改善，为避免同类应急突发环境事件和处置类似的突发环境事件提供决策依据。

应急处置评估：根据提供的相关的数学模型和方法对应急处置过程记录的数据和状态进行分析和处理，并根据应急处置方案进行定量的评估，生成评估报告。

2. 环境影响评估

在突发环境事件应急处置后进行环境影响评估的目的是掌握突发环境事件对环境的影响，为环境的恢复提供依据。

环境影响评估：根据环境相关的评估指标标准，如水、大气、噪声、核辐射等因素，对环境数据处理得到的数据进行定量的评估。

四、系统特色

全过程控制理念：环境应急体系设计对事发前的环境风险防范（包括预防和应急准备、监测与预警）、事发过程中的应急响应和事发后的评估进行了全面考虑，体现了全过程控制的理念。

一机三屏应急联动：本应急系统可以联通视频会议系统，通过一机三屏技术，实现一个操作窗口、三个屏幕应急联动的效果，同时实现应急现场指挥，保持与省环保厅、环保部等远程视频通信，召开视频会议、专家会诊，并保存会议视频记录。

国家"863计划"技术成果应用：此案例中应用了国家"863计划"项目的风险源分类分级技术成果，制作风险源分类分级地理信息专题图，便于应急工作管理。

专业化的基础空间数据制作：选择国际通用的高分辨率多光谱影像为制图源，保证了最终基础地图数据的高精度。

应急与决策"一张图"：以基础空间地理信息数据库为依托，为环境应急综合管理信息系统中的各类环境应急业务数据制作基本的专题地图，实现空间信息、属性信息的双向查询以及空间直观定位与分析服务应用。实现环境应急与决策分析"一张图"，真正做到环保业务应用"一张图"式的展示分析。

空间数据二维、三维一体化：三维GIS因更接近于人的视觉习惯而更加真实，同时三维能提供更多信息；而二维也有比三维更宏观、更抽象、更综合的优点，两者各有所长。更好地实现二维、三维的有机结合，实现了二维与三维数据管理的一体化，解决了以往两套系统、两套数据的缺陷，降低了系统的成本和复杂度。同时能够为环境应急提供更有力的技术保障，为实际应用提供决策。

五、实施效果

沈阳市应急指挥中心的正式启动标志着沈阳市应急工作进入一个崭新的阶段，也标志着数字沈阳建设工作又向前迈进了一大步，对于推动辽宁省的应急工作具有重要意义。系统平台构建了沈阳市统一、规范的环境应急资源数据库，实现了相关业务的应用系统、数据库、网络系统之间的信息交换与共享。实现市、区、企业三级数据网上管理和信息共享，同时在环境突发事件应急时，能够快速完成环境应急预警分析、辅助决策、指挥调度、视频会商、环境监测等功能，科学、有效地完成环境事故应急处置任务。对提升全市应急处置能力，防范各类突发事件具有重要作用，为推动全国地市级环境应急管理工作打下坚实基础。

第六节　天津市环境监察总队污染源信息管理平台

一、系统概述

天津是中央四大直辖市之一，简称津，又称津沽、沽上、直沽、丁沽、津门、三津、瀛津等。天津市地处我国华北平原的东北部，海河流域下游。它东临渤海，北依燕山，南北长 189km，东西宽 117km，总面积 11 919.7km²。从市中心计算，天津距北京 137km，为首都之门户。

天津是华北一大工业城市，油气、海盐资源丰富，又有一定的工业技术基础，现有工业门类多达 154 个，综合性较强，主要有化工、冶金、军事、仪表、电子、纺织、地毯、自行车、缝纫机、手表、造纸、服装、制药、食品等，并有一批畅销国内外的拳头产品。加工工业产值占工业总产值的 3/4。2010 年天津市生产总值 9108.85 亿元，增幅比去年提高 17.4%，生产水平再上新台阶。

在天津市经济迅猛发展的同时，也引发了一系列的环境问题。企业违法排污行为是影响天津市环境安全的主要因素，企业经营者在追求利润最大化的前提下，总是设法逃避污染控制的责任，违反国家环保制度，偷排、乱排现象严重，擅自停用治污设施、隐瞒污染状况等现象屡见不鲜。要防止这类事件的再次发生，必须建设在线监控、监察执法、环境应急等业务系统，这是监管企业违法排污、控制辖区环境质量、应对突发性环境事故的有力手段。

二、建设目标

通过本项目建设主要实现以下目标：

（1）建设天津市数字环保框架体系。通过对天津市污染源普查数据的整理，对环境管理业务进行分析，梳理全市数字环保建设思路，通过本次项目建设搭建全市数字环保建设框架，并为今后环保信息化系统的建设搭建平台，从而使天津全市的数字环保建设更加系统化、规范化。

（2）满足天津市环境管理对信息化建设的迫切需求。通过此次项目建设，建立天津市目前迫切需要的环境管理应用系统，形成全市环保信息化雏形。

（3）建立污染源普查数据管理系统。按照制订好的污染源普查数据分析方案，对污染源普查原始数据库的数据结构进行深入分析，对指标变量、目录等数据字段进行全面的梳理，制定满足数据分析方案要求的数据整理转换策略，对原始数据字段进行适当的合并、拆解、计算、转化等工作，最终完成污染源普查数据的整理转换。将污染源普查原始库转化为可供后期数据分析和成果开发的中间数据库，为建立统一数据库和数据仓库做好准备。

（4）建立突发环境事件应急体系。以地理信息系统为系统平台，建立先进的环境应急管理系统，实现对突发性环境污染事故发生前的监控、应急演练，事故发生时的事故报警、应急处置、影响模拟，以及事故发生后的事故评估、事故后处置的辅助决策等，为突发环境污染事故的处置与决策提供信息化支撑。

（5）建立环境执法监督体系。在 GIS 平台上建立污染源在线监控、环境监察移动执法管理系统，实现日常环境监察业务的综合管理，以信息化为支撑大力提高环境监察执法的效率和透明度。

（6）建立环境监察信息化支撑体系。通过天津全市在线监测、视频监控等信息网络建设，环境监控应急中心建设，环境监察信息发布平台的建设等，建立环境监察信息化支撑体系。

三、建设内容

本项目的建设内容主要为部署在天津市环保局监察支队的应用系统，主要包括污染源普查系统及数据应用系统两部分。

以污染源普查的数据为基础建立各种应用系统。主要有排污申报等级系统、环境监察执法系统、突发环境事件应急系统、地理信息系统等内容，支持环境管理和综合决策。

系统包括 7 个子系统，如图 9-82 所示。

（一）数据仓库系统

数据仓库是天津市环境监察总队污染源信息平台的子系统之一，是针对所有相关数据库中的数据，通过综合统计的方式进行快速查询和分析。数据仓库的主页面，如图 9-83 所示。

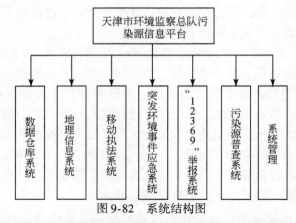

图 9-82　系统结构图

图 9-83　数据仓库登录页面

数据仓库子系统包含了污普系统中工业源、生活源、集中式污染源数据和申报系统中工业源、生活源、集中式污染源数据及其他数据。系统对这些数据进行统一的展示、查询、分析和动态管理。同时，本系统还提供针对企业详细信息的查询及系统信息的管理、用户权限的修改等功能，如图 9-84 所示。

(二) 地理信息系统

本子系统使用 ArcGIS 平台，完成普查地理信息系统建设。应用 GIS 系统，显示全市污染源普查各类专题信息。建立 GIS 地图发布管理平台，可以建立任意级别的专题图目录，发布、删除、管理各类专题地图。

子系统包含基础地图通用 GIS 功能，如地图信息浏览查询、框选、鹰眼、测距、测面积、图层控制等；同时具有污染源专题图制作、修改、维护和地图展示及 GIS 系统管理等功能，如图 9-85 所示。

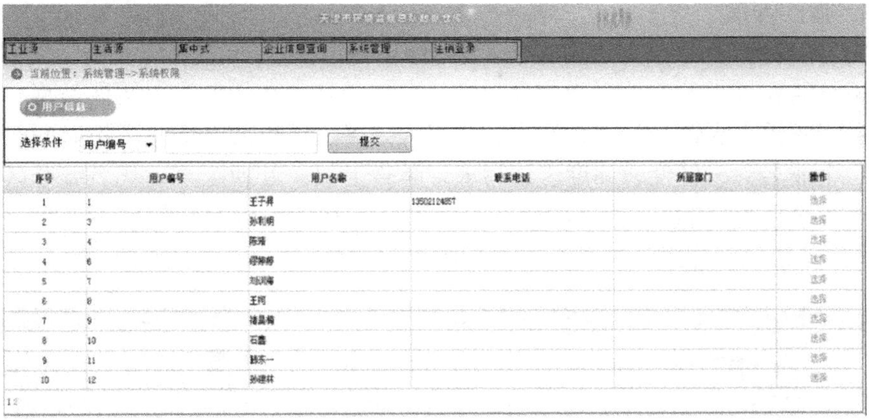

图 9-84 系统用户查找

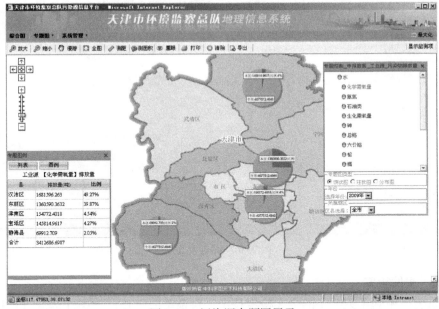

图 9-85 污染源专题图展示

（三）环境应急管理系统

环境应急管理系统是在污染源与环境在线自动监测（监控）系统、污染源环境视频监控系统、公众监督与现场执法系统的基础信息支撑上，按照天津市环境应急事故处理预案规定的处理方法，完成环境应急管理。

子系统包括案件管理、应急支持、应急决策、案件统计和系统权限管理五部分。

1. 案件管理

1）案件登记

系统需要登记的案件详细信息包括：案件编号、案件名称、案件类型、举报人区县、举报人乡镇、举报人街道、举报人姓名、举报人电话、举报时间、举报内容、企业名称、经度、纬度、编写人、是否上报、处理区县（代表哪个区县处理的这个事件）。信息录入成功后点击"保存"按钮，保存案件而不上报；点击"上报"按钮，保存案件并且上报，如图9-86所示。

图9-86　案件登记

2）案件检索

系统采用基于关键字的全文检索技术，对系统内已登记的案件信息进行检索查询和展示。

3）案件维护

通过本系统对已登记案件的基本信息、现场纪要、现场图片和现场录音等信息进行修改。

2. 应急支持

1) 企业检索

系统提供对企业详细信息、企业应急资源配置、应急资源储存、应急联络人员等资料的查询及展示。

2) 专家检索

针对应急专家库中的数据，系统可以进行专家的检索查询，找出最适合处理某类污染事件的专家。系统可以查看、修改、删除、添加专家信息，如图9-87所示。

图9-87 应急专家检索

3) 应急方案

子系统可以进行应急方案库中的数据检索查询，可以查看、修改、删除、添加应急方案信息。应急方案库中的预案包括主管部门的总预案以及各污染源企业根据主管部门制定的导则自行编制的应急分预案。

4) 应急资源

对环境事故应急所需的资源进行查询管理。

根据应急预案，结合现有应急资源，对各种储备应急资源进行宏观的调控管理，包括应急车辆调配、应急设备维护等。应急资源管理是基于地理信息框架的基础上，完成数据输入、储存、查询、统计、报表、绘图等，同时为各个不同模块提供数据支持。

3. 应急决策

环境事件发生后，应急小组在第一时间到达现场，对事件进行处理处置。应急决策的制定基于模型分析和已发生案例的处理经验。

1）模型分析

针对大气环境事件和水环境事件，系统分别采用了高斯烟羽模型、一维水质扩散模型和二维水质扩散模型进行污染物扩散浓度的分布计算，同时运用 GIS 平台的强大绘图功能以及可视化编辑功能，实现数值模拟界面化，绘制污染物浓度分布立体图、等浓度曲线等，并计算泄漏量等。在此基础上实现传播路径、影响范围、影响人口等空间分析，从而使应急人员可以判断疏散人群的范围、附近的救援机构、周边的地理环境等，提供辅助决策功能。

模型计算采用键盘输入和鼠标输入两种方式，鼠标输入主要针对泄漏源位置的点选，如图 9-88 所示。

图 9-88　模型分析界面截图

2）决策参考

系统提供对环境风险物质的理化特性、风险物质应急处理处置方法、风险物质环境影响、风险物质的环境标准和风险物质的监测方法的查询展示。环境突发事件发生时，根据现场的报警信息，应急处理人员可以通过此系统快速查询有关环境污染因子的特征以及对不明污染物做出判断分析，快速提取结果，为后续处理处置提供依据，如图9-89所示。

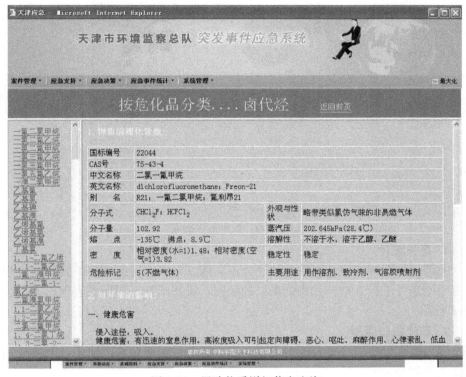

图9-89　风险物质详细信息查询

3）经典案例

案例是某种决策成功与否的例子，是对以往经验知识的归纳整理，是为达到某种目标所需要借鉴知识的记录，其应具有内容的真实性、决策的可借鉴性及处理问题的启发性等特点。子系统提供对经典案例的检索查询，可以添加、删除、修改、查看经典案例信息。环境事件的经典案例能够提供对类似事件的处理处置手段的指导与借鉴。同时应急人员可以从之前案例中吸取经验教训，避免在应急过程中出现失误或误判等。

经典案例子系统对案例的详细信息、处置过程、处置结果等信息进行展示，如图9-90所示。

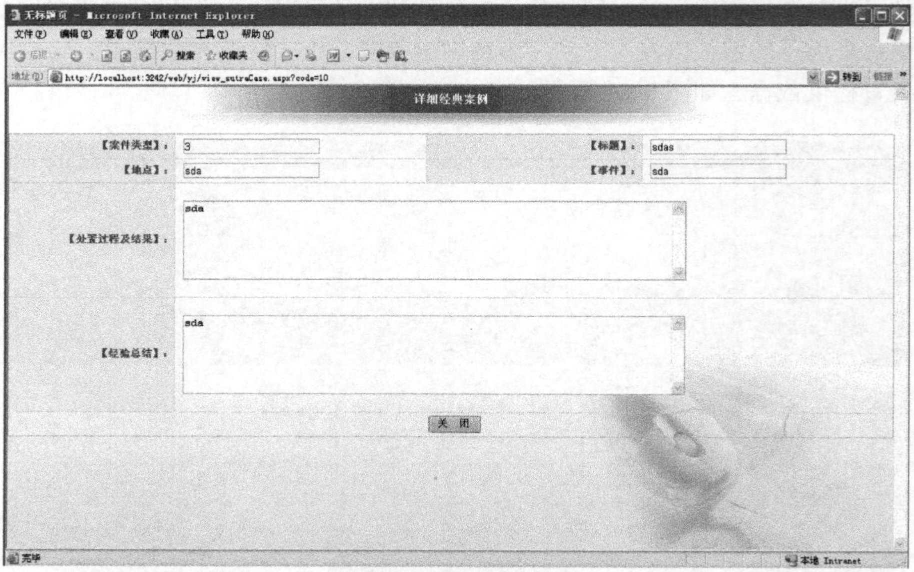

图 9-90 经典案例查询

4. 案件统计

系统提供对环境应急案件的统计分析功能，可以实现按处理区县和非处理区县等不同条件进行查询，并将结果以柱状图、饼状图等不同形式表现出来，如图 9-91 所示。

5. 系统权限管理

利用信息发布门户可实现对用户的统一管理，实现对系统使用对象进行用记和角色的划分。

系统具有严格的用户管理机制，在对数据进行发布、查询等操作时，把对数据调用使用性质相同或接近的用户群进行角色管理，每一个角色又包含了自己的用户，用户在继承所属角色所拥有的系统权限的同时也可以拥有自己所特有的角色。

（四）"12369"举报系统

"12369"举报系统包括对接警的管理以及警情统计两大主要功能。其中接警管理分为警情登记、事故处理及案件维护，警情统计功能则需要实现案件的检索与统计。

举报系统在接警时，需要记录清楚事故发生的时间、地点、原因，污染物种类、性质、数量，污染范围，影响程度及事发地地理概况等情况，以便于后续警情处理工作的开展。

（五）污染源普查系统

污染源普查系统实现对工业源、生活源、集中式处理设施和放射源、机动车等情况的基本统计。其中工业源统计了污染源具体的数量与规模、资源的消耗情况、污染物的产排情况、废水废气的处理情况和锅炉窑炉等；生活源统计了具体污染源的数量与规模、能源消耗、污染物产排信息和污染治理情况；集中式处理设施统计了基本的治理设施运行情况和污染物的产排情况；放射源统计了医用设备放射源、工业设备放射源和半放射性污染源的情况；机动车情况主要是载客机动车和载货机动车两类情况，如图9-92所示。

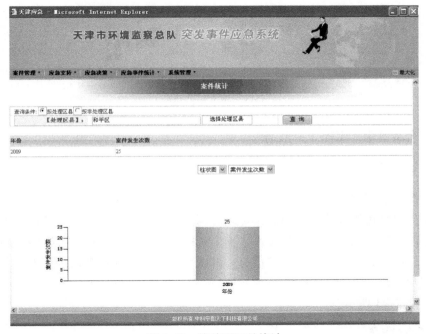

图9-91　按处理区县统计

（六）移动执法系统

通过本系统的建设，将天津环境监察局机关、监察支队、辐射管理站和指挥中心以及其他职能部门联动起来，共同完成环境执法，改变目前执法现场信息无法共享，部门之间交流时效性差的应用现状。

建立移动执法手持终端PDA应用系统，利用GPRS等无线通信技术，执法人员在其管辖的单元网格内使用手持终端从后台业务系统中查询环保业务数据、图片、视频等信息，并在现场把现场执法、污染源检查等信息及时通过手持终端录

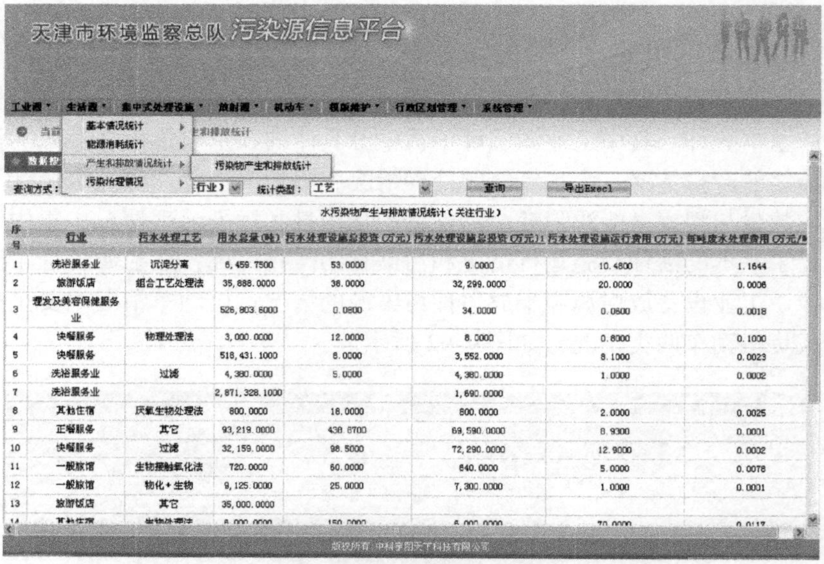

水污染物产生与排放情况统计（关注行业）

序号	行业	污水处理工艺	用水总量(吨)	污水处理设施总投资(万元)	污水处理设施总投资(万元)1	污水处理设施运行费用(万元)	每吨废水处理费用(万元/
1	洗浴服务业	沉淀分离	6,459.7500	53.0000	9.0000	10.4800	1.1644
2	旅游饭店	组合工艺处理法	35,888.0000	38.0000	32,299.0000	20.0000	0.0006
3	理发及美容保健服务业		526,803.6000	0.0800	34.0000	0.0600	0.0018
4	快餐服务	物理处理法	3,000.0000	12.0000	8.0000	0.8000	0.1000
5	快餐服务		518,431.1000	6.0000	3,552.0000	8.1000	0.0023
6	洗浴服务业	过滤	4,380.0000	5.0000	4,380.0000	1.0000	0.0002
7	洗浴服务业		2,871,328.1000		1,690.0000		
8	其他住宿	厌氧生物处理法	800.0000	16.0000	800.0000	2.0000	0.0025
9	正餐服务	其它	93,219.0000	438.6700	69,590.0000	8.9300	0.0001
10	快餐服务	过滤	32,159.0000	98.5000	72,290.0000	12.9000	0.0002
11	一般旅馆	生物接触氧化法	720.0000	60.0000	640.0000	5.0000	0.0078
12	一般旅馆	物化+生物	9,125.0000	25.0000	7,300.0000	1.0000	0.0001
13	旅游饭店	其它	35,000.0000				

图 9-92　污染物产排统计

入到后台系统中，实现“一照通”。

（七）系统管理

系统提供部门管理、用户管理和权限管理三部分功能。

部门管理可以修改部门信息，可以对部门信息进行查询，查询条件为部门编号、部门名称、联系电话、负责人。单个条件查询，不可组合，可以增加新的部门信息；用户管理可以修改用户信息，可以对用户信息进行查询；权限管理可以查看用户信息，并根据用户编号、用户名称、联系电话、所属部门进行模糊查询，如图 9-93 所示。

四、系统特色

（一）监管监察自动化

通过建设污染源普查系统、地理信息系统、环境监察执法等业务系统，实现该类业务办公的自动化，可大大提高环境质量控制管理工作的效率。

（二）环境监测主动化

传统的人力监测，一年的监测次数只有 2 ~ 3 次，这样的监测数据对于做好环境管理工作是远远不够的，使得环保部门在处理环境纠纷问题、进行环境执法

图 9-93　用户权限修改

工作时往往处于被动地位。而污染源普查、移动监察执法等系统的建立，可提供连续监测数据，为环境管理提供强大的数据基础，从而使环保部门在与企业的交锋中处于主动地位，从而更好地做好环境管理工作。

（三）业务建设实用化

紧密结合天津市环境管理业务的实际需求，针对不同业务的工作特点，确保系统使用简便，功能实用完备，应用流畅。同时对天津全市环保业务进行整体梳理，为天津市未来环境应用系统的建设预留接口，方便系统扩展。

五、实施效果

本系统作为一套行之有效的系统，建成后使得天津市环保相关工作效率提高，并能对大量数据进行分析处理，为辅助决策提供依据。通过建立污染源信息平台的核心数据和数据库，建设天津市环境监察总队污染源信息平台，规范了天津市数字环保建设框架，实现了数据的集成与综合管理，提高了环保工作效率，增强了信息化建设的综合效益，完善了突发环境事件应急体系，同时为辅助决策提供了依据，提升了环保局信息化建设的水平。

参 考 文 献

保森，肖红，田凯．2010. 构建环境应急决策支持系统的思考．环境科学与管理，1：207-210.

陈炳基．2012. 地级市环境应急监测体系建设的问题和建议．环境科学与管理，4：210-212.

陈海洋，滕彦国，王金生，等．2011. 环境应急指挥平台研究．环境科学与技术，7：128-130.

陈蕾，谢继征，彭涛．2010. 市级环境监测站环境应急监测工作探讨．北方环境，4：323-329.

邓水平．2011. 对创新和推进基层环境应急管理工作的几点思考．中国应急管理，4：4.

范娟，杨岚．2011. 对"突发环境事件"概念的探讨．环境保护，10：4-6.

付朝阳，金勤献．2007. 环境应急管理信息系统的总体框架与构成研究．中国环境监测，5：4，31.

桂林．2011 主导与协同——日本环境应急管理及其启示．环境保护，8：11.

郭小宁．2011. 银川市污染事故环境应急监测工作探讨．北方环境，9：269-271.

贺晶．2012. 浅谈环境应急监测质量管理体系的建设．安全与环境工程，1：177.

贾青．2011. 丽水污染企业环境应急监测平台的研究．浙江工业大学计算机技术：129.

姜春娟．2011. 美国环境应急的基本情况及对我国的启示．环境研究与监测，4：11.

蒋中伟，刘冬梅，吴烈善．2011. 环境应急管理数字化系统建设．广西科学院学报，2：33.

李文荣．2012. 环境应急监测质量的管理探讨．民营科技，4：179.

连兵，崔永峰．2010. 环境应急监测管理体系研究．中国环境监测，4：4.

刘军，杨超，孙运林．2012. 省会城市如何树立环境应急典范．环境保护，4：362-382.

刘祥东．2011. 环境应急监测质量保的探研．通化师范学院学报，10：179.

刘烨，陈雪，邢会英．2010. 建立在 GIS 平台上的环境应急监测管理系统模型设计——以廊坊市为例．环境保护科学，5：137-138.

陆荫．2012. 舟曲特大泥石流环境应急监测回顾与思考．甘肃科技，6：264-268.

孟扬，范娟．2012. 新时期加强企业环境应急预案管理对策．环境保护，10：234-236.

彭少麟，任海，陆宏芳．2004. 退化生态系统恢复与恢复生态学．生态学报，7：23-31.

钱洪伟．2011. 煤矿环境突发事件应急能力评价探析．煤矿安全，3：273-275.

邵英．2011. 论环境应急监测准备工作．北方环境，9：240-244.

宋献光，杜惠文，李昆．2010. 环境应急监测的案例研究．环境与可持续发展，1：255-257.

宋于侬．2011. 环境应急监测的质量管理．黑龙江环境通报，3：180.

田为勇．2011. 积极探索环境保护新道路之全面推进环境应急管理工作．环境保护，22：1-5.

王金辉．2010. 环境应急监测系统现状与思考．工程与建设，4：13-27.

王树华，朱晓艳．2010. 基层环境应急监测与环境管理的研究．污染防治技术，2：177-179.

王新．2011. 国外环境应急管理经验及其对我国的启示．WTO 经济导刊，9：11.

王泳．2012. 构建突发环境事件应急监测体系的探索．科技信息，7：163-165.

沃飞，李浩，徐亦钢，等．2012. 不同层级环境应急救援资源储备体系建设探索——以安庆市粗苯泄漏事件为例．中国环境监测，1：313-323.

夏冬前．2010. 环境应急监测的准备与实施．中国环境管理，4：13，23.

解彩丽．2012. 浅谈如何提高环境应急监测能力．石油工业技术监督，5：265.

谢槟宇，姚新，孙世友，等 . 2011. 基于 GIS 的环境风险源分级系统在环境应急管理中的应用 "加快经济发展方式转变——环境挑战与机遇" . 2011 中国环境科学学会学术年会：137.

颜涛，李恒庆，王东安，等 . 2012. 山东省环境应急演练污染标示物释放实验 . 中国环境管理干部学院学报，1：239-248.

杨浩，肖伟，谢学军，等 . 2011. 基于地理信息技术的环境保护应急系统设计与开发 . 甘肃科技，23：149.

杨凌 . 2007. 地理信息系统在环境应急管理中的应用 . 环境与可持续发展，5：30.

尹常庆，李晓芸 . 2012. 从一起重大环境污染事故案例谈强化环境应急监测 . 四川环境，2：187-189.

张浩 . 2010. 基层环境应急监测与环境管理研究 . 化学工程与装备，4：177-179.

赵贵臣 . 1996. 煤焦油沥青粘合剂现状及前景 . 燃料与化工，（01）：37，38.

郑丰 . 2011. 环境应急信息管理平台 . 污染防治技术，4：150.

朱济成 . 1991. 北京市地下水环境问题的初步探讨 . 工程勘察，（03）：38-42.

朱明 . 2010. 如何应对当前环境应急工作面临的困难 . 黑龙江环境通报，1：13-15.

Alhajraf S，AL-Awadhi L，AL-Fadala S，et al. 2005. Real-time response system for the prediction of the atmospheric trans2port of hazardous materials. Journal of Loss Prevention in the Process Industries，18：520-525.

Borchardt D，Reichert P. 2001. River water quality model No.1：Compartmentalisation approach applied to oxygen balances in the River Lahn（Germany），submitted to the 1st World Congress of the IWA，Paris 2000.

Chakraborty J，Armstrong M P. 1996. Using geographic plume analysis to assess community vulnerability to hazardous accidents. Computer，Environment and Urban Systems，16：341-356.

Hanna S R，CHANG J C，Strimaitis D G. 1993. Hazardous gas model evaluation with field observations. Atmosphere and Environment，27A：2265-2285.

Lees M J，Camacho L. 1998. Extension of the QUASAR river water quality model to incorporate dead-zone mixing. Hydrol Earth Syst Sci，2：353.

Lewis D R，Williams R J，Whitehead P G. 1997. Quality simulation along river system（QUASAR）：an application to the Yorkshire Ouse. Sci Total Environ，194/195：399-418.

Maryon R H，Best M J. 1995. Estimating the emissions form a nu2clear accident using observations of radio activity with dispersion model products. Atmospheric Environment，29：1853-1869.

Meirlaen J，Huyghebaert B，Sforzi F，et al. 2001. Fast，simultaneous simulation of the integrated urban wastewater system using mechanistic surrogate models. Wat Sci Tech，43（7）：301-310.

Meirlaen J. 2002. Immission-based real time control of the integrated urban wastewater system. PhD Thesis. Biomath-Ghent University，Belgium.

Nelson N，Kitchen K P，Maryon R. 2002. Assessment of rou2tine atmospheric discharges from the sella field nuclear installa2tion2Cumbria UK. Atmospheric Environment，36：3203-3215.

Reichert P. 2001. River water quality model No.1（RWQM1）：Case study II. Oxygen and nitrogen converion processes in the River Glatt（Switzerland）. Wat Sci Tech，43（5）：10.